Kevin Johann

Der Schamanengarten

Kevin Johann

Der Schamanengarten

Über die Anzucht und Verwendung
geistbewegender Ritualpflanzen

Verlegt durch
Nachtschatten Verlag AG
Kronengasse 11
CH-4500 Solothurn
info@nachtschatten.ch
www.nachtschatten.ch

© 2016 Nachtschatten Verlag
© 2016 Kevin Johann

Mit zahlreichen Gastbeiträgen von Markus Berger

Fachliche Begutachtung, Textergänzung und Revision: Markus Berger
Lektorat und Korrektorat: Jutta Berger, Nina Seiler, Inga Streblow
Textredaktion: Jutta und Markus Berger
Umschlaggestaltung und Layout: Nina Seiler

Druck: Druckerei & Verlag Steinmeier, Deiningen
Printed in Germany

ISBN 978-3-03788-379-2

Alle Rechte der Verbreitung durch Funk, Fernsehen, fotomechanische Wiedergabe, Tonträger jeder Art, elektronische digitale Medien und auszugsweiser Nachdruck sind nur mit Genehmigung des Verlags erlaubt.

Haftungsausschluss
Der Autor und der Verlag weisen ausdrücklich darauf hin, dass einige der beschriebenen Pflanzen psychoaktive Wirkstoffe enthalten, die derzeit illegal sind. Deren Anbau und (rituelle) Verwendung dürfen nur dort praktiziert werden, wo es die juristischen Rahmenbedingungen erlauben. Darüber hinaus weisen wir jede Anschuldigung zurück, mit diesem Buch zur Einnahme psychoaktiver Pflanzenstoffe anstiften zu wollen.

Inhalt

Vorwort von Wolf-Dieter Storl 7
Vorwort des Autors 9
Einleitung 11
Was sind Schamanen- und Ritualpflanzen und wozu brauchen wir sie? 12
Was ist Schamanismus und was tut ein Schamane? 15
Was ist ein Ritual? 17
Wie verwendet man Schamanenpflanzen? 18
Die Theorie von Dosis, Set und Setting 20
Schamanenpflanzen im Kontext von Recht und Gesetz 21
Die psychoaktiven Pflanzenwirkstoffe 22
Schamanenpflanzen und die menschlichen Energiezentren 24
Chakren-Übersicht 27
Das Anlegen eines Schamanengartens 31
Zum Umgang mit Pflanzengeistern 32
Schamanische Ritualpflanzen für den mitteleuropäischen Garten 35

Aconitum 37 ♦ *Acorus* 41 ♦ *Argemone mexicana* 45 ♦ *Artemisia vulgaris* 49 ♦ *Brugmansia* 55 ♦ *Calea ternifolia* 61 ♦ *Convolvulus* 67 ♦ *Datura* 71 ♦ *Delphinium* 77 ♦ *Echinopsis pachanoi* 81 ♦ *Ephedra* 87 ♦ *Erythroxylum coca* 93 ♦ *Eschscholzia californica* 99 ♦ *Hyoscyamus* 103 ♦ *Ipomoea* 109 ♦ *Leonotis leonurus* 115 ♦ *Leonurus sibiricus* 119 ♦ *Lobelia inflata* 125 ♦ *Lophophora williamsii* 129 ♦ *Mandragora officinarum* 137 ♦ *Nicotiana* 143 ♦ *Nuphar lutea* 149 ♦ *Nymphaea* 153 ♦ *Papaver somniferum* 159 ♦ *Passiflora* 165 ♦ *Phalaris arundinacea* 171 ♦ *Phragmites australis* 177 ♦ *Physalis* 181 ♦ *Salvia* 185 ♦ *Solandra* 193 ♦ *Tagetes* 197

Zimmerpflanzen 203

Argyreia nervosa 205 ♦ *Brunfelsia* 211 ♦ *Coffea arabica* 215 ♦ *Psychotria viridis* 221 ♦ *Sceletium tortuosum* 229

Was tun bei Schädlingsbefall? 233
Schädlinge erkennen und beseitigen 235

Anhang 241
Glossar 242
Bezugsquellen 247
Literatur 248
Der Autor 251

Die ganze Natur ist beseelt.
SCHAMANISCHE WELTSICHT

Vorwort von Wolf-Dieter Storl

Schamanenpflanzen sind Türöffner. Sie können uns Zugang zu Regionen geben, die sich jenseits der engen Grenzen des Alltagsbewusstseins und unseres Egos befinden. Diese transzendenten Regionen sind ganz und gar wirklich, es handelt sich dabei keineswegs um subjektive Fantasien oder Halluzinationen, wie uns einige Psychologen einzureden versuchen. Sie sind auch nicht etwas, an das man im Sinne von religiösen Dogmen glauben muss, sondern sie werden erlebt in Zuständen des erweiterten Bewusstseins, der Einkehr, der Trance, der Tiefenmeditation, im luziden Traum und in der Ekstase. Ethnologen und Kulturanthropologen weisen immer wieder darauf hin, dass das Erfahren dieser nicht-alltäglichen visionären Zustände zum Menschsein gehört und schon immer gehörte. Sie haben nichts Pathologisches an sich, sondern im Gegenteil, wir brauchen diese Austritte aus dem beschränkten, funktionellen Alltagsbewusstsein, um seelisch und körperlich gesund zu bleiben.

Menschen hatten schon immer die Fähigkeit, sich in die Traumzeit-Dimension einzuklinken. Vor allem das einfache Landvolk im Mittelalter erlebte noch Zustände der Entrückung und Visionen, in denen die Engel oder der Heiland und Petrus erschienen. Meistens geschah das spontan. Ich selber war während ethnographischen Feldforschungen Zeuge von solchen Austritten bei den Indianern und bei Schamanen im Himalaja. In den modernen Industrieländern geschieht das weniger. Das verhindern nicht nur die jahrelange Dressur in den Schulen, die Unterhaltungsindustrie, die uns mit Seelen-Junkfood »unten hält«, der Konsumwahn und die Massenmedien. Die visionäre Schau selbst steht unter Verdacht, psychopathologisch zu sein. Auch die Maschinen und elektrischen Felder, die uns umgeben, erschweren den Einstieg in feinere Sinneswahrnehmung: »Strom vertreibt die Zwerge«, sagte mir einmal ein alter Bergbauer. Erst wenn der Strom einmal ausfällt – was bei uns auf dem Berg gelegentlich im Winter vorkommt –, merkt man, wie Elektrizität verspannt. Das heutige Leben gleicht dem schnellen Fahren auf einer Autobahn; wenn man sich ablenken lässt oder sinnend verweilen will, läuft man Gefahr, in einem tödlichen Crash zu enden.

Es scheint, als ob diese fragwürdige kulturelle Entwicklung den Pflanzendevas, den mächtigen Geistwesen, die sich auf Erden in den vielen Pflanzenarten verkörpern, nicht entgangen ist. Davon sind einige meiner indischen und indianischen Freunde überzeugt. Für sie, wie auch für mich, sind Pflanzendevas keine bloßen kulturellen Konstrukte, sondern Wesen der Dimension jenseits des Alltagsbewusstseins, die in allen schamanischen Kulturen bekannt sind. Sie gelten als menschenfreundlich und sind ansprechbar. In den 60er- und 70er-Jahren sammelten sie sich zum Pow-wow (also zur Ratsversammlung) und beschlossen, den verirrten, seelisch blind gewordenen, Ekstase-unfähigen Zivilisationsmenschen zu helfen. Als Schamanenpflanzen – mit Hanf, dem Lieblingskraut Shivas, an der vordersten Front – rüttelten und schüttelten sie an den Seelen, vor allem der jüngeren Generation.

Viele Hippies und Blumenkinder wurden damals von ihnen inspiriert. Sie glaubten, dass Friede und Liebe universell einkehren, die Umwelt gerettet und alle Wesen glücklich werden, wenn alle Hanf rauchen würden. Oder dass man gleich zum Schamanen oder Erleuchteten wird, wenn man sich nur genug Pilze und Peyote-Buttons reinpfeift. Das war aber nicht der Fall. Damit die Visionen, welche diese heiligen Pflanzen ermöglichen, klar, wahr und rein sind, muss auch der Mensch, der sie nimmt, eine klare, wahre und reine Seele haben. Er muss den Staub von seinem »Seelenspiegel« wischen; und er muss in seiner göttlichen Mitte zentriert und fest verankert sein. Wenn er das nicht ist, dann kommt es zu Verzerrungen der visionären Erlebnisse, dann blasen sich die kleinen Dämonenwichte zu mächtigen Riesen auf und die seelische Verwirrung nimmt noch mehr zu. Wenn aber der Mensch mit sich und dem göttlichen Urgrund im Reinen ist, dann erweisen sich die Schamanenpflanzen als mächtige Verbündete und weise Lehrer.

Jede dieser besonderen Pflanzen hat ihre spezifischen Eigenschaften und Möglichkeiten. Um sie richtig anzuwenden, muss man diese Eigenschaften gut kennen. Nur ein Beispiel: Der Beifuß, der überall auf der Welt, wo er wächst, als Schamanenpflanze verwendet wird, induziert zwar keine Visionen, aber er klärt und öffnet die Seele und bereitet sie auf die Meditation oder den schamanischen Flug vor. Wenn man mit ihm räuchert, muss man aber auch wissen, dass er bei Frauen die Monatsblutung anregen kann und nicht für Schwangere geeignet ist.

Um mehr über das Wesen und die Eigenschaften der Schamanenpflanzen zu erfahren, helfen gut recherchierte Bücher – wie das vorliegende von Kevin Johann.

Vorwort des Autors

*Blumen sind die schönen Worte und Hieroglyphen der Natur,
mit denen sie uns andeutet, wie lieb sie uns hat.*

J. W. Goethe

Einen Schamanengarten anzulegen, ist ein denkwürdiges Erlebnis. Selbst dann, wenn es sich nur um eine kleine Fläche oder ein paar wenige Pflanzen handelt. Und mindestens genauso schön ist es, die in diesem Buch vorgestellten Pflanzen im Wachstum zu beobachten, sie zu pflegen, mit ihnen zu meditieren und sich einfach nur an ihrem Dasein zu erfreuen. Denn Schamanenpflanzen (damit meinen wir meist psychoaktive, aber auch andere pharmakologisch aktive Pflanzen, die auf rituelle Weise zur Anwendung kommen können) haben auch ohne ihren kulturhistorischen Hintergrund als Heilmittel, harmonisierendes Räucherwerk und spirituelle Türöffner eine mächtige, inspirierende und wohltuende Aura. Jeder, der offenen Herzens einen Schamanengarten betritt, kann sie spüren.

Ein Schamanengarten ist in gewisser Weise auch ein Erfahrungsgarten, und schamanische Erfahrungen sind, sofern sie angemessen in den Alltag integriert werden, etwas sehr Positives und Bereicherndes.

Basierend auf meiner eigenen Erfahrung, dem Austausch mit anderen ethnobotanischen Gärtnern sowie gründlicher Recherche habe ich versucht, die wichtigsten Informationen über Anzucht, Pflege und Anwendung kompakt und verständlich abzubilden.

Ich wünsche viel Vergnügen beim Lesen, Gärtnern und beim Räuchern oder jeder anderweitigen Verwendung der eigens gezogenen Ritualpflanzen. Vor allem aber wünsche ich allen Lesern bereichernde Erfahrungen und prägende Einsichten auf ihren Reisen in den psychedelischen Hyperspace.

Danksagung

Meiner Lebensgefährtin und Seelenverwandten Tine danke ich für die vielen schönen und bereichernden gemeinsamen Momente. Das Buch hätte ohne ihre Liebe, ihre Geduld und ihr Verständnis niemals entstehen und sich entwickeln können. Daneben danke ich meinen Eltern und meinen beiden Brüdern. Auch sie stehen mir jederzeit unterstützend und liebevoll zur Seite.

Meinem geschätzten Freund und Kollegen Markus Berger möchte ich dafür danken, dass er mit seinen Gastbeiträgen, besonders mit einem Gastbeitrag zur

Ritualpflanze *Erythroxylum coca,* und durch sein immenses Fachwissen über Pflanzen und psychoaktive Wirkstoffe zur Entwicklung dieses Buchs einen wertvollen Beitrag geleistet hat.

Dem Verleger Roger Liggenstorfer danke ich für sein Interesse und dafür, dass er dieses Buch ermöglicht hat. Gemeinsam mit seinem großartigen Team vom Nachtschatten Verlag leistet er seit nunmehr 30 Jahren echte psychonautische Pionierarbeit.

Ganz besonders danken möchte ich auch dem Ethnobotaniker Wolf-Dieter Storl. Seine Bücher haben mich sehr inspiriert und eine nachhaltige Wirkung in meinem Leben hinterlassen. Umso mehr freue ich mich darüber, dass er das Vorwort für den Schamanengarten geschrieben hat.

Weil sie mir mit ihrem besonderen Wissen so manches Mal den Horizont erweitert haben, danke ich Albert Hofmann, Ralph Metzner, Stanislav Grof, John C. Lilly, Terence McKenna, Jim DeKorne, Robert Anton Wilson, Burning Baba, Kajuyali Tsamani, Christian Rätsch, Mario Stauber sowie vielen weiteren Menschen.

Lucas, Valentin, Jonas, Daniel, Geronimo, Chris, Shanti, Alex, Luki, Jutta und Steve danke ich für ihre langjährige Freundschaft. Ebenfalls danke ich allen echten Schamanen auf der ganzen Welt für ihre altruistische und heilbringende Arbeit, die nie zur Selbstverwirklichung oder aus Selbstgefälligkeit geschieht, sondern immer zum Wohle des gesamten kosmischen Bewusstseinsgeflechts – das ist wahre Liebe. Von ganzem Herzen danke ich auch den Pflanzendevas, denn ohne ihre Begleitung, Inspiration, Güte und Unterstützung hätte dieses Buch nicht entstehen können.

Boppard am Rhein, im Frühjahr 2016

Einleitung

Sie sind wahrhaftige Gaben der Schöpfung. Geschenke des Großen Geistes an seine Kinder, die uns auf vielfältige Weise behilflich und nützlich sein können. Sie schenken Inspiration und bringen die Kreativität zum Sprudeln, sie bereiten große Freude, machen glücklich, stimulieren die Sinne, setzen ganzheitliche Heilungsprozesse in Gang und ermöglichen tiefgreifende spirituelle sowie mystische Einsichten. Sie können dabei behilflich sein, dass uns die (Rück-)Verbindung mit Mutter Erde (Gaia, Pachamama) gelingt und wir ihr gegenüber wieder mehr Wertschätzung entwickeln.

Sie unterstützen uns dabei, übergeordnete Zusammenhänge besser erkennen zu können, während sie uns gleichzeitig liebevoll daran erinnern, dass es im Universum keine Hierarchien gibt und jedes Lebewesen seinen Sinn und seine Daseinsberechtigung hat. Jeder Regenwurm, jeder Käfer, jede Spinne und jedes »Unkraut« ist zur Erhaltung unseres Erdensystems genauso wichtig wie der Einzeller und die Sonne. Derartige Erkenntnisse sind gerade im Zeitalter der beinahe vollständigen Entwurzelung und Selbstzerstörung (Kali Yuga) besonders wichtig.

Die Rede ist von den wunderbaren Gewächsen, die seit Urzeiten von Menschen aller Herren Länder rituell verwendet und schamanisch genutzt werden – den Schamanenpflanzen, wie wir sie in diesem Buch bezeichnen. Leider werden viele dieser beseelten Geschenke seit Jahrhunderten vom Menschen willkürlich verboten; Anbau, Besitz und Weitergabe werden strafrechtlich verfolgt, unabhängig davon, ob man die Pflanze hedonistisch, medizinisch, rekreational oder spirituell nutzen möchte. Schade, gehören doch diese Pflanzengeister zu den letzten »Türöffnern«, die dem Menschen durch eine Art Bewusstseinssprung beim »Aufwachen« helfen könnten und so einen Ausweg aus der derzeitigen Misere aufzeigen.

Als Erstes möchte ich ausdrücklich klarstellen, dass ich sicher niemanden zum Konsum illegaler (oder legaler) psychoaktiver Wirkstoffe anstiften oder anregen möchte. Ganz abgesehen von der gegenwärtigen Gesetzeslage sind nicht alle Substanzen für jeden Menschen gleichermaßen geeignet. Jeder, der Schamanenpflanzen nutzen möchte, sollte sich zuvor über ihren Rechtsstatus und ihr Wirkverhalten genau informieren. Das Zauberwort heißt Drogen- oder Genussmündigkeit und meint die Fähigkeit, sein Leben eigenverantwortlich und kompetent zu meistern – eine Eigenschaft, die im Zuge des notwendigen politischen Paradigmenwechsels von substanzieller Bedeutung sein wird. Jeder aufgeklärte Mensch weiß intuitiv für sich selbst am besten, was er mag, was ihm gut tut, ihn heilt, inspiriert – und was nicht.

Der Schwerpunkt des Buches liegt auf den Monographien der geistbewegenden Ritualpflanzen. Darin geht es, neben einer allgemeinen Vorstellung (Botanik, Inhaltsstoffe, ritueller Gebrauch, medizinische Indikationen, Wirkung und Zubereitungsformen), in erster Linie um die Fragestellung, wie die Pflanzen im eigenen Garten erfolgreich kultiviert und gepflegt werden können.

Was sind Schamanen- und Ritualpflanzen und wozu brauchen wir sie?

Psychoaktive Pflanzen sind spezielle Abgesandte der Grünen Nation, welche die Fähigkeit entwickelt haben, ihre Weisheit mit den Menschen zu teilen.
PINCHBECK 2003: 421

Bei der Schamanenpflanze handelt es sich nicht um eine botanische Klassifikation, sondern um eine kulturanthropologische. Denn Schamanenpflanzen sind in der Tat alle Pflanzen, die von Schamanen seit Urzeiten rituell genutzt werden, daher auch die Bezeichnung Ritualpflanze. Der Volksmund kennt Schamanenpflanzen auch als Kraft-, Sakral-, Visions- und vor allem als Zauberpflanzen. Gleichzeitig ist eine Schamanen- oder Ritualpflanze in den meisten Fällen eine Heilpflanze.

Energetische Reinigung und Heilung

Es gibt Schamanenpflanzen, die nur schwach psychoaktiv, aber dafür auf andere Weise stark wirksam sind; beispielsweise indem sie einen sakralen Raum schaffen oder Energien wieder in den richtigen Fluss und in Harmonie bringen. Dies betrifft sowohl die Körper- wie auch die Raumenergien. Diese Energien können etwa durch einen Streit oder Unzufriedenheit in Disharmonie geraten, denn alles, was wir denken und aussprechen, ist schließlich nichts anderes als informationsgeladene elektromagnetische Schwingung und hat nicht zu unterschätzende energetische Auswirkungen. So spürt eine sensitiv veranlagte Person sehr deutlich, wenn sie ein Zimmer betritt, in dem kurz zuvor gestritten wurde, selbst dann, wenn sie von einem Streit nichts wusste. Beifuß (*Artemisia vulgaris*), Fichte (*Picea abies*), Mariengras (*Hierochloe odorata*) und der Indianische Räuchersalbei (*Salvia apiana*) sind zum Beispiel Schamanenpflanzen, die in Sachen Energieharmonisierung Großartiges bewirken können.

Fast alle Schamanenpflanzen sind nicht nur als Ritualpflanzen von ethnobotanischer Relevanz, sondern auch als Heilpflanzen, die in ihren jeweiligen Herkunftsländern meist noch heute eingesetzt werden. Wie eine Schamanenpflanze im Einzelnen medizinisch wirksam ist, gestaltet sich dabei ganz unterschiedlich. Die meisten Ritualpflanzen mit Heilwirkung wirken im medizinischen Sinne ganz klassisch. Sie enthalten bestimmte Wirkstoffe, die in der richtigen Dosierung und Anwendung von Krankheitssymptomen befreien oder diese zumindest spürbar lindern. Allerdings ist es so – und das trifft eigentlich auf alle bekannten Heilpflanzen zu, egal ob schamanisch genutzt oder nicht –, dass sie nicht nur symptomlindernd, sondern ganzheitlich über die feinstoffliche Ebene bis hinein in den materiellen Körper wirken.

Einige schamanische Ritualpflanzen wirken aber auch explizit dadurch, dass sie beim Konsumenten den Vorhang zum Unterbewusstsein öffnen – tief verdrängte Bewusstseinsinhalte tauchen auf und können dem Patienten so die Ursprünge seiner Erkrankung aufzeigen, was bei den Meisten bereits zu einer spürbaren Verbesserung führt. Zahlreiche psychosomatische Erkrankungen können auf diesem Wege geheilt werden. Zwei (spirituelle) Heilmittel, die das leisten können, sind beispielsweise Ayahuasca und Iboga.

Höheres Naturverständnis, Seelenarbeit, Persönlichkeitsentwicklung und spiritueller Erkenntnisgewinn

Vor allem psychedelische und im Idealfall als Entheogene wirkende Schamanenpflanzen können dabei helfen, dass ihr Anwender eine tiefgreifende Innenschau erlebt, die nicht selten mit heilbringenden Einsichten und Erkenntnissen über das innere Selbst (Mikrokosmos) und das äußere Universum (Makrokosmos) einhergeht. Manche in Schamanenpflanzen enthaltenen Inhaltsstoffe bewirken einen Ich-Verlust, auch als Ego-Tod bekannt. Die Grenzen des Egos, eines psychologischen, von äußeren Faktoren (Bildung, Erziehung, Kultur und so weiter) konditionierten Konstrukts, das man auch als ein illusionäres Selbstkonzept des Verstandes begreifen kann, können sich auflösen, und das Bewusstsein der Person taucht in die höher schwingenden Dimensionen der »göttlichen Matrix« ein. Oft handelt es sich um einen Zustand, in dem das Identitätskonstrukt einer Person vollständig aufgelöst wird, während gleichzeitig sein reines Bewusstsein als das wahrgenommen wird, was es im Grunde ist: die All-Einheit der kosmischen Weltenseele. Im psychonautischen Fachjargon wird eine solche entheogene Erfahrung als ozeanische Selbstentgrenzung (OSE) definiert, ein Zustand reinen, absoluten Seins. Sehr häufig erkennt man in diesem außergewöhnlichen Bewusstseinszustand, dass die Wesen nicht an die Grenzen des Körper-Selbst gebunden sind und alles Leben in dieser Welt auf molekularer, submolekularer, energetischer und geistiger Ebene unmittelbar miteinander verwoben ist, und entwickelt eine höhere Wertschätzung des eigenen Selbst, der Mitwesen sowie der gesamten Schöpfung.

Einige der stark psychedelisch wirksamen Schamanenpflanzen kann man deshalb als Tor zu einem spirituellen und multidimensionalen Universum verstehen. Sie ermöglichen uns Erfahrungen, die jenseits dessen liegen, was der Mensch überhaupt für möglich halten und mit seinem begrenzten Verstand begreifen kann. Da wären etwa die sogenannten Astralreisen und außerkörperlichen Erfahrungen zu nennen, genau wie Einblicke in eine weit zurückliegende Vergangenheit oder ferne Zukunft bzw. die Erkenntnis, dass es Zeit in der Form, wie wir sie zu kennen meinen, nicht gibt. Weitere mögliche Erfahrungsinhalte sind Verwandlungen in Tiere, eine stark gesteigerte Empfindlichkeit der Sinne sowie die Kommunikation mit Ahnen, Schutz- oder Naturgeistern oder gar fremden Entitäten und außerirdischen Wesen.

Manchmal kann eine Person durch den Gebrauch einer Schamanenpflanze derart sensibilisiert werden, dass sie auf einmal in weiter Entfernung passierende Dinge oder Gedanken anderer Personen hören kann oder Gefühle von Pflanzen oder Steinen, angeblich empfindungslosen Lebewesen, wahrnimmt – aber auch Energien, Frequenzen, Schwingungsmuster und Dimensionen, die dem Alltagsbewusstsein normalerweise nicht zugänglich sind. Manchmal ist dieser Effekt noch Tage oder

Wochen nach der Anwendung einer Schamanenpflanze spürbar. Bei entsprechender Integration, die neben intensiver Reflexion unter anderem Wahrnehmungsschulung, Meditation und andere Formen von »Seelenarbeit« umfasst, kann dieser Effekt auch dauerhaft erhalten bleiben.

Der Umgang mit machtvollen psychoaktiven Pflanzen setzt Respekt, Wissen, Offenheit und eine reine Intention voraus. Die unsachgemäße Anwendung von sogenannten Schamanenpflanzen kann psychisch wie körperlich zu problematischen Reaktionen führen.

Entheogene Reformation: Die Rückbesinnung auf eine uralte Erfahrungsweisheit
In Zeiten der globalen ökologischen Krise sowie der allgegenwärtigen Dominanz von Angst, Macht und Gier sind wir dazu verpflichtet, eine andere Perspektive einzunehmen, wenn wir das Ruder noch rechtzeitig zurückreißen möchten. Wir müssen das Selbst und das Ego wieder in den größeren Kontext des Lebens einbetten und erkennen, dass wir mit allem in dieser Welt unmittelbar verbunden sind. Ein Mensch, der sich mit allem verbunden fühlt und sich als Teil eines großen Ganzen, als Welle im (kosmischen) Ozean sieht, wird Phänomene wie Massentierhaltung und andere Formen von Tierquälerei, Urwaldabholzung, Umweltverschmutzung, Menschenhandel und so weiter kaum tolerieren. Denn er weiß, dass er alles, was er anderen Lebewesen und Mutter Erde (Pachamama) antut, im Grunde auch sich selbst zufügt. Für diese Rückbesinnung kann uns der Schamanismus mit seinem spirituellen Weltbild eine wunderbare Hilfe sein. Der Ethnopharmakologe Jonathan Ott nennt diese absolut notwendige Rückbesinnung (respektive Erinnerung) »Entheogene Reformation«. Gelingt dem Menschen dieser entheogene Perspektivenwechsel nicht, wird er spätestens dann, wenn alle Weltressourcen verbraucht sind und der gesamte Planet unrettbar verseucht ist, wimmernd um Vergebung bitten und dabei unfähig sein zu verstehen, was eigentlich schief gelaufen ist. Wir sollten uns ernsthaft darum bemühen, dass dieser Zustand niemals eintritt.

Was ist Schamanismus und was tut ein Schamane?

*Schamanismus geht weit über eine primär selbstbezogene Transzendenz
der gewöhnlichen Realität hinaus. Schamanismus ist Transzendenz
mit dem höheren Zweck, der Menschheit zu helfen.*

DeKorne 1995: 8

Häufig wird der traditionelle Schamanismus in der Literatur als eine Art Religion bezeichnet. Manchmal auch als archaische Naturreligion. Doch Religion und Schamanismus haben im Grunde genommen keine Gemeinsamkeiten, auch wenn wir davon ausgehen können, dass die Religionen sich durchaus aus den schamanischen Traditionen und aufgrund der daraus gewonnenen Erkenntnisse entwickelt haben. Schamanismus kennt keine Dogmen und Glaubenssysteme, die es unreflektiert zu übernehmen gilt. Ebenso braucht der Schamanismus keine Kirche, keine Heilige Schrift, keine Propheten und keine Priester.

Obwohl es schamanische Traditionen gibt, die religiöse Elemente enthalten – zum Beispiel bei der Ethnie der Huichol und bei der lateinamerikanischen Santo-Daime-Bewegung, die durch die Invasion der Konquistadoren christlich beeinflusst wurde –, kommt der urtümliche Schamanismus ganz ohne religiöses Fundament aus. Denn Schamanismus gründet auf einer geistigen und visionären Innenschau, auf Ekstase sowie der eigenen Erfahrung des Göttlichen. Der Schamanismus muss als »Erfahrungswissenschaft« (Nauwald 2010: 16) verstanden werden.

Den Schamanismus gibt es im Übrigen ohnehin nicht. Die Sammelbezeichnung Schamanismus ist ein rein wissenschaftlicher Terminus (zur Etymologie des Begriffs siehe unten). Er versucht, die traditionellen spirituellen, medizinischen und gesellschaftlichen Systeme und Lehren der indigenen Ethnien weltweit zu erfassen und zu vereinheitlichen. Das gelingt indes nur teilweise. Ein gemeinsamer Nenner der sogenannten schamanischen Kulturen kann als Grundlage dienen: Das archaische Weltbild der schamanischen Systeme ist naturgemäß gleich oder ähnlich. Es basiert auf der Erkenntnis, dass alles Sein miteinander verbunden ist und dass jedem Lebewesen das Göttliche innewohnt, dass also alles, was ist, einem göttlichen Funken entspricht und erst im Zusammenspiel ein Ganzes ergibt.

Daneben birgt das schamanische Weltbild übergreifend das sogenannte Drei-Welten-Modell in sich. Dieses besagt, dass sich Bewusstsein aus drei (bzw. drei mal drei) Ebenen zusammensetzt: der Unter-, Mittel- und Oberwelt. Die mittlere Welt ist jene Dimension, die wir mit den Augen unseres Alltagsbewusstseins erkennen können. Die Unterwelt ist die Niederlassung der Toten, während die Oberwelt meist als Wohnort der Lichtwesen assoziiert wird. Die schamanische Weltsicht integriert also die Existenz der inneren Welten und außergewöhnlichen bzw. nicht-alltäglichen Erfahrungsrealitäten. Ein weiteres Kennzeichen für das schamanische Weltbild ist die Anerkennung des energetischen Zyklus aus Schöpfung, Erhaltung und Zerstörung sowie das Wissen darüber, dass die gesamte Natur beseelt ist – jede Pflanze, jedes Tier, jeder Stein und jeder Stern.

Früheste bekannte Darstellung eines sibirischen Schamanen (Nicolaes Witsen, 1692)

Vereinfacht fasst man unter dem Terminus Schamanismus häufig auch alle von einem Schamanen rituell praktizierten Handlungen zusammen.

Entstanden ist der Schamanismus vermutlich zu jener Zeit, als der Mensch begann, sich mit seiner inneren und äußeren Natur zu beschäftigen. Etymologisch kommen die Begriffe Schamanismus bzw. Schamane aus dem tungusischen *saman* (»einer, der mit Hitze und Feuer arbeitet«). Über die russische Sprache gelangte diese Bezeichnung dann in den europäischen Sprachraum. Gar nicht so abwegig ist zudem die Vermutung einiger Sprachwissenschaftler, dass die Etymologie des Wortes Schamane auch im babylonisch-assyrischen *schamsch* oder im Sanskritwort *schaman* liegen könnte. Sinngemäß aus dem Sanskrit übersetzt bezeichnet *schaman* die Fokussierung der Aufmerksamkeit sowie das Mitgefühl gegenüber Hilfebedürftigen und Irrenden.

Der Schamane ist eigentlich »ein Ich, das gelernt hat, sich wieder mit seinem Ursprung im Mind-Space zu vereinigen« (DeKorne 1995: 62). Ein Schamane zeichnet sich vor allem dadurch aus, dass er mit außergewöhnlichen Bewusstseinszuständen vertraut ist und damit sinnbringend umgehen kann. Er reist in psychedelischer Trance in die Anderswelt, jedoch nie nur zum Vergnügen, sondern immer mit der Intention, bestimmte nutzbringende Informationen zu erhalten und heilsame Kontakte zu knüpfen oder zu pflegen. Meist geht es um die Gemeinschaft oder um die Heilung einer kranken Person. Ein Schamane hat gelernt, wie er in der Anderswelt angemessen interagieren kann, er weiß also beispielsweise, wie er mit Geistwesen umgehen muss, damit sie sich ihm gegenüber wohlwollend oder zumindest neutral verhalten.

Techniken, die Schamanen weltweit anwenden, um die Ober- oder Unterwelt zu bereisen, sind der rituelle Gebrauch von psychoaktiven Pflanzen, ekstatische Trommelrhythmik, Gesang, Tanz, Meditation, Fasten, Reizentzug, Askese und andere mehr. Dabei kommt das rhythmische Schlagen einer Trommel in so gut wie allen schamanischen Gesellschaften zum Einsatz, wie der Anthropologe Michael Harner herausgefunden hat (vgl. Harner 1981). Die Verwendung geistbewegender Pflanzen hingegen wird zwar in sehr vielen, nicht aber in allen schamanischen Kulturen praktiziert.

Häufig verbinden wir den Schamanen mit etwas Fremdem, Exotischem. Doch auch in Europa gab es früher Schamanen. Der keltische Druide oder die Hexe im Mittelalter waren häufig nichts anderes als weise, kräuterkundige, andersweltreisende Schamanen und Schamaninnen, die für das Wohl ihrer Gemeinschaft handelten. Viele der weisen Frauen und Männer, die damals schamanisch gearbeitet haben, wurden der Magie angeklagt und fielen der Inquisition zum Opfer. Die Kirche hat diese Weltenreisenden radikal verfolgt und dafür gesorgt, dass unschätzbar wertvolles schamanisches Wissen in Europa womöglich für immer verloren ging. Kirche und Klerus sahen die weisen Schamanen als Gefahr, denn Erfahrung (Schamanismus) und Dogma (Religion) lassen sich eben nicht vereinen. Dogmen werden wissens- und erfahrungsdurstige Seelen auf die Dauer nicht zufriedenstellen; das zeigt sich gegenwärtig auch daran, dass immer weniger Menschen die Kirche besuchen und sich stattdessen auf eigene Sinnsuche begeben.

Was ist ein Ritual?

Schamanische Rituale können dazu dienen, aus einem Alptraum aufzuwachen.
Storl 2008: 17

Der traditionell übliche Gebrauch von psychoaktiven Schamanenpflanzen geschieht immer in einem rituellen Setting, also in einem Ritual oder einer Zeremonie – im Idealfall in Begleitung eines Schamanen oder einer anderen Person, die in der Lage ist, mit Energien umzugehen und mit andersweltlichen Entitäten in Kontakt zu treten. In der Psychonautik wird eine Begleitperson, die eine psychedelische bzw. schamanische Reise überwacht und bei Bedarf angemessen interveniert, auch Tripsitter genannt. Manchmal geschieht es, dass die Pflanzenentitäten selbst die begleitende Funktion des Schamanen übernehmen. Seit der bahnbrechenden Entdeckung des CIA-Agenten Cleve Backster ist der Wissenschaft bekannt, dass jede Pflanze über eine Art Erinnerungsvermögen und somit eigentlich über ein intelligentes Bewusstsein verfügt (vgl. Tompkins/Bird 1995); damit erscheint dieses Phänomen auch »modernen« Menschen nicht mehr so abwegig. Sich aber blind darauf zu verlassen, dass die Pflanzendevas dem Reisenden navigierend und unterstützend zur Seite stehen, wäre zumindest bei einer unerfahrenen Person ein leichtsinniger und grober Fehler. Bei einer Beifuß- oder Birkenräucherung beispielsweise braucht es keine Begleitperson. Natürlich sollte auch diesen Pflanzen der nötige Respekt entgegengebracht werden. Schließlich ist das Set (die eigene innere Geisteshaltung) mindestens genauso wichtig wie das Setting (Ritual). Denn was nützt ein Ritual, wenn die innere Haltung nicht stimmt?

Ein Ritual ist das wohl wichtigste Arbeitsmittel im Schamanismus. Der Terminus stammt aus dem lateinischen *ritualis*. Übersetzen lässt sich dieser Begriff sinnentsprechend als »zeremonielle Ordnung«. Oberflächlich definiert, kann ein Ritual als definierte Abfolge einer Reihe von festgelegten Handlungen (Riten) verstanden werden, die allerdings nur dann wirksam werden können, wenn der entsprechende spirituelle Background vorhanden ist – hier schließt sich der Kreis zum eben erwähnten Set. Für jedes Ritual gelten Regeln, die grundsätzlich einzuhalten sind.

Rituale sind oder waren in allen bis heute bekannten Kulturen fest verankert; man kann Rituale daher als universell-kulturelles Phänomen bezeichnen. So ist der Gebrauch psychoaktiver Schamanenpflanzen in der Tradition zahlreicher Ethnien grundsätzlich rituell und zeremoniell eingebettet und spielt so in etlichen Kulturen eine wichtige Rolle – ob nun zu Zwecken der Heilung, zur energetischen Reinigung, zur Rekreation oder zur Visionssuche. Im Idealfall fungiert ein Ritual als mythologischer Bezugsrahmen der schamanischen Erfahrung. Die Mythologie liefert die geistige Grundlage für die Erkenntnis.

Daneben ermöglicht ein Ritual eine »gelenkte Ekstase« (RÄTSCH 2009: 32), die insbesondere bei den Ayahuasca-Zeremonien der südamerikanischen Heiler auffällt. So kann Ayahuasca beim Ritualteilnehmer den Zustand der Ekstase induzieren, während das Ritual, das meist von Räucherwerk, Gesang und Musik begleitet wird, die Rauscherfahrung in eine bestimmte Richtung lenkt, beispielsweise in Richtung Heilung und entheogene Selbsterkenntnis. In allen Kulturen, die einen rituellen Gebrauch psychoaktiver Wirkstoffe praktizieren, existieren deutlich weniger Suchtprobleme als in solchen, die keinen rituellen Psychoaktiva-Gebrauch pflegen (vgl. WEIL 2000: 102).

Typische Ritualformen des Schamanismus sind unter anderem Heil-, Reinigungs-, Übergangs- und Initiationsrituale, Seelenrückholungen und Regenzeremonien. Bei all diesen rituell-schamanischen Praktiken kann der bewusste und zielgerichtete Einsatz geistbewegender Pflanzenwirkstoffe eine große Rolle spielen.

Wie verwendet man Schamanenpflanzen?

Traditionell werden Schamanenpflanzen in unterschiedlichen Zubereitungen verwendet: Sie können als Räucherwerk verbrannt, geraucht und als Teeaufguss getrunken werden. Einige schamanische Ritualpflanzen werden traditionell geschnupft oder als Klistiere eingenommen. Beschreibungen, wie die Schamanenpflanzen im Einzelnen verwendet und zubereitet werden, finden sich unter »Zubereitungsformen« in den jeweiligen Pflanzenmonografien.

Exkurs: Räuchern

Das Räuchern von Kräutern und Pflanzenharzen gehört zu den ältesten rituellen Praktiken der Menschheit. Ferner ist das Räuchern als Methode zur Konservierung

Räucherwerk auf Räucherkohle

Zunderschwamm

und Geschmacksverbesserung von Fleisch und Fisch bekannt. Im Kontext dieses Buchs geht es jedoch ausschließlich um die erstgenannte Form des Räucherns. Eine rituell-spirituelle Räucherung kann dabei ganz unterschiedlichen Zwecken dienen: von der Erzeugung veränderter Bewusstseinszustände über eine energetische Raum- oder Aurareinigung bis hin zu einer Kontaktaufnahme mit einem Pflanzengeist.

Es gibt heutzutage viele Anbieter für Räucherkohle. Manche der angebotenen Produkte werden mit, andere ohne Salpeter als Selbstzünder hergestellt. Statt auf handelsübliche Räucherkohle zurückzugreifen, kann man einfach ein Stück Holzkohle verwenden, besonders dann, wenn man einen Holzofen besitzt oder draußen räuchert. Es ist auch möglich, Zunderschwamm (*Fomes fomentarius*) zu verwenden. Das ist ein Schichtporling, der besonders gerne an Buchen und Birken schmarotzt. Um die harte Huthaut entfernen zu können, muss er gründlich in Wasser oder Urin eingeweicht werden. Die weiche Innenmasse des Pilzes, die als Zunder dient, muss man vor ihrer Verwendung gut trocknen und weichklopfen.

Personen, die ihre Ritualpflanzen ganz ohne Kohle verräuchern möchten, nutzen am besten sogenannte Stövchen. Das sind spezielle Räuchergefäße, die idealerweise mit einem Teelicht und einem sehr feinmaschigen und in der Höhe verstellbaren Sieb ausgestattet sind. Die Räucherstoffe werden einfach auf das Sieb gegeben und die Kerze entzündet. Ein höhenverstellbares Stövchen hat den Vorteil, dass das Räucherwerk nicht gleich verbrennt. Die Höhe kann man dabei so einstellen, dass die aromatischen und psychoaktiven Wirkstoffe lediglich verdampfen. Auf diese Weise wirkt das verströmte Aroma intensiver und bleibt auch länger in der Luft.

Wie wird geräuchert?

Zum Räuchern werden folgende Utensilien benötigt: Räuchergefäß, Räucherwerk, Räucherzange, Sand, Feder (Fächer), Streichhölzer oder Feuerzeug, Pinzette (optional) und Mörser.

Räuchern ist ganz einfach: Als Erstes stellt man das Räucherwerk zusammen. Dann wird Sand in das Räuchergefäß gefüllt und ein entzündetes Stück Räucherkohle darauf gelegt. Sobald die Kohle glüht, werden die Räucherstoffe aufgelegt – nicht zuviel auf einmal, sonst erstickt möglicherweise die Glut.

Die Theorie von Dosis, Set und Setting

Im Umgang mit psychoaktiven Schamanenpflanzen sollte man stets die Theorie und Praxis von Dosis, Set und Setting beachten. Diese Theorie stellten die ehemaligen Harvard-Psychologen Timothy Leary, Ralph Metzner und Richard Alpert (Ram Dass) im Zuge ihrer Psychedelika-Forschung auf; sie ist für den mündigen und verantwortungsbewussten Umgang mit psychoaktiven Substanzen und schamanischen Ritualpflanzen unerlässlich. Die Theorie besagt, dass der durch psychoaktive Substanzen hervorgerufene Rauschzustand durch die Einflussfaktoren Dosis, Set und Setting entscheidend bestimmt wird.

Dosis Die eingenommene Menge (Quantität) eines bestimmten Wirkstoffes.

Set Die mentale und physische Verfassung und Einstellung einer Person sowie die subjektive Erwartungs- und Geisteshaltung, die sie in die Erfahrung mit einbringt. Alle Erwartungen, Wünsche und Vorstellungen, die eine Person mit der Einnahme einer bestimmten Substanz verbindet und auch das individuelle Weltbild beeinflussen einen psychedelischen Trip maßgeblich.

Setting Umgebung, Ort- und Zeitpunkt des Geschehens, anwesende Personen und die Beziehung zu diesen sowie die Gesamtatmosphäre, die vorherrscht, wenn eine Substanz eingenommen wird.

Schamanenpflanzen im Kontext von Recht und Gesetz

Sie werden alles tun, wie unsinnig es auch sei, um zu vermeiden, ihrer eigenen Seele gegenüberzutreten.
Carl Gustav Jung

Einige in Schamanenpflanzen enthaltene psychoaktive Wirkstoffe unterliegen in vielen Ländern den Bestimmungen der Drogengesetzgebung. In Deutschland etwa gibt es das Betäubungsmittelgesetz (BtMG), dem eine Vielzahl psychoaktiver Substanzen unterstellt ist – auch solche, die in den bedeutsamen schamanischen Ritualpflanzen enthalten sind. Dabei wirken die meisten der verbotenen Pflanzenstoffe überhaupt nicht betäubend, sondern erweiternd. Wer behauptet, dass Drogen die Sinne betäuben und der Realitätsflucht dienen, meint zum Beispiel Alkohol, Benzodiazepine oder Opiate. Die meisten psychoaktiven Wirkstoffe sind zur Flucht vor Problemen völlig ungeeignet und haben im Betäubungsmittelgesetz nichts zu suchen. Die Kultivierung und der Besitz einiger Schamanengewächse, etwa des vergleichsweise harmlosen Hanfs (*Cannabis*) und der psilocybinhaltigen Pilzvertreter (*Psilocybe* spp.), sind illegal und werden strafrechtlich verfolgt, während andere, potenziell sehr gefährliche Schamanengewächse, die bei falscher Anwendung problemlos zum Tod führen können, etwa der Eisenhut (*Aconitum* spp.) und einige Nachtschattengewächse (*Solanaceae*) von keinem Gesetz erfasst sind.

In Deutschland unterliegen folgende, in wichtigen Schamanenpflanzen enthaltene Substanzen den Bestimmungen des BtMG, weshalb sie nicht hergestellt, erworben oder besessen werden dürfen: 5-MeO-DMT, N,N-DMT, Kokain, Meskalin, Psilocybin, Salvinorin A und THC. Dennoch dürfen in Deutschland zum Beispiel DMT- und meskalinhaltige Pflanzen legal angebaut werden, sofern sie nicht zu Rauschzwecken weiterverarbeitet werden. Zur bloßen Betrachtung ihrer Schönheit dürfen sie im Schamanengarten also gedeihen.

Die Paradoxie der Prohibition wird am Beispiel von Dimethyltryptamin (DMT) sehr gut deutlich. Denn bei diesem Wirkstoff handelt es sich um ein stark psychoaktives Molekül, das nicht nur in Pflanzen, sondern nachweislich auch im Menschen produziert wird. Demnach ist DMT nicht nur ein psychedelischer Pflanzenwirkstoff, sondern gleichzeitig ein endogener Neurotransmitter des Menschen und aller Wirbeltiere. Die Substanz wird womöglich unter anderem in der Zirbeldrüse (Epiphyse, sitzt in der Mitte des Gehirns) sowie in der Lunge produziert und in besonders hohem Maße bei der Geburt, in tiefer Meditation, beim Träumen, bei Nahtod-Erlebnissen sowie während des Sterbeprozesses freigesetzt. Interessanterweise ist in den USA bekanntlich alles illegal, was DMT enthält.

Die psychoaktiven Pflanzenwirkstoffe

Pflanzenwirkstoff	Natürliches Vorkommen	Wirkung
Aconitin	**Aconitum spp.**	anästhesierend · halluzinogen · sedierend
Apomorphin *(R)-6-Methyl-5,6,6a,7-tetrahydro-4H-dibenzo[de,g]chinolin-10,11-diol*	**Nymphaea spp.**	aphrodisierend · euphorisierend · stimulierend · narkotisierend
Asaron *2,4,5-Trimethoxyphenyl-2-propen*	**Acorus spp.**	beruhigend · krampflösend · tonisierend
Atropin *(RS)-Tropintropat*	Atropa belladonna · **Brugmansia spp.** · **Solandra spp.**	halluzinogen · parasympatholytisch
ß-Carboline *Harmin/Harmalin*	Arundo donax · Banisteriopsis caapi · Mucuna pruriens · **Passiflora spp.** · Peganum harmala · Vestia foetida	MAO-hemmend · sedierend
Bufotenin *5-HO-DMT*	Anadenanthera colubrina · Anadenanthera peregrina	entheogen · visionär
Codein *Methylmorphin*	**Papaver somniferum**	analgetisch · anästhesierend · sedierend
Cumarine/Cumarinderivate *Benzopyrone*	**Artemisia vulgaris** · **Brunfelsia spp.** · Galium odoratum · Hierochloe odorata · **Physalis spp.**	aphrodisierend · stimulierend
Delphinin *Staphisagrin*	**Delphinium spp.**	anästhesierend · evtl. halluzinogen · narkotisierend · sedierend
DMT *N,N-Dimethyltryptamin*	Anadenanthera peregrina · Arundo donax · Diplopterys cabrerana · **Phalaris arundinacea** · **Phragmites australis** · **Psychotria viridis**	entheogen · visionär
Ephedrin *2-Methylamino-1-phenyl-propan-1-ol*	Catha edulis · **Ephedra spp.** · Taxus baccata	stimulierend
Ergin (LSA) *D-(+)-Lysergsäureamid LA-111*	**Argyreia spp.** · **Convolvulus spp.** · **Ipomoea spp.** · Stictocardia tilifilia · Turbina spp.	entheogen · hypnotisierend · sedierend ·
Hyoscyamin	Atropa belladonna · **Brugmansia spp.** · **Datura spp.** · Duboisia hopwoodii · **Hyoscyamus spp.** · **Mandragora spp.**	halluzinogen
Hypericin *1,3,4,6,8,13-Hexahydroxy-10,11-dimethyl-phenanthro[1,10,9,8-opqra]-perylen-7,14-dion*	Hypericum perforatum	antidepressiv · beruhigend · euphorisierend
Ibogain *12-Methoxy-Ibogamin*	Tabernanthe iboga	aphrodisierend · entheogen · stimulierend · visionär
Koffein *Methyltheobromin*	Camellia sinensis · **Coffea arabica** · Coffea canephora · Cola nitida · Ilex paraguariensis · Paullinia cupana	stimulierend

Pflanzenwirkstoff	Natürliches Vorkommen	Wirkung
Kokain *Methylbenzylekgonin*	**Erythroxylum coca** · Erythroxylum novogranatense	aphrodisierend · stimulierend · euphorisierend
Lactucin	Lactuca virosa	euphorisierend · sedierend
Ledol *(1aR,4R,4aS,7R,7aS,7bS)-1,1,4,7-Tetramethyldecahydro-1H-cyclopropa[e]azulen-4-ol*	Rhododendron tomentosum	narkotisierend
Leonurin *4-Guanidino-n-butylsyringat*	**Leonotis spp.**	euphorisierend · sedierend
Manacin	**Brunfelsia spp.**	anästhesierend · sedierend · narkotisierend
Mesembrin *(3aS,7aS)-3a-(3,4-dimethoxyphenyl)-1-methyl-2,3,4,5,7,7a-hexahydroindol-6-one*	**Sceletium tortuosum**	euphorisierend · sedierend · stimulierend
Meskalin *3,4,5-Trimethoxy-β-phenethylamin*	**Echinopsis pachanoi** · **Lophophora williamsii**	entheogen · halluzinogen · visionär
Morphin *Morphium (alt)*	**Papaver somniferum**	analgetisch · euphorisierend · hypnotisierend · sedierend
Muscimol *3-Hydroxy-5-aminomethylisoxazol*	Amanita muscaria	halluzinogen · hypnotisierend
Nikotin *1-Methyl-2-(3-pyridyl)-pyrrolidin*	**Nicotiana spp.** · Duboisia hopwoodii	stimulierend
Nupharin	**Nuphar lutea · Nymphaea spp.**	aphrodisierend · euphorisierend · sedierend · stimulierend
Psilocybin *O-Phosphoryl-4-hydroxy-N,N-dimethyltryptamin* Psilocin *4-HO-DMT*	Psilocybe spp.	entheogen · halluzinogen · visionär
Salvinorin A *Divinorin A*	**Salvia divinorum**	entheogen · halluzinogen · visionär
Scopolamin *Hyoscin*	**Brugmansia spp. · Datura spp. · Hyoscyamus ssp. · Mandragora spp.**	halluzinogen · narkotisierend
Strychnin *Strychnidin-10-on*	Strychnos spp.	aphrodisierend · stimulierend
THC *Delta-9-Tetrahydrocannabinol*	Cannabis indica/sativa	entheogen · euphorisierend sedierend · stimulierend
Thujon *(1S,4S)-Thujan-3-on*	**Artemisia spp. · Salvia spp.** · Thuja occidentalis	halluzinogen
Verbenalin *Cornin*	Verbena officinalis	leicht beruhigend
Yohimbin *Quebrachin*	Pausinystalia yohimbe	aphrodisierend · halluzinogen
5-MeO-DMT	Anadenanthera peregrina · Arundo donax · Dictyoloma incanescens · **Phalaris arundinacea · Phragmites australis**	entheogen · visionär

Die **fett** markierten Arten werden in diesem Buch beschrieben.

Schamanenpflanzen
und die menschlichen Energiezentren

Wir sind aus Energie gemacht. Die ganze Welt ist aus Energie gemacht, die ganz einfach als schwingende Information definiert werden kann. Diese Energie, diese Nahrung des Lebens, kann sich als Muster, Klang, Haut, Gedanke oder sogar als die morgendliche Tasse Kaffee zum Ausdruck bringen.
Dale 2013: 23

Energie ist überall, und alles besteht aus Energie, auch wir Menschen. So verfügt jedes Lebewesen, egal ob Mensch, Tier oder Pflanze, neben seiner physisch-materiellen Anatomie in gleicher Weise über eine energetische Anatomie. Woraus der sichtbare materielle Körper besteht, ist klar: aus Adern, Venen, Haut, Knochen, Muskeln, Organen und so weiter. Doch woraus besteht unsere energetische Anatomie? Die feinstoffliche Anatomie des Menschen setzt sich unter anderem aus verschiedenen Energiekörpern (Aura, Koshas, Popo), Energie(leit)bahnen (Meridianen, Nadis) und Energiezentren (Chakren, Ojos de Luz) zusammen.

Meistens denken wir an Ayurveda oder die indischen Veden, wenn wir von einer Aura oder von Chakren hören. Doch das Wissen um die feinstoffliche Anatomie des Menschen ist nicht nur auf Indien beschränkt. Auch die alten Chinesen, Tibeter, Ägypter, Afrikaner, Inkas sowie einige Indianerstämme Nordamerikas – beispielsweise die Hopi und die Cherokee – wussten um die Existenz feinstofflicher Energie und haben darauf gründend ausführliche Energiesysteme erarbeitet. Diese sind sich im Großen und Ganzen sehr ähnlich, unterscheiden sich aber minimal, etwa in der Anzahl der Energiezentren. So nennt die vedische Lehre sieben Hauptchakren, die Tibeter sechs, die Chinesen sechs bis acht, die Inkas neun und die Visionärin und Energie-Heilerin Cyndi Dale nennt zwölf zentrale Chakren. Moderne Systeme beschreiben sogar bis zu sechzehn Energiezentren. Am geläufigsten ist jedoch das Sieben-Chakren-Modell aus Indien, an dem ich mich in der nachfolgenden Chakren-Übersicht orientieren werde.

Jedes Chakra beeinflusst den Körper auf einzigartige emotionale, mentale, physische und spirituelle Weise. Viele Methoden wurden entwickelt, um die Chakren zu stimulieren und wieder in einen harmonisierenden Fluss zu bringen, beispielsweise Akupunktur, Atemübungen, das Beblasen entsprechender Stellen mit Tabakrauch, Meditation, Schröpfen, Moxibustion (Erwärmung von speziellen Punkten des Körpers) und Yoga. Doch auch die Einnahme oder das Räuchern psychoaktiver Schamanenpflanzen kann eine Harmonie der einzelnen Chakren bewirken. Dies geschieht meist dadurch, dass die Schamanenpflanzen disharmonisch manifestierte Schwingungsmuster (Blockaden) der Chakren auflockern und im Idealfall sogar vollständig auflösen. Krankheiten, die mit dem jeweiligen Chakra unmittelbar verknüpft sind, können auf diese Weise geheilt werden. Die Schamanenpflanzen helfen unserem Energiesystem sozusagen dabei, sich wieder an seinen gesunden Urzustand zu

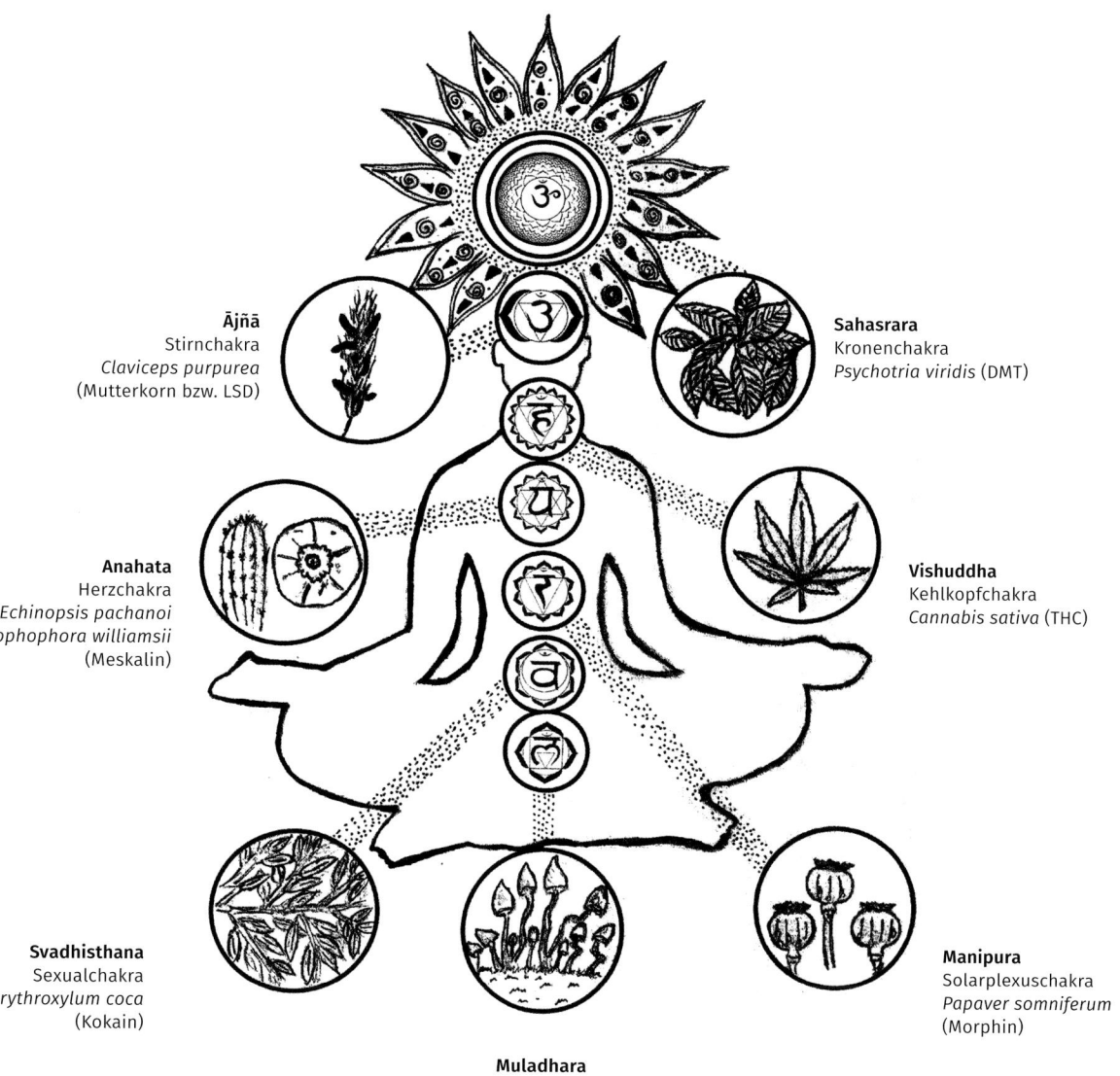

Einige wichtige schamanische Ritualpflanzen bzw. -pilze und ihre Verbindung zum menschlichen Chakra-System

erinnern und die Identifikation mit der Blockade loszulassen. Sobald das Chakra von der Blockade befreit ist, kann die Energie wieder fließen.

Die Ursachen von Blockaden können vielfältig sein. Meistens jedoch stehen Ängste und unverarbeitete Emotionen oder auch mentaler Stress dahinter. Diese Probleme lassen sich mit in Schamanenpflanzen enthaltenen psychoaktiven Wirkstoffen behandeln und beseitigen, was zu einer Lösung energetischer Blockaden führt. Dieses Verfahren wird bei schamanischen Heilritualen seit Jahrtausenden angewendet, aber auch im Rahmen psycholytischer Therapiesitzungen. Die Psycholytische Therapie ist eine bestimmte Form der Psychotherapie, die zur heilenden Stimulierung und Harmonisierung einzelner Chakren ganz gezielt bestimmte psychoaktive Substanzen einsetzt.

Eine [...] Erfahrung, die in fortgeschrittenen LSD-Sitzungen vorkommen kann, ist die Erweckung der Kundalini im heiligen Tal des Rückenmarks und das Aufwärtsfließen spiritueller Energie mit der darauffolgenden Aktivierung aller Chakras. In seiner vollständigen Gestalt kann dieser Prozess zu einer profunden transzendentalen Erfahrung ekstatischer und integrierender Natur führen, die mit dem höchsten Chakra, der tausendblättrigen Lotusblume, verknüpft ist. (GROF 2007: 225)

Möchte man seine Blockaden nicht mit der Einnahme von Schamanenpflanzen behandeln, sondern durch Räucherung, muss beachtet werden, dass jedes einzelne Chakra sowohl mit dem darunter- als auch mit dem darüberliegenden Chakra unmittelbar verbunden ist. Deshalb sollte man bei einer heilenden Chakraräucherung nicht nur das eine, sondern auch die anderen beiden Energiezentren beräuchern. Das bedeutet, dass für die energetische Chakraräucherung am besten eine Mischung hergestellt wird, die auf drei Chakren gleichzeitig wirkt. In der Regel werden dafür 10–20 verschiedene Räucherstoffe verwendet.

Chakren-Übersicht

Mūlādhāra Wurzelstütze
Deutsche Namen Erstes Chakra, Basis-Chakra, Basiszentrum, Wurzel-Chakra, Wurzelzentrum.
Position Wirbelsäulenbasis, zwischen Anus und Genitalien.
Zentrale Themen Beziehung zur materiellen Dimension des Lebens, Bodenhaftung, innere Stärke, Lebenskraft, Selbsterhaltungstrieb, Sicherheit, Stabilität, Ur-Instinkte, Urvertrauen.
Blockierende Ängste Angst vor Veränderung, Angst vor Einsamkeit, Existenzängste.
Auswirkungen einer Wurzel-Chakra-Blockade Anhaftung an Ideologien, mentale Konzepte und Glaubenssätze, Energielosigkeit, Fluchtverhalten, Gefühle von Heimatlosigkeit, Immunschwäche, Knochenkrankheiten, Müdigkeit, negative Lebenseinstellung, Unsicherheit.
Psychoaktive Wirkstoffe DMT, Ibogain, LSD, Psilocybin/Psilocin.
Räucherstoffe Aloeholz, Copal, Engelwurz, Kampfer, Moschus, Nelke, Patchouli, Sandelholz und andere.

Svādhisthāna Wohnsitz des Selbst
Deutsche Namen Zweites Chakra, Polaritäts-Chakra, Sakral-Chakra, Sexual-Chakra, Sexualzentrum.
Position Unterbauch, zwischen Nabel und Geschlechtsorganen.
Zentrale Themen Begehren, Fortpflanzung, Lebendigkeit, Schöpfungskraft, Sexualität, Sinnlichkeit.
Blockierende Ängste Angst vor Sexualität und Sinnlichkeit, Angst, sich emotional und kreativ zu öffnen, Scham, Schuld.
Auswirkungen einer Sexual-Chakra-Blockade Blasenschwäche, chronische Müdigkeit, Geschlechtskrankheiten, Harnwegsinfektionen, Hoden-, Prostata-, Eierstock- und Gebärmuttererkrankungen, Nierenschmerzen, Potenz- und Libidostörung.
Psychoaktive Wirkstoffe Substanzen mit einer stimulierenden und aphrodisierenden Wirkung, beispielsweise Ephedrin, Coca, Nachtschattenalkaloide, Opiumalkaloide und Yohimbin.
Räucherstoffe Benzoe, Engelwurz, Hanf, Mohnkapseln bzw. Opium, Myrrhe, Rose, Stechapfel, Styrax, Tolubalsam, Vanille, Weihrauch, Yohimbe und andere.

Manipūra Wohnsitz der Juwelen

Deutsche Namen Drittes Chakra, Magen-Chakra, Milz-Chakra, Nabel-Chakra, Nabelzentrum, Solarplexus-Chakra.
Position Oberhalb des Bauchnabels, auf dem Solarplexus-Geflecht.
Zentrale Themen Bauchgefühl (Intuition), Durchsetzungskraft, Gedanken, Identität, persönliche Macht, Selbstsicherheit, Verantwortung, Wille.
Blockierende Ängste Angst vor Kontrollverlust, negativer Kritik und Wut, Versagensängste.
Auswirkungen einer Solarplexus-Chakra-Blockade Angstzustände, Apathie, Atemwegserkrankungen, Depression, emotionale Instabilität, Kontrollsucht, Stoffwechselkrankheiten, Überforderung, Verdauungsstörungen.
Psychoaktive Wirkstoffe Kokain, Opiumalkaloide (Morphin und andere).
Räucherstoffe Benzoe, Cassiazimt, Immortelle, Kamille, Melisse, Nelke, Opium, Rosmarin, Sandelholz u.a.

Anāhata Herzlotos

Deutsche Namen Viertes Chakra, Herz-Chakra, Herzzentrum.
Position In der Mitte des Brustkorbs, im Herz sowie ums Herz herum.
Zentrale Themen Beziehung, Freude, Heilung, Hingabe, Liebe, Mitgefühl, Schmerz, Sensitivität, Trauer, Vergebung.
Blockierende Ängste Angst vor emotionaler Verletzung (Herzschmerz), Zurückweisung, Verlust und Trauer, Angst vor Liebe, Angst, sich einer anderen Person zu öffnen, Bindungsängste.
Auswirkungen einer Herz-Chakra-Blockade Aufopfernde Selbstlosigkeit, Atemwegserkrankungen, Bindungsschwierigkeiten, Blutdruckstörungen, Durchblutungsstörungen, Egozentrik, Eifersucht, Hautkrankheiten, Herzerkrankungen, Misstrauen, Narzissmus, Neid, Unfähigkeit zu lieben.
Psychoaktive Wirkstoffe Ephedrin, MDMA, Meskalin.
Räucherstoffe Beifuß, Engelwurz, Holunder, Johanniskraut, Kardamom u.a.

Viśuddha Halslotos

Deutsche Namen Fünftes Chakra, Hals-Chakra, Kehlkopf-Chakra, Kommunikationszentrum.
Position Im Hals und um den Hals herum.
Zentrale Themen Atmung, Authentizität, Individualität, Integrität, Interdimensionalität, Klarheit, Kommunikation, Kreativität, Manifestation, Öffnung für die feinstoffliche Ebene bzw. Übergang zur Spiritualität, Selbstausdruck (Gesang, Gespräche, Malen, Tanz usw.), Selbsterkenntnis, Vermittlung zwischen Fühlen und Denken, Wahrheitssuche, Weisheit, Zugang zur Intuition.
Blockierende Ängste Angst, sich auszudrücken, Angst vor Konfrontation, Angst vor Verpflichtungen.

Auswirkungen einer Kehlkopf-Chakra-Blockade Atemwegserkrankungen, chronische Nacken- und Schulterverspannung, Lügen (vor sich selbst und anderen gegenüber), Rachen- und Zahnfleischentzündungen, Schilddrüsenerkrankungen, Sprachstörungen, Unfähigkeit, sich anderen mitzuteilen.
Psychoaktive Wirkstoffe MDMA, THC.
Räucherstoffe Benzoe, Eukalyptus, Hanf, Kamille, Kampfer, Lavendel, Lorbeer, Mastix, Minze, Sandelholz, Weihrauch u.a.

Ājñā Das dritte Auge

Deutsche Namen Sechstes Chakra, Inneres Auge, Stirn-Chakra, Stirnzentrum.
Position In der Stirnmitte, oberhalb der Nasenwurzel.
Zentrale Themen Außersinnliche Wahrnehmung, Bewusstsein, Ego-Transformation, Geist, Hellsicht, Inspiration, Intuition, innere Führung, Klarheit, Kommunikation mit der Seele, Meditation, Mystik, Fantasie, Präsenz, Telepathie, Visionen, Visualisierung, Wahrnehmung.
Blockierende Ängste Angst, nach innen zu schauen; Angst, das »Warum?« nicht zu verstehen.
Auswirkungen einer Stirn-Chakra-Blockade Augen- sowie Ohrenleiden, chronischer Schnupfen, fehlender Sinn für Mystisches, Gefühle von Sinnlosigkeit, Gehirnerkrankungen, Kopfschmerzen, materielle Ängste und Sorgen, Migräne, Nasennebenhöhlenentzündung, Orientierungslosigkeit; die Ursache für eigene Probleme wird bei anderen Menschen gesucht.
Psychoaktive Wirkstoffe N,N-DMT, Ibogain, LSD, Meskalin, Psilocybin/Psilocin.
Räucherstoffe Aloeholz, Basilikum, Beifuß, Eibe, Jasmin, Johanniskraut, Kampfer, Mastix, Olibanum, Schafgarbe, Veilchenwurzel, Wacholder u.a.

Sahasrāra Tausendblättriger Lotos, Wohnort ohne Stützen

Deutsche Namen Siebtes Chakra, Kronen-Chakra, Scheitel-Chakra, Scheitelzentrum.
Position Unmittelbar oberhalb des Kopfes.
Zentrale Themen Erleuchtung, kosmische Liebe, (göttliches) Einheitsbewusstsein, Transzendenz.
Auswirkungen einer Kronen-Chakra-Blockade Entwurzelung, Gefühl des Getrenntseins, geistige Leere, Immunschwäche, Krebserkrankungen, Lähmungserscheinungen, »Midlife-Crisis«, Mutlosigkeit, Nervenleiden, Orientierungslosigkeit, Schlafstörungen, (spirituelle) Sinnkrisen.
Blockierende Ängste Angst vor Identitätsverlust, Angst, den freien Willen zu verlieren, Angst, das Universum sorge nicht für uns.
Psychoaktive Wirkstoffe 5-MeO-DMT, N,N-DMT, Ketamin, LSD.
Räucherstoffe Beifuß, Jasmin, Myrrhe, Neroli, Olibanum, Rose, Sandelholz, Tabak u.a.

Die Spirale, ein universelles Zeichen, das die Ewigkeit des Bewusstseins und die Verbindung zwischen den materiellen (sichtbaren) und den geistigen (unsichtbaren) Welten symbolisiert.

Zum Schluss ein Hinweis: Psychoaktive Schamanenpflanzen haben sicher nur dann eine positive Wirkung auf unser Energiesystem, wenn die Einnahme bedacht, bewusst, mehr oder minder zielgerichtet und am besten in einem schamanischen oder therapeutischen Setting stattfindet. Der Missbrauch psychoaktiver Substanzen führt nicht zur Lösung irgendwelcher Blockaden. Im Gegenteil: Ein unreflektierter und kopfloser Substanzgebrauch kann die Blockaden sogar verstärken.

Auch sollte man sich bewusst sein, dass sich die Chakren naturgemäß von unten nach oben entwickeln und der Reihe nach öffnen. Personen, die ungelöste Blockaden im Wurzel- oder Herzchakra haben und dann mit DMT oder LSD das Stirn- oder Kronen-Chakra aktivieren, werden möglicherweise Schwierigkeiten haben, die Erfahrung angemessen zu interpretieren sowie nutzbringend ins Alltagsbewusstsein zu integrieren. Oder anders ausgedrückt: Eine gute Erdung und Liebe im Herzen sind immer eine gute Grundvoraussetzung für jede mystisch-visionäre Erfahrung.

Es gibt eine Reihe geeigneter Techniken, die zur Nachbearbeitung und Integration nicht-alltäglicher Erfahrungen genutzt werden können, beispielsweise Meditation, das Holotrope Atmen nach Christina und Stanislav Grof und andere Atemtechniken, Schwitzhüttenzeremonien, Klangarbeit, Floating und viele weitere. Es ist ratsam, sich nicht nur einer einzigen bewusstseinserweiternden Technik zu bedienen, etwa der Schamanenpflanzen, sondern parallel, begleitend und ergänzend auch die sogenannten nonpharmakologischen Techniken zu nutzen (die eigentlich gar nicht nonpharmakologisch sind, da sie körpereigene Psychoaktiva aktivieren). Auch eine gesunde Ernährung ist für spirituelles Wachstum und damit für die gelingende Integration nicht-alltäglicher Erfahrungen enorm wichtig.

Das Anlegen eines Schamanengartens

Bei der Gestaltung eines Schamanengartens sind der Fantasie und Kreativität keine Grenzen gesetzt. Vieles ist möglich, nichts zwingend. Einige Gärtner mögen es lieber klassisch in angelegten Beeten, andere Gärtner lassen ihre schamanisch-spirituelle Weltsicht mit einfließen und gestalten den Garten beispielsweise in der Form einer großen Spirale, eines universellen Zeichens, das die Ewigkeit des Bewusstseins und die Verbindung zwischen den materiellen (sichtbaren) und den geistigen (unsichtbaren) Welten symbolisiert. Andere Gärtner wählen die Form eines Mandalas, der (kosmischen) Schlange oder der Sonne. Das Konzept der sogenannten Permakultur, das einen optimalen ökologischen Kreislauf ermöglicht und mit einer schamanisch-psychonautischen Geisteshaltung im Einklang steht, hat bei vielen ganzheitlich denkenden Gärtnern oberste Priorität.

Im Idealfall ist ein Schamanengarten aber nicht nur die Anbaufläche für geistbewegende Ritualpflanzen, sondern er ist auch ein spiritueller Ritualort. Eine oder sogar mehrere große Feuerstellen sowie gemütliche, nicht einzusehende und energiereiche Plätze, die zur Meditation oder anderen Techniken der spirituellen Selbst- und Naturerfahrung einladen, sind daher im Schamanengarten eine tolle Sache, ebenso ein kleiner Ritualplatz mit Schwitzhütte, ein Altar, ein Steinkreis oder auch eine kleine Tanzfläche für befreiende Tänze.

Wem kein Garten oder keine Grünfläche zur Verfügung steht, der kann trotzdem schamanengärtnerisch tätig werden. Die meisten Pflanzen lassen sich nämlich auch in Töpfen ziehen und gedeihen problemlos auf dem sonnigen Balkon und der Terrasse. Einigen Pflanzenarten reicht für die Vegetation während der Sommermonate sogar die sonnige Fensterbank als Standort.

Wie wird ein Komposthaufen angelegt? Wie fängt man Regenwasser effektiv auf? Wie legt man ein Hochbeet an? Wie wird ein Zaun oder eine Hütte für Gartengeräte gebaut? Zu diesen und weiteren Fragen empfehle ich das Buch *So entsteht ein Bio-Garten* (1997) von Marie-Luise Kreuter. Darin finden sich alle notwendigen Basisinformationen für erfolgreiches Bio-Gärtnern. Zwei weitere Bücher, die ich jedem empfehle, der einen Schamanengarten anlegen möchte, sind *Der Kosmos im Garten* (2001) und *Kräuterkunde* (2008) von Wolf-Dieter Storl.

Zum Umgang mit Pflanzengeistern

In Visionen, Träumen, Versenkung, in Trance und im ekstatischen Rausch offenbart sich die unmittelbare Natur als beseelt und von ansprechbaren transsinnlichen Wesenheiten durchdrungen.
STORL 1998: 152

Liebe, Demut und Dankbarkeit: Wenn man diese drei Gefühle verinnerlicht, hat man eine Grundlage geschaffen, um mit den Pflanzengeistern in Kontakt zu treten und von ihnen zu lernen. Ist der Kontakt einmal hergestellt und durch ein gegenseitiges Geben und Nehmen geprägt, werden die Devas im Idealfall zu sogenannten Verbündeten, die nicht nur lehren und einweihen, sondern auch heilen, helfen und schützen, beispielsweise dann, wenn man sein Beet bestellt, wichtige Entscheidungen treffen muss, eine Krankheit wieder loswerden möchte oder sich auf einer Reise in die Anderswelt befindet. Es lohnt sich also, die Pflanzengeister auf seiner Seite zu haben. Das Einzige, was sie dafür als Gegenleistung einfordern, ist ein respektvoller, auf Liebe basierender Umgang.

Beispielsweise lieben sie es, wenn ihnen gelegentlich schöne Geschenke gemacht werden (Opfergaben). Tabak, Bier, Maismehl und kraftvolle Steine (z.B. Bergkristalle, Manisteine) mögen sie ganz besonders gern und auch, wenn man zu ihnen spricht, für sie räuchert, ihnen ein Lied singt oder sich einfach nur neben sie setzt und aus vollem Herzen ihre Schönheit bewundert. Und ein Schamanengarten, in dem jede Pflanze auf solch liebevolle Weise behandelt wird, ist in aller Regel ein Garten, in dem es an glücklichen und hilfsbereiten Elementarwesen nur so wimmelt.

Möchte jemand mit einem Pflanzendeva in Kontakt treten, gelingt das meiner Erfahrung nach am einfachsten, wenn man sich in (physisch und psychisch) gereinigtem Zustand vor die Pflanze setzt und sich dann in einen meditativen Zustand bringt. Das Herz sollte genauso geöffnet sein wie das geistige Auge hinter der Stirn, während gleichzeitig der Verstand für einmal nicht das Sagen hat. Das Geplapper der Gedanken wird einfach nur beobachtet, ohne sich dabei mit diesen zu identifizieren, worauf diese sukzessive an Gewicht verlieren.

Sobald der Verstand zur Ruhe gekommen ist, schaut man sich die Pflanze ganz genau an und verbindet sich geistig mit ihr. Das geht einfacher, wenn man einen kleinen Teil (zum Beispiel Blatt oder Same) der Pflanze verzehrt, sich unter die Zunge legt, raucht oder räuchert (Vorsicht bei giftigen Pflanzen!). Fühlt man sich eins mit der Pflanze, dann ist die Verbindung gelungen und der Austausch kann beginnen.

Nicht selten erfährt man in solch meditativ-außergewöhnlichen Bewusstseinszuständen aus erster Hand, welche besonderen Informationen, Kräfte und Qualitäten dem Pflanzengeist innewohnen und wie er uns heilen oder helfen kann. Manchmal verrät ein Pflanzengeist einem Menschen sein Kraftlied, mit dem er jederzeit herbeigesungen werden kann. Oder er überträgt einen Teil seiner Pflanzenkraft dem Menschen, worauf dieser eine deutlich spürbare Stärkung erfährt, physisch und psychisch.

Sobald der Verstand zur Ruhe gekommen ist, schaut man sich die Pflanze ganz genau an und verbindet sich geistig mit ihr. Fühlt man sich eins mit der Pflanze, dann ist die Verbindung gelungen und der Austausch kann beginnen.

Was auf alle sozialen Beziehungen zutrifft, gilt auch für die Verbindung zum Pflanzengeist: Die Beziehung zu ihm will gepflegt werden. Gelingt das, steht einem der Pflanzendeva im Idealfall dauerhaft als Verbündeter zur Verfügung. Gelingt es nicht, reißt die Verbindung möglicherweise irgendwann ab.

Häufig werden die Pflanzendevas in nicht-alltäglichen Bewusstseinszuständen gesehen, und viele sind dann erschrocken darüber, dass nicht alle die äußere Erscheinung liebevoll anmutender Lichtwesen haben. Es gibt Pflanzengeister, die mit ihrem Aussehen durchaus Angst einflößen können, was jeder bestätigen wird, der beispielsweise schon einmal in der Nacht dem Tollkirschengeist begegnet ist. Dieser hat mit seinen feurig-glühenden Augen ohne weiteres das Potenzial, eine Person aufs Heftigste zu erschrecken. Zu beachten ist jedoch, dass jeder Kontakt mit einem Pflanzengeist, abhängig von Mensch, Kultur und Pflanze, immer sehr individuell verläuft und keine allgemeingültigen Schlüsse zulässt.

PFLANZENMONOGRAPHIEN

*Schamanische Ritualpflanzen
für den mitteleuropäischen Garten*

Aconitum napellus

Aconitum spp.   Eisenhut

Gattung .... *Aconitum* Linné (Eisenhut)
Tribus .... *Delphiniae* Schröder
Familie .... Ranunculaceae Jussieu (Hahnenfußgewächse)

*Nur erfahrene Schamanen und lebensmüde Psychonauten
rauchen das getrocknete Kraut.* Berger 2011: 8

Die Arten der Pflanzengattung Eisenhut gehören mit ihren faszinierend schönen traubenförmigen Blütenständen zu den attraktivsten Blütenstauden. Nicht nur wegen ihrer Anmut und ihrer mächtigen Aura, sondern auch weil *Aconitum*-Arten als einstige Ritual- und Zauberpflanzen von großer ethnobotanischer Relevanz sind – allen voran der Blaue Eisenhut (*Aconitum napellus*) –, passen sie wunderbar in den Schamanengarten. Allerdings darf man im Umgang mit dem Eisenhut niemals vergessen, dass Vertreter dieser Gattung zu den giftigsten Pflanzen Europas gehören. Zur Einnahme oder einer anderen direkten Verwendung sind sie völlig ungeeignet; am besten ist es, sich einfach an ihrer Schönheit zu erfreuen.

Aconitum-napellus-Blüte

Trivialnamen

Aconitum ferox Aconite, Ativish (nep. »Gift«), Bikh, Himalayan Monkshood, Sman-chen (tib.), Wolfsbane (engl.) ◆ *Aconitum lycoctonum* Fuchs-Eisenhut, Gelber Eisenhut, Gelbe Gelstern, Hundsgift, Wolfs-Eisenhut, Wolfswurz ◆ *Aconitum napellus* Abnehmkraut, Akonitkraut, Altweiberkappe, Apolloniakraut, Arche Noah, Bergeisenhut, Blauer Akonit, Blauer Eisenhut, Erbpulver, Fliegenkraut, Fuchsschwanz, Giftkraut, Helmblume, Hex, Hummelkraut, Jakobsleiter, Mönchshut, Pferdchen, Satanskraut, Sturmhut, Totenblume, Wolfsgift, Wolfswurz, Würgling, Ziegentod, Monkshood (engl.) ◆ *Aconitum variegatum* Bunter Eisenhut, Eiliaswagen, Gescheckter Eisenhut, Narrenkap

Für die Gartenkultur geeignete Aconitum-Arten

Aconitum anthora Linné Gift-Eisenhut, Blassgelber Eisenhut ◆ *Aconitum carmichaelii* Debeaux Herbst-Eisenhut ◆ *Aconitum columbianum* Nutt ◆ Kolumbianischer Eisenhut ◆ *Aconitum hemsleyanum* E. Pritz Rankender Eisenhut ◆ *Aconitum henryi* E. Pritz Lockerer Eisenhut, Henry-Eisenhut ◆ *Aconitum lycoctonum* Linné Gelber Eisenhut ◆ *Aconitum napellus* Linné Blauer Eisenhut ◆ *Aconitum variegatum* Linné Bunter Eisenhut.
Insgesamt umfasst die Gattung über 400 gültige Arten, zudem zahlreiche Hybridformen.

Botanik

Der Eisenhut ist eine ausdauernde Pflanze mit einer maximalen Wuchshöhe von etwa 150 cm. Charakteristisch sind die rübenähnlich verdickte Pfahlwurzel, die sich jedes Jahr neu bildet, und die nieren- bzw. helmförmigen Blütenblätter (daher der deutsche Trivialname Eisenhut), die sich am Ende des Stengels bilden und abhängig von Art oder Züchtung eine blaue, weiße oder rote Farbe haben können. Die meist wechselständig am Stengel verteilten grünen Laubblätter sind handförmig und mehrfach gefiedert. Die Blätter der in Indien heimischen Spezies *A. heterophyllum* sind hingegen herzförmig, so dass diese Art von anderen leicht zu unterscheiden ist. Grundsätzlich

Vorkommen

 Die natürliche Verbreitung der Gattung *Aconitum* reicht von Sibirien und Asien bis nach Europa und Amerika. Über die Hälfte der bekannten Arten gedeiht jedoch in China. In Mitteleuropa sind vor allem der Blaue, der Bunte und der Gelbe Eisenhut zu finden. Am bekanntesten und am häufigsten verbreitet ist der Blaue Eisenhut (*A. napellus*), der hierzulande unter Naturschutz steht und als Wildform in den höher gelegenen Regionen der Alpen und anderer europäischer Mittelgebirge seine Heimat hat.

Meist wächst die Staude in Feuchtgebieten oder an Bachläufen. Außerhalb seiner natürlichen Verbreitungsgebiete findet man den Eisenhut gelegentlich als dekorative Gartenschönheit – manchmal in Gärten von Leuten, die nicht wissen, dass er hochgiftig ist. Das kann vor allem dann gefährlich werden, wenn Kinder im Garten spielen.

TIPP Wenn man Giftpflanzen, wie die *Aconitum*-Arten, zurückschneidet, teilt oder erntet, sollte man unbedingt Handschuhe tragen – die toxischen Alkaloide können auch über die Haut resorbiert werden. Um dies zu vermeiden, sollte man Giftpflanzen wie *Aconitum* immer nur in die Mitte eines Beetes zu pflanzen, nie direkt am Rand. Optisch sehr ansprechend wirkt *Aconitum napellus* mit seinen blau-violetten Blüten zwischen Pflanzen mit weißen oder roten Blüten.

Eisenhut-Samen

INFO Für die seltene Spezies *Aconitum hemsleyanum*, eine rankende Kletterpflanze, die wegen ihrer weinroten Blüten auch »Red Wine« genannt wird, braucht man unbedingt ein Spalier oder eine andere Rank- und Kletterhilfe.

*Aconitum-napellus-*Jungpflanze

unterscheiden sich die meisten Eisenhut-Arten jedoch kaum voneinander; eine exakte botanische Bestimmung fällt dem Laien daher oft nicht leicht. Das winzige, deltaförmige bzw. dreieckige Saatgut des Eisenhuts entwickelt sich in sogenannten Balgfrüchten (*Folliculi*).

Pflegeanleitung

Die Anzucht der Eisenhut-Arten gestaltet sich sehr ähnlich. Für alle gilt, dass ihr Saatgut, bevor es zur Keimung gebracht werden kann, einer kurzen Stratifikation bedarf. Der Eisenhut ist nämlich ein sogenannter Frost- bzw. Kaltkeimer. Seine Samen müssen vor der Aussaat entweder für einige Tage in den Kühlschrank gelegt werden, oder man sät sie bereits im Winter aus; beides ist möglich und funktioniert, wenn auch nicht immer einfach. Die Vermehrung durch geteilte Wurzelknollen ist um ein Vielfaches erfolgreicher.

Vermehrung durch Aussaat (generativ)
Zum Vorziehen der Samen eignen sich Topfplatten, Anzuchttöpfe oder eine flache, mit Anzuchterde befüllte (Pikier-)Schale. Die lichtkeimenden Samenkörner nur leicht andrücken und nicht mit Erde bedecken! Eisenhut-Saatgut benötigt zur Keimung eine Temperatur von 0–5 °C, deshalb sollte die Anzucht in den kalten Wintermonaten erfolgen. Dazu stellt man die Anzuchtschale einfach an einen schattigen Ort ins Freie. Im Frühjahr, wenn die Keimlinge ein wenig stabiler geworden sind, pikiert man sie vorsichtig und pflanzt sie an ihren Platz im Schamanengarten.

Vermehrung durch Rhizom-Teilung (vegetativ)
Befinden sich schon Eisenhut-Stauden in erfolgreicher Gartenkultur, ist es einfacher, die Pflanze im Frühjahr oder Herbst durch eine Teilung der Wurzelknolle zu vermehren, indem man die Wurzel ausgräbt und mit einem Spaten teilt.

Standort und Pflegemaßnahmen
Ideal ist ein Standort, der windgeschützt im Halbschatten liegt und über einen feuchten, lockeren und nährstoffreichen Humusboden verfügt. Eisenhut wächst auch in der vollen Sonne, jedoch sollte der Boden dann immer etwas feucht sein. Bodentrockenheit verträgt der Eisenhut genausowenig wie andauernde Staunässe. Gelegentlich sollte der Eisenhut mit einem stickstoffreichen Dünger organischer Herkunft, z.B. Brennnesseljauche, verwöhnt werden, vor allem dann, wenn der Boden nicht über genügend Nährstoffe verfügt.

Krankheiten und Schädlinge
Bei zu hoher Trockenheit des Bodens wird der Eisenhut anfällig für einen Mehltau-Befall. Bei anhaltender Staunässe hingegen kommt es recht schnell zu einer Wurzelfäulnis.

Mythologie und Ritual

Eine Vielzahl von Mythen und Legenden rankt sich um den Eisenhut. Davon basieren die meisten entweder auf der äußeren Erscheinung dieser Pflanze oder aber auf ihrer potenziell sehr gefährlichen Giftigkeit. In den nordischen Mythologien beispielsweise steht die kuppelförmige Blüte des Eisenhuts für den unsichtbar machenden Helm des weltenreisenden Gottes Wotan.

Aconitum spp.

Als psychoaktive Ritual- und Zauberpflanze wurde der Eisenhut aufgrund seiner hohen Toxizität nur selten verwendet, und wenn, dann sicher nur von geübten Schamanen. Gemäß Überlieferung haben unsere germanischen Ahnen Zubereitungen aus der Pflanze magisch-rituell eingesetzt, etwa um sich in einen Wolf oder ein anderes Tier zu verwandeln, oder als Reisewerkzeug in die Unterwelt. Daneben wird der Eisenhut als Ingredienz von Hexensalben vermutet. Auch heute werden Eisenhut-Zubereitungen vereinzelt als bewusstseinsverändernde Instrumentarien verwendet. In Nepal zum Beispiel setzen Schamanen die Art *Aconitum ferox* (Himalaya-Eisenhut), die häufig um das Fünffache stärker konzentriert ist als ihr europäischer Verwandter *A. napellus*, gelegentlich als rituelles Rauchkraut ein.

Häufig wurden Eisenhut-Arten in früheren Zeiten als zuverlässig wirkendes Mordgift verwendet. Zahlreiche Giftmorde, von der Antike bis zum Mittelalter, lassen sich auf das im Eisenhut vorkommende Aconitin zurückführen.

Inhaltsstoffe

Im Eisenhut ist eine Vielzahl an Alkaloiden enthalten: Aconitin, eines der potentesten Gifte im ganzen Pflanzenreich, sowie Aconitinsäure, Benzoylaconin, Hypaconitin, Mesaconitin, Napellin, N-Diethylaconitin sowie Flavonoide. Die höchste Alkaloidkonzentration wurde in der Wurzelknolle (*Aconiti tuber*) gemessen.

Wirkung

Die therapeutische Wirkung des Eisenhuts basiert primär auf antiasthmatischen, antibakteriellen, entkrampfenden, entzündungshemmenden, fiebersenkenden und schmerzlindernden Effekten. Die nicht erstrebenswerte Rauschwirkung beginnt mit einer Erregung des Zentralnervensystems, die kurz darauf in Lähmungserscheinungen umschlägt, begleitet durch ein starkes Kribbeln und Brennen im Mund, in den Fingern und den Zehen. Weitere Nebenwirkungen sind Durchfallattacken, Erbrechen, Frösteln, Taubheitsgefühle, Schmerzen und starke Schweißausbrüche.

Eine Überdosierung mündet meistens in Atemlähmung und Herzversagen, wobei das Bewusstsein bis zuletzt erhalten bleibt. Die geschätzte letale Dosis liegt bei 1,5–6 mg Aconitin bzw. bei 1–2 g Knollenmaterial. Wird Aconitin in Form einer Salbe äußerlich aufgetragen, wirkt es anästhetisierend.

Medizinische Indikationen

In extrem geringer Dosierung wurde der Blaue Eisenhut (*A. napellus*) volksmedizinisch bei Gelenkerkrankungen und Neuralgien verwendet. Die Homöopathie schätzt Eisenhut-Zubereitungen als wirksame Medizin gegen Entzündungen, Erkältungen und Fieber. Die Schulmedizin setzt *A. napellus* seines hochtoxischen Potenzials wegen heute nicht mehr ein.

Zubereitungsformen

Personen, die den Eisenhut medizinisch nutzen möchten, muss ausdrücklich davon abgeraten werden, entsprechende Präparate selbst herzustellen. Es ist ratsamer, dafür auf im Handel erhältliche homöopathische Fertigprodukte zurückzugreifen.

Eine orale Einnahme oder das Rauchen von Pflanzenteilen ist viel zu gefährlich, auch für die psychonautische Selbsterforschung. Das Einzige, was durchaus sinnvoll sein kann, ist, wenn die getrocknete Wurzel oder andere Pflanzenteile – unter Abwägung sämtlicher Risiken – gering dosiert geräuchert werden.

Der vorsichtig inhalierte Rauch wirkt angstlösend, beruhigend, entspannend und hilft beim Überschreiten der Alltagswirklichkeiten. Allerdings verströmt er einen äußerst unangenehmen Geruch; es empfiehlt sich daher, ihn nur in Kombination mit aromatischen Kräutern und Harzen zu räuchern, beispielsweise mit Beifuß, Benzoe, Copal, Dammar, Lavendel, Mariengras, Salbei oder Styrax.

Notfallmaßnahmen im Fall einer Vergiftung

Falls es zu einer versehentlichen Einnahme des Eisenhuts gekommen ist, schnellstmöglich Erbrechen auslösen und den Arzt rufen! Weitere Notfallmaßnahmen sind eine Magenspülung und die Einnahme von Aktivkohle (20–30 g), die innerhalb weniger Minuten die im Magen befindlichen Giftstoffe bindet.

Acorus calamus

Acorus spp.   Kalmus

Gattung .... *Acorus* Linné (Kalmus)
Familie .... Acoraceae Martinov (Kalmusgewächse)

Wenn der Schamanengarten über einen Teich verfügt, ist der Kalmus definitiv eine geeignete Pflanze zur Teichbestückung. Wenn sie ausreichend häufig gegossen werden, können *Acorus calamus* und andere *Acorus*-Arten und -Varietäten aber auch als Topfpflanzen kultiviert werden. Zur frostfreien Überwinterung werden sie einfach an einen kühlen Platz ins Haus gestellt. Eine Kultivierung des Kalmus, bei dem es sich um eine uralte Ritual- und Heilpflanze handelt, ist in Mitteleuropa daher überall möglich, sogar wenn kein Teich zur Verfügung steht.

Ideal für Kalmus: ein Gartenteich

Trivialnamen
Acorus calamus Ackermagen, Ackerwurz, Deutscher Ingwer, Deutscher Zitwer, Gewürzkalmus, Indischer Kalmus, Karmeswurzel, Kermeswurzel, Magenwurz, Sabelwurzel, Schwanenbrot, Zehrwurzelrhizome, sweet flag, sweet root (engl.) und viele mehr. *Acorus gramineus* Graskalmus, Zwergkalmus

Für die Gartenkultur geeignete Acorus-Arten
Acorus calamus Linné Indischer Kalmus ● *Acorus gramineus* Solander Graskalmus

Sowohl von *A. calamus* als auch von *A. gramineus* existieren einige Unterarten und Varietäten. Die Variegatus-Züchtungen haben im Gegensatz zu den beiden ursprünglichen Arten grün-weiß gestreifte Blätter. *Acorus gramineus* sieht seinem Artverwandten sehr ähnlich, ist aber etwas kleiner. Die Wuchshöhe ist niedriger, und die Blätter und die Blütenkolben sind kürzer.

Botanik

Acorus calamus ist eine mehrjährige, begrenzt winterharte, bis maximal 1,5 m hohe Wasser- bzw. Sumpfpflanze mit schwertförmigen, senkrecht nach oben abstehenden Blättern und ausdauerndem, kriechendem, dicht verzweigtem und grün-braunem Wurzelstock. Dieser riecht nach Orange, schmeckt aber unangenehm bitter. Zerreibt man ein Blatt zwischen den Fingern, entsteht der charakteristische Kalmusgeruch. Blütezeit ist von Mai bis Juli. In dieser Zeit bilden sich winzig kleine, unscheinbare Blüten von gelb-grüner Farbe, die an einem 5–8 cm langen Blütenkolben sitzen. Bei den Früchten handelt es sich um rote Beeren. In mitteleuropäischen Breitengraden blüht der Kalmus jedoch nur selten und bildet deshalb auch keine Früchte und Samen aus.

Pflegeanleitung

Da einige für die Kultur produzierten Zuchtformen des Kalmus und der chinesische Kalmus *Acorus graminaeus* nicht winterhart sind, sollte die Sumpfpflanze in einem solchen Fall nur dann als Teichbestückung eingepflanzt werden, wenn sich der Garten in einer Klimazone befindet, in der es keine langen

Vorkommen

 Die Heimat des *Acorus calamus* liegt in Nord- und Ostasien. In Europa sowie Nordamerika wurde die Pflanze vor einigen Jahrhunderten eingeführt und ist seitdem auch dort zu finden.

Besonders gerne gedeiht der Kalmus in Wassernähe, etwa an Flüssen, Seen oder Sümpfen. Zu medizinischen Zwecken kultiviert wird er in Asien, Nordamerika, Russland und Südeuropa.

Acorus calamus

Inhaltsstoffe

Kalmuswurzel enthält viel ätherisches Öl mit Caryophyllen, Curcumen, Decadienal, Humulen und β-Asaron als Komponenten. Außerdem sind Bitter- (Acorin, Acoron, Neoacoron), Gerb- und Schleimstoffe enthalten. Für die Psychoaktivität des Kalmus ist die Substanz β-Asaron verantwortlich.

Medizinische Indikationen

Als Pitta (stärkende Heilpflanze mit erhitzender Wirkung) zählt Acorus calamus zu den traditionellen Arzneimitteln der ayurvedischen Medizin. Diese empfiehlt Zubereitungen aus dem getrockneten Wurzelstock bei Atemwegserkrankungen (Asthma und Husten), Epilepsie, Fieber, Hämorrhoiden, Hypertonie, Hysterie, Gedächtnisverlust, Magen-Darm-Beschwerden, Melancholie, Neuralgien, Neurosen, Nierensteinen, Rheuma, Schlafstörungen, Sprachstörungen, Tinnitus und Wurmbefall, als blutreinigendes Mittel sowie zur Nikotinentwöhnung.

In der nepalesischen Volksmedizin kommt die Kalmuswurzel bei Erkältungssymptomen zum Einsatz.

In der nordamerikanischen Ethnomedizin behandelt man Magen-Darm-Erkrankungen mit einem Wurzeldekokt. Bei Bronchitis, Erkältung, Hals- und Kopfschmerzen werden einzelne Wurzelstückchen ausgekaut. Daneben ist bei einigen Indianerstämmen die therapeutische Wirkung eines aus der getrockneten Wurzel hergestellten Schnupfpulvers bekannt (vgl. RÄTSCH 2012: 41).

und kalten Winter gibt. Man kann die Pflanzen aber auch im Topf halten. Andererseits wächst *Acorus calamus* seit dem 16. Jahrhundert bei uns auch als Wildpflanze, die Pflege der Pflanze im Winter ist also nicht ganz so heikel, wie viele Quellen behaupten.

Vermehrung durch Wurzelteilung (vegetativ)

Vermehrt wird die Pflanze grundsätzlich vegetativ durch eine Teilung des Wurzelstocks. Man zieht die Rhizome einfach mit der Hand auseinander und pflanzt die einzelnen Teile wieder ein – am besten in humose Erde auf Kompostbasis mit einem pH-Wert von 6–7 an einem halbschattig bis sonnig gelegenen Standort, entweder in flaches Wasser oder in sehr feuchten Boden. Dies gilt sowohl für *A. calamus* als auch für *A. gramineus*; ihre Kultivierung verläuft fast identisch, nur dass der Graskalmus kleiner ist und langsamer wächst.

Acorus als Teichpflanze

Im Frühjahr geschnittene Ableger oder geteilte Wurzelstöcke werden am Rand des Gartenteichs eingepflanzt. Die Wassertiefe sollte sich auf maximal 20 cm belaufen. Eine Überwinterung im Gartenteich ist jedoch bei vielen Zuchtformen nur in milden Wintern möglich. Unter 5 °C stellt die Pflanze nämlich ihr Wachstum ein; wenn sie längere Zeit Minusgraden ausgesetzt wird, erfriert sie. Es ist aber immer möglich, den Kalmus im Winter an einen kühlen, geschützten Ort im Haus zu stellen. Zu diesem Zweck pflanzt man Kalmus in einen mit Kies befüllten Korb und stellt diesen den Sommer über einfach in den Teich. Am besten entwickelt sich die Pflanze in warmem Wasser.

Acorus in Topfkultur

Wenn Kalmus als Topfpflanze kultiviert wird, muss man die Pflanze mehrmals täglich reichlich gießen, vor allem an heißen Sommertagen. Einfacher und zeitsparender ist es, wenn man den Topf in einen großen, mit Wasser und Kies befüllten Untersetzer stellt, der regelmäßig aufgegossen wird. Mit Staunässe hat der Kalmus überhaupt kein Problem – im Gegenteil. Will man die Wurzel später verwenden, empfehle ich, auf das Düngen vollständig zu verzichten. Andernfalls kann man je nach Standortbedingungen vom Frühling bis zum Sommer alle vier Wochen durchaus einen organischen Flüssigdünger einsetzen.

Krankheiten und Schädlinge

Von Krankheiten oder Schädlingen wird der Kalmus eigentlich nur dann befallen, wenn er am falschen Standort wächst. Ein möglicher Schädling, der gerne dann auftaucht, wenn die Umgebungsluft der Pflanze zu trocken ist, ist die Spinnmilbe. Bekommt der Kalmus braune Blätter, ist das ein weiteres sicheres Indiz dafür, dass die Luft zu trocken ist.

Ernte

Die wirkstoffreiche Wurzel kann, außer während der Blühphase, zu jeder Jahreszeit geerntet werden, meist aber in den Monaten September und Oktober. Sie wird ausgegraben, abgewaschen und an der Luft getrocknet, dann zerkleinert und beispielsweise als Räucherwerk verwendet.

Mythologie und Ritual

Die rituelle Verwendung der Kalmuswurzel lässt sich bis in die Zeitepoche der Antike zurückverfolgen. Selbst in der Bibel wird die Pflanze dreimal erwähnt, und noch bis in die 1950-er Jahre wurde hierzulande in protestantischen Kirchen mit Kalmuswurzel geräuchert. Im alten China wurde der Kalmus als mächtige und glücksbringende Zauberpflanze verehrt, mit deren Hilfe man sich nach altem Volksglauben unsichtbar und unsterblich machen konnte.

Es liegt nahe, dass er in China damals auch schamanisch-rituell verwendet wurde. In einigen Regionen ist das ansatzweise auch heute noch der Fall; zur Abwehr schädlicher Einflüsse wird er beispielsweise – gemeinsam mit Beifuß – über der Haustür angebracht. Im alten Tibet fand die Wurzel primär als Grundzutat magischer Räuchermischungen ihren Einsatz, ebenso im alten Ägypten und in Mesopotamien. In Indien wird die Kalmuswurzel, neben ihrer Anwendung als Räucherwerk, auch von Schlangenbeschwörern zum Bannen ihrer Kobras eingesetzt. In Nordamerika wurde die Wurzel – beispielsweise bei Schwitzhüttenzeremonien – als reinigendes Räucherwerk genutzt, etwa bei den Cheyenne-Indianern. Anderen Stämmen, etwa den Irokesen, diente die Wurzel zur Entlarvung von bösem Zauber, während die Cree-Indianer das Rhizom als psychoaktives Aphrodisiakum nutzten.

Getrocknete Kalmuswurzel

Wirkung und Psychoaktivität

Kalmuswurzel wirkt adstringierend, antibakteriell, antiseptisch, appetitanregend, augenstärkend, beruhigend, blutbildend, drüsen- und stoffwechselanregend, harntreibend, hautreinigend, krampflösend, reizlindernd sowie potenzsteigernd. Abhängig von der Dosierung wirkt die Wurzel auch psychoaktiv, was auf das enthaltene Phenylpropanoid β-Asaron zurückgeführt werden kann. In niedriger Dosierung, geraucht oder oral eingenommen, erzeugt die Wurzel einen milden, kaum wahrnehmbaren Rauschzustand. Erst ab Dosierungen von 100–150 g kommt es zu spürbaren psychoaktiven Effekten, die von aphrodisierend und euphorisierend bis entaktogen reichen können. Über halluzinogene oder visionäre Wirkeigenschaften verfügt die Kalmuswurzel nicht, auch nicht bei hohen Dosen von 250 g (vgl. BERGER 2011: 6).

Wenn die Kalmuswurzel rituell verwendet werden soll, empfehle ich, sie nicht innerlich einzunehmen, sondern als Räucherwerk zu nutzen. Verräucherte Kalmuswurzel verströmt einen bitter-würzigen Rauch, der reinigend, kräftigend, beruhigend und geistklärend wirkt – genau richtig für ein schamanisches oder psychonautisches Ritual.

⚠ Keinesfalls darf die Kalmuswurzel in Kombination mit MAO-Hemmern eingenommen werden, denn nach einem derartigen Mischkonsum wirkt sie möglicherweise toxisch. Symptome sind starke Schweißausbrüche und Muskelkrämpfe. Zudem wirkt der Inhaltsstoff β-Asaron karzinogen (krebserregend). Auf eine regelmäßige Einnahme sollte man deshalb verzichten. Von einem gelegentlichen und richtig dosierten Gebrauch, etwa zu medizinischen Zwecken, gehen jedoch keine Gefahren aus.

Zubereitungsformen

Kaltwasserauszug Einen Teelöffel der pulverisierten Wurzel 24 Stunden lang in einer Tasse Wasser ziehen lassen und danach filtern.

Press-Saft Die frische Wurzel wird im Entsafter vollständig ausgepresst.

Räucherwerk Die getrocknete und zerkleinerte Wurzel kann alleine oder in Kombination mit anderen Wurzeln, Kräutern oder Harzen geräuchert werden. Eine Kalmus-Räucherung eignet sich für Schwitzhüttenrituale, zur Raumreinigung sowie in Kombination mit anderen Räucherstoffen – beispielsweise Rosenblüten (*Rosa* spp.), Yohimbe (*Pausinystalia yohimbe*) oder Benzoe Siam (*Styrax tonkinensis*) – auch als Liebeszauber oder zur Unterstützung der »Kundalini-Erweckung«.

Teeaufguss Man übergießt zwei Teelöffel (1–1,5 g) Kalmuswurzel mit 200 ml kochendem Wasser, lässt den Aufguss eine Viertelstunde ziehen, seiht ab und trinkt den Tee zu den Mahlzeiten. Da sich durch die Wärme einiges an Wirkstoffen verflüchtigt, empfiehlt es sich, zu medizinischen Zwecken besser ein Mazerat oder einen Press-Saft einzunehmen.

Argemone mexicana

Argemone mexicana LINNÉ
Mexikanischer Stachelmohn

Gattung............................ *Argemone* LINNÉ (Stachelmohn)
Familie .... Papaveraceae JUSSIEU (Mohngewächse)

Der mexikanische Stachelmohn ist eine einstmals heilige Pflanze der Azteken. Ihre Anzucht und Kultur im eigenen Garten ist nicht schwierig und besonders interessant für Gärtnerinnen und Gärtner, die eine Affinität zu Mohngewächsen haben.

Trivialnamen
Distelmohn, Fischgemüse, Fischkraut, Teufelsfeige, *Bhatbhamt* (Hindi), Brahmadanti (Sanskrit), Chicalote, Chicallotl (aztek.), Hierba loca (span.), Mexican poppy, Prickly poppy, Yellow thistle (engl.), Pua Kala (hawai.) und viele andere

Weitere für die Gartenkultur geeignete Argemone-Arten
Argemone albiflora HORNEMANN Weißer Stachelmohn • *Argemone glauca* (PRAIN) POPE Blauer Stachelmohn • *Argemone platyceras* LINK & OTTO Breithorniger Stachelmohn • *Argemone pleiacantha* GREENE Southwestern Prickly Poppy • *Argemone polyanthemos* (FEDDE) OWNBEY Vielblütiger Stachelmohn • *Argemone sanguinea* GREENE Rötlichweißer Stachelmohn

Insgesamt umfasst die Gattung *Argemone* über 40 Arten.

Argemone mexicana, *historische Darstellung (17. Jh.)*

Botanik

Argemone mexicana wächst in Mitteleuropa einjährig und erreicht eine Höhe von etwa 1 m. Die Blätter sind bläulich bis graugrün und haben stachelige Spitzen. Der zwischen Juni und September erscheinende Flor steht einzeln und hat gelbe bis orangefarbene Kronblätter. Bei den Früchten handelt es sich um stachelige und nach oben abstehende Kapseln, in denen das winzige schwarze Saatgut heranreift.

Pflegeanleitung

Die Vermehrung von *Argemone mexicana* erfolgt grundsätzlich durch das Aussäen von Saatgut, das zum festen Sortiment zahlreicher Samenhändler gehört und entsprechend unkompliziert zu beziehen ist.

Sofern *A. mexicana* bereits im Garten kultiviert wird, kann man die Samen auch eigenhändig ernten, indem man sie der ausgereiften und selbständig geöffneten Fruchtkapsel entnimmt. Am einfachsten funktioniert die Samenernte, wenn man ein Sieb verwendet, um die Samen von der trockenen Samenhaut zu trennen.

Vorkommen

 Die ursprüngliche Heimat des mexikanischen Stachelmohns sind die amerikanischen Tropengebiete. Inzwischen ist die Pflanze aber auch in Indien, Nepal und in weiten Teilen Afrikas verbreitet. Besonders gehäuft ist sie dort auf Wiesen sowie am Wegesrand anzutreffen, ähnlich wie der Klatschmohn (*Papaver rhoeas*) hierzulande.

Argemone-mexicana-Samen

Inhaltsstoffe
Im gesamten Pflanzenmaterial, besonders reichhaltig aber im Milchsaft, sind diverse Alkaloide enthalten, beispielsweise die Isochinolinalkaloide Allocryptatopin, Canadanin, Esculerin, Argemonin (N-Methylpavin), Berberin, Protopin sowie viele weitere. Das Saatgut enthält daneben außerdem die toxisch wirksame Ammoniumverbindung Sanguinarin und verschiedene Glyzeride, Fettsäuren und Lipide. Morphine sind entgegen früherer Spekulationen mit hoher Wahrscheinlichkeit nicht enthalten.

Vermehrung durch Aussaat (generativ)
Üblicherweise werden die Samenkörner ab Mai direkt an Ort und Stelle ins vorbereitete Beet gesät. Ideal sind ein leicht sandiger Boden und ein vollsonniger Standort. Entscheidet man sich für eine Anzucht im Kübel, können die Pflanzen im Haus auf einer sonnenreichen Fensterbank auf der Südseite oder im Gartengewächshaus bereits ab März/April vorgezogen werden. Hierzu werden die Samenkörner direkt in hohe und breite Töpfe gesät, denn sie bilden von Anfang an ihre langen Pfahlwurzeln aus. Saatschalen oder kleine Zimmergewächshäuser sind für die Keimung eher ungeeignet, zumal sich A. mexicana, genau wie andere Mohngewächse, nur schwer und ungern pikieren lässt.

Bevor die Samen auf das Substrat kommen, ist es ratsam, sie zunächst über Nacht in lauwarmem Wasser vorquellen zu lassen, denn dadurch erhöht sich die Keimfähigkeit und auch die Keimrate. Anschließend kann man die dunkelkeimenden Samen auf handelsübliche oder selbstgemischte Anzuchterde geben und leicht mit dieser bedecken.

Die Keimtemperatur liegt bei 20–25 °C. Wenn diese Temperaturen noch nicht erreicht werden, kann es eine gute Idee sein, einfach etwas Folie im Abstand von einigen Zentimetern über die Töpfe zu spannen oder eine durchsichtige Tüte darüberzustülpen. Dadurch wird nicht nur die Luftfeuchte, sondern auch die Temperatur erhöht. Nach zwei bis fünf Wochen zeigen sich die Keimlinge, die ab Mai in hohen und durchlässigen Kübeln ins Freiland zu den anderen Pflanzen gestellt werden.

Standort und Pflegemaßnahmen
Während der Vegetationsperiode darf die Wasserzufuhr nur mäßig erfolgen; Staunässe muss unbedingt vermieden werden. Allerdings hat die Pflanze keine Schwierigkeiten damit, wenn sie vorübergehender Dürre ausgesetzt ist. Zugaben eines organischen Düngemittels sollten maximal alle 2–4 Wochen erfolgen. Wird auf Dünger verzichtet, was ebenfalls möglich ist, bleibt der Stachelmohn möglicherweise etwas kleiner und bildet weniger Blüten aus.

Überwinterung
Da die Pflanze einjährig (in tropischen Gefilden manchmal auch ausdauernd) gedeiht, entfällt die Frage nach der Überwinterung. Wer die Pflanze aber auch im Folgejahr in seinem Garten blühen sehen möchte, der kann die Samen ernten und im nächsten Jahr wieder aussäen. Alternativ werden die Fruchtkapseln solange unberührt an der Pflanze belassen, bis sie ausgereift sind und von alleine abfallen. Auf diese Weise sät sich die Pflanze selbst aus und kommt im nächsten Jahr wahrscheinlich von ganz alleine wieder.

Krankheiten und Schädlinge
Potenzielle Schädlinge des Mexikanischen Stachelmohns sind Spinnmilben.

Mythologie und Ritual
Über den rituellen Gebrauch des Mexikanischen Stachelmohns liegen nur wenige Informationen vor. Allerdings ist davon auszugehen, dass die Pflanze schon von den Azteken rituell genutzt wurde, unter anderem als Grabbeigabe; der Stachelmohn galt in den alten mesoamerikanischen Kulturen als »Nahrung der Toten«. Zudem war sie dem Regengott Tlaloc (Nuhualpilli) geweiht, der gemäß dem alten Volksglauben dafür (mit-)verantwortlich ist, dass es sich beim anderweltlichen Totenreich um ein immergrünes Paradies handelt. Ob Zubereitungen aus der Pflanze in rituellen Settings als Psychoaktivum eingesetzt wurden, ist unklar.

Darstellung des Regengotts Tlaloc

Wirkung und Psychoaktivität

Das Wirkspektrum des Stachelmohns umfasst abhängig von Dosis, Set und Setting aphrodisierende, leicht analgetische, euphorisierende, narkotisierende und sedierende Effekte. Über die exakte pharmakologische Wirkmechanik liegen bis heute jedoch nur Mutmaßungen vor; es ist noch unklar, über welche Rezeptoren die Argemone-Wirkstoffe ihre Wirkung entfalten.

Geraucht wirkt das getrocknete Kraut entspannend, leicht euphorisierend sowie ermüdend, im Gesamten eher subtil und nicht aufdringlich. Viele nutzen es deshalb als einschlafförderndes Rauchkraut kurz vor dem Zubettgehen. Die Samen des Stachelmohns sind ebenfalls aktiv. Es finden sich in der Literatur sogar einige Angaben, dass es nach dem Konsum, etwa in Form eines Mazerats, zu halluzinogenen Effekten kommen soll. Beim Konsum moderater Dosen bleibt eine derartige Wirkung jedoch aus.

Deutlich stärker als das Kraut wirkt der eingetrocknete Milchsaft (Chicalote-Opium), der sich in den USA zu Beginn des 20. Jahrhunderts bei chinesischen Händlern als legales Substitut für echtes Opium (*Papaver somniferum*) großer Beliebtheit erfreute. Geraucht oder verdampft wirkt Chicalote-Opium sedierend und bei höheren Dosierungen narkotisierend. Allerdings fehlt ihm die träumerische und beflügelnde Note des echten Opiums.

Zubereitungsformen

Räucherwerk Alle Pflanzenteile können, nachdem sie gründlich getrocknet wurden, als Räucherwerk eingesetzt werden. Das hat eine harmonisierende Wirkung auf Körper und Geist und eignet sich besonders gut für die Abend- oder Schlafräucherung, etwa in Kombination mit Baldrian (*Valeriana officinalis*), Beifuß (*Artemisia* spp.), Hopfen (*Humus lupulus*), Lavendel (*Lavendula angustifolia*), Maidal-Nüssen (*Catunaregam spinosa*), Sumpfporst (*Rhododendron tomentosum, Ledum palustre*) oder anderen Räucherstoffen.

Rauchware Das getrocknete Kraut, Blüten, Blätter sowie der eingetrocknete Latex – der wie echtes Opium durch Anritzen der unreifen Fruchtkapsel gewonnen wird – können geraucht oder vaporisiert werden. Der Siedepunkt der zentralen Wirkstoffe liegt bei 150–170 °C.

Tee Man übergießt 1–2 Teelöffel des getrockneten Krautmaterials mit kochendem Wasser, lässt die Mischung 10 Minuten ziehen, seiht ab und süßt nach Belieben. Stachelmohn-Tee ist besonders für therapeutische Zwecke geeignet.

Indikationen

Als Heilpflanze ist *A. mexicana* vor allem in Nord- und Mittelamerika sowie in Nordindien bekannt, ferner auch in Nigeria und im Senegal. Innerlich, etwa als Tee oder Dekokt, wird die Pflanze traditionell zur Behandlung von Asthma, Gallen- und Nierenleiden, nervöser Unruhe und Einschlafstörungen eingesetzt.

Eine äußerliche Anwendung hingegen erfährt sie bei Infektionen am Auge, Ekzemen, Muskelschmerzen und Warzen. Meist setzt man dazu einen wässrigen Extrakt oder den Milchsaft des Stachelmohns ein; letzterer kann bei äußerlicher Anwendung möglicherweise Hautreizungen verursachen.

Pharmakologische Forschungen ergaben außerdem, dass sich Stachelmohn-Tee als Erste-Hilfe-Maßnahme bei Malaria eignet.

Argemone-mexicana-*Kraut*

Artemisia vulgaris

Artemisia vulgaris Linné
Gewöhnlicher Beifuß

Gattung .... *Artemisia* Linné
Tribus .... *Anthemideae* Cassini
Familie .... Asteraceae Bercht et Presl (Korbblütler)

Der Beifuß ist für mich ein ganz starker und verlässlicher Verbündeter. Storl

Viele Arten der Gattung *Artemisia*, die insgesamt einige hundert Spezies umfasst, sind von ethnobotanischer Relevanz, etwa als wichtige Arznei-, als aromatische Gewürz- sowie als schamanische Ritualpflanzen – letzteres vor allem in Form eines »kopföffnenden« Räucherwerks, das nicht nur beruhigend wirkt und die höheren Chakren stimuliert, sondern auch wunderbar zur energetischen Reinigung von Ritualplätzen und Wohnungen eingesetzt werden kann. Schamanen auf der ganzen Welt zählen *Artemisia*-Arten – im Besonderen aber den Beifuß – zu ihren wichtigsten pflanzlichen Helfern.

Zur Kultivierung im Schamanengarten eignen sich besonders die nordamerikanischen Arten *Artemisia douglasiana*, *Artemisia ludoviciana* und *Artemisia tridentata* sowie die in Europa verbreitete Spezies *Artemisia vulgaris*, um die es hier vorrangig geht. Natürlich lohnt sich auch die Anzucht anderer *Artemisia*-Arten, beispielsweise der Eberraute, des Estragon oder der berühmten Absinth-Pflanze Wermut.

Artemisia vulgaris

Trivialnamen
Bibiskraut, Fliegenkraut, Gänsekraut, Gewürzbeifuß, Johannisgürtelkraut, Jungfernkraut, Machtwurz, Mugwort (engl.), Sonnenwendgürtel, Sonnenwendkraut, Thorwurz, Weiberkraut und viele andere

Weitere für die Gartenkultur geeignete Artemisia-Arten
Artemisia abrotanum Linné Eberraute ♦ *Artemisia absinthium* Linné Wermut, Absinthkraut ♦ *Artemisia annua* Linné Einjähriger Beifuß ♦ *Artemisia californica* Lessing Californian Sage ♦ *Artemisia capillaris* Thunberg Chinesisches Moxakraut ♦ *Artemisia cina* Berg Zitwerbeifuß, Wurmsamen ♦ *Artemisia douglasiana* Besser ex Hook Amerikanisches Moxakraut ♦ *Artemisia dracunculus* Linné Estragon ♦ *Artemisia ludoviciana* Nuttall Präriebeifuß, Weißer Beifuß ♦ *Artemisia mexicana* Willdenow Mexikanischer Wermut ♦ *Artemisia pontica* Linné Pontischer Beifuß, Römer Wermut ♦ *Artemisia tridentata* Nuttall Wüsten-Beifuß

Botanik

Artemisia vulgaris ist eine ausdauernde und verzweigte Pflanze, die eine Wuchshöhe von 1–2 m erreichen kann. An den harten, unten verholzenden, rotbraunen Stängeln befinden sich fiederteilige Blätter mit lanzettförmigen und spitzen Abschnitten. An der Oberseite sind die Blätter dunkelgrün und kahl, an der Unterseite weiß und leicht filzig. Die graugrünen, gelblich- bis

Vorkommen

 Als typisches »Beikraut« ist *Artemisia vulgaris* weltweit verbreitet, in Europa besonders häufig an Flussufern, auf Brachland, Schutthalden sowie am Wegesrand. Da der Beifuß schon sehr früh vom Menschen verbreitet wurde, kann die ursprüngliche Heimat der Pflanze heute nicht mehr lokalisiert werden.

rotbraunen sowie rispenförmig angeordneten Blüten werden von Juli bis September gebildet. Der Beifuß lässt sich durch sein erfrischend-charakteristisches Aroma, das entfernt an Minze und Wacholder erinnert, sowie seinen bitteren Geschmack leicht bestimmen.

Pflegeanleitung

Die Anzucht von Beifuß oder anderen *Artemisia*-Arten gestaltet sich vergleichsweise einfach. Schließlich ist der Beifuß auch in der Natur gehäuft anzutreffen; er bedarf also keiner besonderen Pflege, um gut wachsen zu können. Vermehrt wird der Beifuß durch Samen, Stecklinge, Wurzelteilung oder gekaufte Jungpflanzen. Da die Pflanze auch oft in der Natur vorkommt – meist sogar direkt in der unmittelbaren Nähe des Gartens – ist es außerdem möglich, im Frühling eine Jungpflanze behutsam auszugraben und sie im Schamanengarten wieder einzupflanzen. Als Geste des Danks kann man dabei eine kleine Opfergabe am Ausgrabungsort hinterlassen, beispielsweise eine Münze, einen Edelstein, etwas Bier oder Tabak.

Vermehrung durch Aussaat (generativ)

Entscheidet man sich für eine Vermehrung durch Saatgut, muss man bedenken, dass es sich beim Beifuß um einen Lichtkeimer handelt. Das heißt, dass die winzigen Samen nicht mit Anzuchterde überdeckt sein dürfen. Außerdem sollte nicht zu dicht ausgesät werden, denn dadurch wird das spätere Pikieren erschwert. Die Aussaat kann zwar ab April direkt ins Freiland erfolgen, allerdings verläuft die Anzucht in der Regel erfolgreicher, wenn man die Keimlinge ab März im Frühbeet oder auf der warmen Fensterbank im Haus vorzieht.

Die ersten Keimlinge zeigen sich 1–3 Wochen nach der Aussaat. Damit sie nicht gleich vergeilen, benötigt man – sofern man sie in Saatschalen oder anderen Anzuchtbehältnissen im Haus vorzieht – unbedingt einen Standort mit viel Licht.

Im Mai können die jungen Pflänzchen schließlich pikiert und ins Freiland gesetzt werden. Der Abstand zur Nachbarpflanze sollte etwa 50 cm betragen, damit der Beifuß später keine Platzprobleme bekommt. Die zu erwartende Größe sollte auch bei der Auswahl des Pflanzgefäßes berücksichtigt werden, sofern man eine Kultur in Kübeln auf dem sonnigen Balkon oder der Terrasse beabsichtigt.

Vermehrung durch Stecklinge (vegetativ)

Ein jüngeres, nicht verholztes Triebstück mit einem oder zwei Blättern wird mit einer scharfen Klinge vom Haupttrieb geschnitten und bewurzelt. Dies gelingt durch den Einsatz eines Wurzelhormons genauso wie mit der herkömmlichen Wasser- oder Erdmethode. Hierbei stellt man den Steckling einfach in Wasser oder steckt ihn in frischen Erdboden, bis sich erste Wurzelfasern ausgebildet haben. Anschließend wird der Steckling sparsam, aber nicht zu wenig bewässert.

Standort und Pflegeansprüche

Beifuß wächst sowohl auf trockener und sandiger als auch auf kalkhaltiger und humusreicher Erde. Besonders ertragreich gedeiht er auf einem lockeren, gut durchlässigen und humusreichen Boden mit einem mäßigen Nährstoffgehalt. Der ausgewählte Standort sollte in der vollen Sonne liegen, denn dadurch können sich das würzige Aroma und das ätherische Öl am besten entfalten. Beim Gießen gilt: Besser ein bisschen weniger als zuviel. Denn selbst im Hochsommer hat der Beifuß keine Probleme damit, wenn er einige

Inhaltsstoffe

Bitter schmeckende Sesquiterpenlactone – etwa Psilostachyin, Vulgarin und Yomogin – sowie ein ätherisches Öl, das über 100 identifizierte Komponenten enthält (u.a. 1,8-Cineol, Borneol, Campher, Linalool, Lyratol, Myrcen, α-Phellandren, α-Pinen, β-Pinen, Sabinen und β-Thujon). Weitere Inhaltsstoffe sind Alkohole vom »Eudesman-Typ«, Cumarinderivate (Aesculetin, Umbelliferon), Flavonoide (Quercetin, Rutin), Hydroxyzimtsäurederivate (Ferulasäure, Kaffeesäure), Polyine (Centaur X3), das Glykosid Prunasin sowie Sesquiterpensäuren.

Artemisia douglasiana

Artemisia tridentata

Artemisia vulgaris

Die Blätter von Artemisia vulgaris *erinnern an einen Dreizack.*

Artemisia-dracunculus-*Blüte*

Tage kein Wasser bekommt. Staunässe hingegen mag er überhaupt nicht. Eine Zugabe von Dünger ist nicht erforderlich.

Überwinterung
Eine Überwinterung im Haus erübrigt sich. Der Beifuß ist eine robuste Wildpflanze, die am Standort stehen bleiben kann.

Krankheiten und Schädlinge
Der einzige Risikofaktor, durch den die Anzucht misslingen kann, ist eine durch Staunässe entwickelnde Wurzelfäulnis. Gegenüber Schädlingen und Krankheiten zeigt sich die Pflanze ausgesprochen robust und resistent. Beifuß wirkt auf Schädlinge sogar regelrecht abstoßend, so dass er sich sehr gut als Nachbarpflanze für anfällige Gewächse eignet.

Artemisia absinthium

Mythologie und Ritual

Artemisia vulgaris gehört zu den ältesten Ritualpflanzen Europas. So alt wie die magische Praxis des Entzündens von Räucherwerk ist, so alt ist auch die rituelle Verwendung des Beifußes – nachweislich seit der Steinzeit. Von den alten Germanen wurde der Beifuß den weiblichen Mysterien zugeordnet und im Rahmen von Geburts-, Fruchtbarkeits- und Übergangsritualen verwendet. Für die Kelten war der Beifuß ein fester Bestandteil einer jeden *Samhain*-Räucherung. Sie glaubten, dass geräuchertes Beifußkraut böse und krankmachende Geister und negative Kräfte vertreibt. Wohnräume, Krankenzimmer und Ställe wurden deshalb mit Beifußkraut gründlich ausgeräuchert. Auch war es damals nicht unüblich, sich getrocknetes Beifußkraut ins Kopfkissen zu stecken.

Im Zuge der Christianisierung wurde der Beifuß als Hexenkraut verteufelt und durch Weihrauch ersetzt, wodurch der rituelle Gebrauch von *Artemisia vulgaris*, zumindest in Europa, zunehmend an Bedeutung verlor.

Im gesamten Himalayagebiet ist der Beifuß eine wichtige schamanische Ritualpflanze und wird dort als harmonisierendes, spirituell reinigendes, intuitionsförderndes und dämonenabwehrendes Räucherwerk genutzt.

INFO Unsere Ahnen verwendeten den Beifuß bei den Sommersonnenwenderitualen im Juni. Beim Sprung über das Sonnenwendfeuer trug man einen Gürtel aus Beifußkraut, der nach gelungenem Sprung als Dank an den Großen Geist in die Glut gelegt wurde. Man glaubte, dass der Sprung durch das Feuer von Krankheiten befreie und mit den Kräften der Natur verbinde. Der Brauch besteht in einigen Regionen bis heute, ebenso der Ritus, das Sonnenwendfeuer aus neunerlei verschiedenen Hölzern zu errichten.

Medizinische Indikationen

Die traditionelle Volksmedizin kennt A. vulgaris als entgiftendes, krampflösendes und menstruationsförderndes Frauenkraut. Abkochungen etwa wurden zur Einleitung der Periode, zur Geburtserleichterung sowie zum Austreiben der Nachgeburt eingenommen. In stärkerer Dosierung wurde Beifuß als Abortivum eingesetzt.

Die überlieferte Heilkunde empfiehlt eine Abkochung des Beifußkrauts als galleanregenden, bitter-aromatischen Magentee sowie ein Wurzeldekokt als Mittel gegen den Madenwurm (Oxyuris vermicularis), einen Darmparasiten. Zudem wird Artemisia vulgaris empfohlen bei Appetitlosigkeit, Atemwegserkrankungen, Epilepsie, Gallen- und Leberleiden, Hämorrhoiden, Kopfschmerzen, Magen- und Darmproblemen, Mundgeruch, Nervenleiden sowie bei Übelkeit.

Aufgrund der beruhigenden Wirkung eignet sich die Anwendung von Beifuß sehr gut bei Schlafstörungen. Oft hilft hier bereits ein mit getrockneten Blüten gefülltes Kräuterkissen.

Mancherorts wird Beifuß dazu verwendet, störende oder giftige Insekten zu vertreiben.

Artemisia-vulgaris-Räucherung

Daneben setzt man den Beifuß dazu ein, einen sakralen Raum zu schaffen, um beispielsweise eine Verbindung zur Ahnenwelt oder den Naturgeistern herzustellen. In Indien wird die Pflanze, vermutlich wegen ihrer an einen Dreizack erinnernden Blätter, mit Shiva assoziiert und ist dort besonders als Dankopfer für die Götter von ethnoritueller Relevanz.

In Nordamerika gehören die Spezies *A. douglasiana* (Estafiate), *A. ludoviciana* (Prairie Sagebrush) sowie *A. tridentata* (Common Sagebrush), die häufig unter der Bezeichnung Steppenbeifuß zusammengefasst werden, zu den wichtigsten Ritualpflanzen der nordamerikanischen Ureinwohner. Räucherbündel aus Steppenbeifuß (»Smudge Sticks«) werden zur spirituellen Reinigung sowie zur Abwehr schädlicher Krankheitsgeister geräuchert, beispielsweise in Schwitzhüttenzeremonien. Daneben wurde der Steppenbeifuß als harmonisierender und schützender Räucherstoff, als Altarbedeckung sowie als Unterlage für den heiligen Kaktus während entheogener Peyote-Rituale verwendet.

Mir ist eine schamanisch arbeitende Person bekannt, die *A. vulgaris* einsetzt wie südamerikanische Schamanen den Tabak. Disharmonisch schwingende Energiemuster im Körper werden so lange mit dem Rauch des Beifußkrautes beblasen und besungen, bis sie sich wieder harmonisiert haben.

»Smudge Stick«, Räucherbündel aus Steppenbeifuß

Wirkung und Psychoaktivität

Begründet durch die enthaltenen Bitterstoffe wirkt Beifußkraut auf der körperlichen Ebene antibakteriell, antimykotisch, appetitanregend, durchblutungsfördernd, galletreibend, krampflösend, menstruations- und wehenfördernd, tonisierend sowie verdauungsanregend. Ferner wurden spasmolytische Effekte nachgewiesen, die unter anderem auf einer Blockierung der Muskarin-Rezeptoren beruhen.

Auf der psychoaktiven Ebene wirkt der Beifuß mild beruhigend, geistklärend und traumfördernd. Das getrocknete Kraut kann geraucht oder geräuchert werden. Geraucht wirkt es intensiver; dafür ist eine Räucherung angenehmer und genussvoller, wirkt energetisch harmonisierend und hilft dabei, Altes loszulassen, so dass sie sich unter anderem für Initiations- und Übergangsrituale empfiehlt.

Inhalierter Beifußrauch wirkt durch eine Aktivierung des Stirn-Chakras und der Selbstheilungskräfte bzw. der inneren Heiler. Eine Beifußräucherung lässt sich aufgrund der »kopföffnenden«, schützenden und spirituell reinigenden Wirkung für alle schamanischen Rituale und zur Meditation hervorragend nutzen. Der inhalierte Rauch hat zudem eine leicht aphrodisierende Wirkung; getrocknetes Beifußkraut eignet sich also als Zutat für eine Liebesräucherung, vor allem in Kombination mit weiteren Räucherstoffen.

Zubereitungsformen

Räucherwerk Zum Räuchern verwendet man das getrocknete Kraut und die Blüten, die ein angenehmes, an Kampfer erinnerndes Aroma verströmen. Beifuß kann gut alleine geräuchert werden, lässt sich aber auch wunderbar mit anderen Räucherstoffen mischen. Persönlich mag ich Mixturen, die neben Beifuß zu gleichen Teilen entweder Mariengras (*Hierochloe odorata*), Lavendel (*Lavandula angustifolia*), Wacholder (*Juniperus* spp.) oder Weihrauch (*Boswellia* spp.) enthalten.

Divinationsräucherung nach RÄTSCH (1996: 49) 3 TL Beifuß (*Artemisia vulgaris*) · 1 TL Fünffingerkraut (*Agrimonia eupatoria*) · 4 TL Mastix (*Pistacia lentiscus*) · 1 Tropfen Patchouli-Öl (*Pogostemon cablin*) · 1 Tropfen Sandelholzöl (*Santalum* spp.).

Teeaufguss 1 TL Beifußkraut mit 250 ml kochendem Wasser übergießen und 2 Min. ziehen lassen. Der bittere Geschmack des Teeaufgusses sollte nicht mit Zucker oder anderen Süßstoffen überdeckt werden. Denn gerade die Bitterstoffe sind es, die heilen – gute Medizin schmeckt eben bitter, wie das alte Sprichwort sagt.

Bad Ein abendliches Beifußbad hilft bei allen Unterleibserkrankungen, die durch Kälte entstanden sind. 200 g getrocknetes Beifußkraut mit 3 l Wasser 9 Min. lang aufkochen lassen und dann den Sud durch ein Sieb ins laufende Badewasser geben.

Da es sich bei *Artemisia* um Korbblütler handelt, sind allergische Reaktionen nicht ausgeschlossen. In einem solchen Fall sollte man die Einnahme sofort absetzen.

Von Schwangeren darf der Beifuß wegen seiner abortiven Wirkung nicht eingenommen werden!

Brugmansia spp.

Brugmansia spp. Engelstrompete

Gattung .... *Brugmansia* PERSOON (Engelstrompeten)
Familie .... Solanaceae JUSSIEU (Nachtschattengewächse)

Engelstrompeten sind die stärksten Halluzinogene, die das Pflanzenreich zu bieten hat. [...] Südamerikanische Schamanen warnen dringend vor dem Gebrauch durch Unkundige. RÄTSCH 2012: 95

Nachtschattengewächse aus der Gattung der Engelstrompeten gehören zur Pflichtausstattung eines jeden Schamanengartens. Zum einen natürlich deshalb, weil sie als uralte, magische Schamanengewächse von hoher ethnorituellen Relevanz sind, und zum anderen, weil die Pflanzen mit ihren betörend duftenden und farbintensiven Trompetenblüten eine wahre Duft- und Augenweide darstellen.

Die ursprünglich in Südamerika heimischen Wildformen der Engelstrompete in Europa sowie in den USA wurden in den letzten Jahren intensiv züchterisch bearbeitet. Heutzutage steht ein enorm breites Hybridspektrum an Pflanzen zur Verfügung, von denen eine schöner ist als die andere. Bei der Auswahl einer passenden Engelstrompete hat man also die Qual der Wahl.

Anfänger sollten darauf achten, dass sie eine Pflanze auswählen, deren Anzucht und Kultur als anfängerfreundlich und fehlerverzeihend eingestuft wird, was beispielsweise auf *B. arborea, B. aurea* sowie *B. × candida* zutrifft. Dennoch sollte man auch bei der Anzucht dieser vergleichsweise einfach zu kultivierenden Arten einige Grundregeln beachten, damit man sich an diesen prachtvollen, herrlich duftenden Ritualpflanzen lange erfreuen kann.

Übersicht der botanisch bestätigten Brugmansia-Arten und ihre Trivialnamen
Brugmansia arborea LAGERHEIM Baumdatura, Engelstrompetenbaum ◆ *Brugmansia aurea* LAGERHEIM Goldene Engelstrompete ◆ *Brugmansia sanguinea* (RUIZ & PAW.) D. DON Blutrote Engelstrompete ◆ *Brugmansia suaveolens* (H.B.K.) BERCHT. & PRESL Duftende Engelstrompete ◆ *Brugmansia versicolor* LAGERHEIM Bunte Engelstrompete ◆ *Brugmansia vulcanicola* (A.S. BARKL.) SCHULTES »Huacacachu«

Brugmansia-Hybridformen
Brugmansia × candida PERSOON Weiße Engelstrompete ◆ *Brugmansia × dolichocarpa* LAGERHEIM ◆ *Brugmansia × insignis* (BARB. RODRIGUES) SCHULTES Prächtige Engelstrompete ◆ *Brugmansia × rubella* (SAFF.) MOLDENKE

Botanik

Engelstrompeten sind mehrjährige, baumartige Sträucher, die bei optimalen Standort- und Pflegebedingungen eine Wuchshöhe von 5–8 m erreichen können und große, ovale Blätter ausbilden. Charakteristisch sind die gerade oder schräg herabhängenden, trompetentrichterförmigen Blüten, die oft eine doppelte Blütenkrone besitzen, eine Länge von 20–45 cm erreichen und in den Abendstunden einen betörend-köstlichen und leicht betäubenden

INFO Lange wurden Engelstrompeten der Gattung *Datura* zugeordnet, was aufgrund der genetischen Distanz der beiden Gattungen heute nicht mehr geschieht. *Brugmansia*-Arten sind strauch- oder baumartig und haben 20 cm lange, herabhängende Blüten. Die vergleichsweise kurzen (5–10 cm) Blüten des buschig-krautigen, meist nur einjährigen Stechapfels hingegen wachsen seitlich oder nach oben abstehend. Die Frucht fällt bei *Brugmansia* im Gegensatz zum Stechapfel stachellos aus, und die Rinde der Brugmansien ist im Gegensatz zu jenen der *Daturas* oft etwas flaumig.

Vorkommen

Die botanische Heimat aller Brugmansien liegt in Südamerika. Dort gedeihen sie je nach Spezies am Meer, an Flussufern sowie in Höhenlagen bis 3000 m.ü.M. Als dekorative Zierpflanzen werden Engelstrompeten heute weltweit kultiviert, so dass sie inzwischen auch außerhalb ihrer ursprünglichen Verbreitungsgebiete oft anzutreffen sind.

Duft verströmen. Das Farbspektrum des Flors gestaltet sich abhängig von der Stammpflanze weiß, rot oder gelb, seltener auch pink oder lila. Die Früchte, in denen bis zu 300 Samen heranreifen können, sind gestielt, auberginenförmig und glatt.

Pflegeanleitung

In der Regel geschieht die Vermehrung der Engelstrompeten durch Schneiden von Stecklingen. Bei *B. x candida* ist zum Beispiel nur diese Form der Vermehrung möglich. Eine Anzucht durch Saatgut funktioniert bei dieser Hybridform nicht, bei anderen Arten allerdings schon, wenn auch deutlich aufwändiger als bei der Anzucht mit geschnittenen Stecklingen. Die Pflege der Engelstrompeten hingegen gestaltet sich nicht ganz so einfach wie die anderer Ritualpflanzen. Schließlich haben die Arten ihr natürliches Vorkommen in Südamerika, was unter anderem bedeutet, dass sie in Mitteleuropa in Töpfen kultiviert werden sollten, so dass sie den Winter über an einen kühlen Ort im Haus gestellt werden können.

Brugmansia-candida-*Jungpflanze*

Vermehrung durch Stecklinge (vegetativ)

Entscheidet man sich für eine Vermehrung durch Stecklinge, sollte man diese grundsätzlich der Blühregion entnehmen. Sie liegt oberhalb der Verzweigungen und ist an den asymmetrischen Blättern zu erkennen. Der beste Zeitpunkt zum Schneiden sind die Monate zwischen Frühjahr und Sommer.

Oft reicht es für eine erfolgreiche Bewurzelung aus, die Stecklinge einfach in Anzuchterde zu stecken und feucht zu halten. Wem das zu unsicher ist, der kann auf handelsübliche Bewurzelungspräparate zurückgreifen. Bei Temperaturen um die 20 °C bewurzeln die Stecklinge innerhalb von ein bis drei Wochen. Anschließend werden sie in große, mit nährstoffreicher Erde befüllte Kübel gepflanzt. Darin sehen die Jungpflanzen zwar zunächst etwas verloren aus; der Vorteil ist aber, dass sich die Wurzeln darin ungehindert ausbreiten können und der Pflanze ein Umtopfen zunächst erspart bleibt. In den Garten, auf Terrasse oder Balkon stellt man die Pflanze erst nach dem letzten Frost.

Vermehrung durch Aussaat (generativ)

Zweifelsohne gestaltet sich die Anzucht durch Saatgut am schwierigsten, hat aber den Vorteil, dass es zu tollen Überraschungen kommen kann, wenn die Samen selbst geerntet wurden und im Garten mehrere unterschiedliche Arten stehen. Manchmal präsentiert sich nämlich eine ganz neue Sorte, was bei der erbgleichen Vermehrung durch Stecklinge nicht möglich ist. Um die Samen selbst zu ernten, pflückt man die ausgereiften Früchte, entnimmt das Samenmaterial und trocknet es den Winter über.

Zur Erhöhung der Keimfähigkeit hat es sich bei einer Vermehrung durch Saatgut bewährt, die Samenkörner vor Aussaat über Nacht in lauwarmem Wasser einzuweichen. Erst danach kommen die dunkelkeimenden Samen etwa 1 cm tief in ungedüngte Anzuchterde. Für ein erfolgreiches Auflaufen der Samen ist es wichtig, die Luftfeuchtigkeit zu erhöhen. Dazu empfiehlt sich anfänglich ein kleiner Anzuchtkasten oder ein Mini- bzw. Zimmergewächshaus (siehe Praxis-Tipp). Wer sich provisorisch behelfen möchte, kann auch einfach eine durchsichtige Tüte mit Löchern versehen und über den Pflanztopf stülpen. Die Temperatur muss dabei gleichbleibend bei 20–25 °C liegen.

Die Keimdauer beträgt im Idealfall zwei Wochen. Allerdings kann sie sich auch auf zwei Monate ausdehnen. Sobald sich die ersten Blätter zeigen, haben die Keimlinge ausreichend Wurzeln ausgebildet, um pikiert und in größere Töpfe gepflanzt zu werden. Ab dann werden sie behandelt wie Stecklinge.

Inhaltsstoffe

In allen *Brugmansia*-Arten konnten psychoaktive Tropanalkaloide identifiziert werden, wobei Atropin und Scopolamin (Hyoscin) die wichtigsten sind. Auf diesen beiden Substanzen beruht primär der pharmakologische und berauschende Wirkkomplex. Weitere Inhaltsstoffe, die beispielsweise in der Spezies *B. aurea* nachgewiesen wurden, sind unter anderem Apoatropin, Apohyoscin, Norhyoscyamin sowie Tropan-3α-ol.

Brugmansia-*Samen*

Brugmansia spp.

> **PRAXIS-TIPP** Anzuchtkasten/Zimmergewächshaus selber bauen
>
> Ein Zimmergewächshaus ist immer dann sinnvoll, wenn Samen zur Keimung ein warmes Milieu mit hoher Luftfeuchtigkeit brauchen. Das gilt primär für die Samen jener Spezies, die eigentlich in warmen, subtropischen bis tropischen Regionen gedeihen.
>
> Zimmergewächshäuser werden im Gartenmarkt für 5–10 Euro angeboten. Man kann sie jedoch auch relativ einfach selber herstellen. Größe, Form und Material des Zimmergewächshauses lassen sich individuell anpassen. So kann der Gärtner beispielsweise einen dekorativen Holzrahmen bauen und diesen mit Glas, Plexiglas oder Plastikfolie verkleiden. Provisorisch kann man einen solchen Rahmen auch aus einem Karton schneiden.
>
> Die Anzuchtbehältnisse kann man auch auf eine beschichtete Holzplatte stellen und sie mit einer umgedrehten durchsichtigen Plastikkiste überdecken. Falls die Aussaat in Saatschalen erfolgt ist, kann man eine gekaufte oder aus dünnen Holzstäben und Plastikfolie gebaute Abdeckhaube auf die Saatschale setzen.
>
> Noch einfacher ist es, die Anzuchttöpfe direkt mit einer Plastiktüte zu überstülpen. Tipp: Die handelsübliche, meist dreieckige Verpackung von Cocktail-Tomaten lässt sich als Mini-Gewächshaus zur Samenanzucht verwenden, wenn auch nur wenige Samenkörner darin Platz finden. So verschieden die Mini-Gewächshäuser aussehen, der Effekt ist immer der gleiche: Es entsteht ein warm-feuchtes Mikroklima, das die Samen zum Auflaufen benötigen.
>
> Damit sich kein Schimmel entwickelt, ist es wichtig, dass die Pflanzen trotz Abdeckung etwas Frischluft bekommen. Dazu werden die Abdeckungen mit kleinen Löchern versehen, was bei Kunststofffolien leicht möglich ist. Bei der Verwendung von Glas oder Plexiglas sollte man bei der Konstruktion ein kleines (Schiebe-)Fenster einplanen. Wer sich provisorisch damit behilft, einfach ein Glasbehältnis über einen Anzuchttopf zu stellen, muss zur Prävention von Schimmel oder Fäulnisbildung den Glasbehälter täglich mindestens einmal kurz abnehmen.

Standort und Pflegemaßnahmen

Ideal ist ein windgeschützter Standort, an dem die Pflanzen nur vor- und nachmittags der vollen Sonne ausgesetzt sind und von der Mittagssonne verschont bleiben. Kommen die Pflanzen aus der Überwinterung, sollten sie die ersten Tage eher schattig stehen und langsam ans Sonnenlicht gewöhnt werden.

Erfahrungsgemäß entwickeln sich Engelstrompeten besser, wenn sie samt Topf – beispielsweise in einem Topf für Teichpflanzen – in die Erde eingepflanzt werden. Auf diese Weise können die Pflanzen im Herbst leicht entnommen und zum Überwintern ins Haus gebracht werden. Allerdings haben Schnecken dadurch einen leichteren Zugang zur Pflanze, was sich jedoch mit provisorischen Vorrichtungen weitgehend verhindern lässt.

Als sogenannte Starkzehrer haben *Brugmansia*-Arten während der Vegetationsperiode einen hohen Wasser- und Nährstoffbedarf. Reichliches Gießen und regelmäßige Gaben eines (Bio-)Düngemittels sind absolut notwendig. Gegossen werden sollte immer dann, wenn die Erdoberfläche trocken ist, an heißen Sommertagen eventuell sogar zweimal täglich. Hat man mit dem Gießen zu lange gewartet, beginnen die Blätter zu hängen. Wenn die frisch austreibenden Blätter hell- und nicht dunkelgrün aussehen, ist eine Zugabe von Dünger nötig. Sobald sich der Nährstoffhaushalt normalisiert hat, treiben die frischen Blätter wieder in tiefgrüner Farbe aus. Verwelkte Blüten knipst man im Zweifel ab und entsorgt sie kindersicher.

Brugmansia-*Blüte*

Überwinterung

Noch bevor der erste Frost einsetzt, wird die Pflanze zum Überwintern in einem hellen (Keller-)Raum untergebracht. Ideal ist eine Raumtemperatur zwischen 4–10 °C. Liegt die Raumtemperatur höher, kann die Pflanze bereits im Winter austreiben. Um Wurzelfäulnis zu verhindern, wird in der Überwinterungsphase nur sparsam gegossen. Auf Dünger wird komplett verzichtet.

Schädlinge und Krankheiten

Wenn die Engelstrompete eine artgerechte Pflege erfährt, ist sie für Krankheiten relativ unanfällig. Zu einer Gefahr könnten Schnecken, Dickmaulrüssler (Otiorhynchus), Blattläuse oder Spinnmilben werden, die sich bei einer frühzeitigen Entdeckung aber auch ohne »chemische Keule« effektiv und nachhaltig beseitigen lassen.

Engelstrompeten zurückschneiden

Ein Rückschnitt der Triebe ist dann erforderlich, wenn die Pflanzen im Kübel kultiviert werden und ihre Größe begrenzt werden soll. Darf die Pflanze ihre maximale Wuchshöhe erreichen, braucht man sie nicht zurückzuschneiden, sollte sie jedoch regelmäßig in immer größere Kübel umtopfen. Meist erfolgt der Rückschnitt im Frühjahr; passt die Pflanze nicht mehr in ihr Winterquartier, kann er auch schon im Herbst erfolgen, nachdem die Blätter abgefallen sind. Wichtig ist, dass der Schnitt ausschließlich in der Blühregion stattfindet. Pro Triebabschnitt sollte mindestens ein asymmetrisches Blatt erhalten bleiben. Wenn man bis in den Bereich der symmetrischen Blätter zurückschneidet, verzögert sich in der nächsten Saison die Entwicklung der Blütenstände – deshalb erst dann radikal stutzen, wenn die Engelstrompete nicht mehr ins Winterquartier passt!

TIPP Die Pflanzen nach dem Rückschnitt im Herbst nicht direkt ins Winterquartier bringen, sondern noch ein paar Tage im Freien stehen lassen, bis die frischen Schnittstellen vollständig eingetrocknet sind. Sonst kann es passieren, dass die Pflanzen während der Überwinterung aus den Schnittwunden stark bluten.

Mythologie und Ritual

Brugmansien werden von südamerikanischen und mexikanischen Schamanen magisch und rituell eingesetzt, meist in einer rauch- oder trinkbaren Darreichung zur Herbeiführung divinatorischer Trancezustände, zum Diagnostizieren von Krankheiten, zur Prophezeiung künftig stattfindender Ereignisse, zur Visionssuche, zum Kontaktieren von Ahnen, Schutz- und Tiergeistern oder zum Lokalisieren verlorengegangener Gegenstände oder Personen. Manchmal eignen sie sich unter dem Einfluss der Engelstrompete auch Verfahrensweisen und Techniken der Hexerei an.

Nicht selten liegt der Schamane – der oft nur dann Engelstrompeten verwendet, wenn ein besonders schwieriger Fall vorliegt – nach der Einnahme 2–3 Tage lang in einem komatösen Delirium. Gleichzeitig reist seine Seele auf der Suche nach hilfreichen Informationen durch die feinstofflichen Gefilde der Anderswelt. Unterstützt wird der Schamane bei diesem riskanten Vorgehen von einem vertrauten und stets anwesenden Begleiter, der nicht nur für den notwendigen Schutz sorgt, sondern auch die anderswahltlichen Botschaften notiert (vgl. Rätsch 2012: 99).

Eine schamanisch-rituelle Technik, die zwar keine lange Tradition kennt, aber dennoch wunderbar dazu geeignet ist, den Brugmansia-Geist auf vergleichsweise ungefährliche Weise erfahren zu können, ist die Duftmeditation: *Dafür geht man am besten ganz nahe an die Pflanzen heran und steckt die Nase in die großen trichterförmigen Blüten, die dafür wie gemacht sind. Nun schließt man die Augen und atmet ganz tief und ruhig durch die Nase ein. Ihr werdet erstaunt sein, wie intensiv betörend der Duft ist. Man vergisst Raum und Zeit und ist völlig im Duft gefangen. Große Engelstrompeten haben manchmal bis zu 50 Blüten gleichzeitig geöffnet.*

Brugmansia suaveolens

Außerhalb von Lateinamerika spielt vor allem die Spezies *B. suaveolens* eine rituelle Rolle. Etwa in Nepal und Nordindien, wo Sadhus und Tantriker ihre alkaloidreichen Blätter und Blüten, genau wie *Datura metel*, gelegentlich zur Meditation oder zum Yoga rauchen – meist in Kombination mit Tabak (*Nicotiana* spp.) und Hanf (*Cannabis indica*).

Sie eignen sich dann perfekt für eine Duftmeditation mit mehreren Personen gleichzeitig. Es ist eine wunderschöne Erfahrung, mit seinen Freunden gleichzeitig den Nektar der Ambrosia einzuatmen. (BERGER et al. 2016)

Wirkung und Psychoaktivität

Wirkspezifisch sind Engelstrompeten und Stechäpfel nahezu identisch, enthalten sie doch die gleichen Wirkstoffe, die durch eine Hemmung der muscarinergen Acetylcholinrezeptoren die Wirkung des Parasympathikus abschwächen.

Der Rausch ist stark dosisabhängig und beginnt bei oraler Aufnahme nach ungefähr 30 Minuten. Zunächst verspürt man eine starke Tonisierung, innere Unruhe sowie gegebenenfalls Euphorie. Bei höheren Dosierungen setzen nach rund 2–3 Stunden die ersten Halluzinationen ein; wie bei anderen halluzinogenen Nachtschattengewächsen lassen sie sich kaum von der Alltagsrealität unterscheiden. Am treffendsten lassen sich *Brugmansia*-Halluzinationen als eine sehr lebhafte, fieberträumähnliche Illusion beschreiben, die abhängig von der Dosierung 1–3 Tage lang andauern kann. Nicht selten verfallen Konsumenten aus Überforderung und Angst in Tobsucht und Raserei. Auch ein mehrstündiges Delirium nach der anfänglichen Erregungsphase ist keine Seltenheit.

Auf der physischen Ebene bewirkt die Pflanze eine starke Erweiterung der Pupillen, schmerzhafte Schluckbeschwerden, Herzrasen, innere Überhitzung, Hautrötungen, Übelkeit, Muskelkrämpfe, Harnverhalt sowie Sehstörungen. Die am längsten andauernden Vergiftungssymptome sind die anhaltende Pupillenerweiterung sowie die gleichzeitige Unfähigkeit, scharf zu sehen. Mir ist eine Person bekannt, die sich mit einem oral verzehrten Teelöffel *Brugmansia*-Samen massiv überdosierte. Heftige Halluzinationen über mehrere Tage, extreme körperliche Unannehmlichkeiten sowie das Gefühl, aufgrund eigener Dummheit sterben zu müssen, waren die Folge. Über einen Monat lang hatte die Person Sehstörungen, und erst nach zwei Monaten konnte sie wieder ein Buch lesen und sicher am Straßenverkehr teilnehmen.

Zubereitungsformen

Teeaufguss Diese Darreichungsform ist keinesfalls zur Nachahmung empfohlen. Engelstrompetentee birgt ein äußerst hohes Gefahrenpotenzial. Als psychoaktive Dosis werden in Südamerika entweder vier Blätter oder eine Blüte empfohlen. Man kann jedoch davon ausgehen, dass abhängig vom Wirkstoffgehalt bereits zwei oder drei Blätter als Tee eingenommen stark wirksam sind.

Räucherwerk/Rauchware Im Vergleich zur inneren Einnahme ist das Räuchern oder Rauchen der getrockneten Blätter nahezu harmlos und ungefährlich. Eine Menge von ungefähr zwei Zigaretten wirkt nur sehr leicht. Anders verhält es sich, wenn die Blätter mit weiteren psychoaktiven Pflanzen gemischt werden. »*Werden die Blätter mit Hanfprodukten kombiniert, so wird die Brugmansia-Wirkung deutlicher.*« (RÄTSCH 2012: 95).

Duftmeditation Duft- oder Pflanzenmeditationen mit Engelstrompeten sollten in den Abendstunden stattfinden, wenn die Pflanze ihr einzigartiges Aroma am intensivsten verströmt. Man hält sich einfach eine Blüte direkt vor die Nase und inhaliert ihr Aroma. Aber auch bei dieser Form der Annäherung gilt: Höchster Respekt ist angesagt!

Medizinische Indikationen

In den traditionellen Medizinsystemen südamerikanischer Ethnien werden Engelstrompetenblüten und -blätter zur äußerlichen Behandlung von Ausschlägen, Entzündungen, Muskelkrämpfen, Schwellungen, Wunden und Tumoren empfohlen. Eine innerliche Anwendung – etwa in Form eines Aufgusses, der abhängig von der Dosis als Beruhigungs- oder als Narkosemittel wirkt – erfolgt aus nachvollziehbaren Gründen nur selten.

In der Homöopathie finden Zubereitungen aus *B. arborea* und *B. × candida* Verwendung bei Asthma und anderen bronchialen Beschwerden, Entzündungen, Infektionskrankheiten und Verhaltensauffälligkeiten (Ängste, Depressionen, Launenhaftigkeit, Phobien und andere).

Calea ternifoiia

Calea ternifolia KUNTH

Aztekisches Traumgras, Mexikanisches Traumkraut

Gattung .... *Calea*
Tribus .... Heliantheae CASSINI
Familie .... Asteraceae (Korbblütler) BERCHT & PRESL

Bei *Calea ternifolia* handelt es sich um eine alte Ritualpflanze, die den pflanzlichen Oneirogenen zugeordnet wird. Darunter sind Gewächse zu verstehen, deren Wirkstoffe das menschliche Traumerlebnis signifikant erweitern und intensivieren können. Eine *Calea*-Kultur mit Stecklingen ist unkompliziert und anfängersicher, eine Anzucht durch Saatgut gestaltet sich hingegen etwas schwieriger und ist eher für den fortgeschrittenen Gärtner geeignet.

Botanische Synonyme
Aschenbornia heteropoda SCHAUER, *Calea rugosa* HEMSLEY, *Calea rugosus* DC., *Calea zacatechichi* SCHLECHTENDAL (alte Bezeichnung)

Botanik

Calea ternifolia ist eine sehr unscheinbare, leicht verwechselbare Pflanze, die eine Wuchshöhe von 0,5–2 m erreicht, krautig verzweigt wächst und kleine ovale, dunkelgrüne Blätter trägt, die ein wenig an das Blattwerk der Brennnessel erinnern. Die jungen Blätter des Traumgrases sind unterseitig lila gefärbt, allerdings verschwindet die Färbung mit zunehmendem Alter. Die Blüten wachsen endständig und sind meist von hellgelber, seltener von weißer Farbe. Bei der Frucht handelt es sich um eine Nussfrucht, die wie bei allen Korbblütlern Achäne genannt wird und etwa 2 mm lange, flugfähige Samen hervorbringt. In Mitteleuropa ist das Traumgras aufgrund seiner Frostempfindlichkeit einjährig, in seiner warmen Heimat hingegen mehrjährig.

Vorkommen

Die natürlichen Verbreitungsgebiete des Traumgrases liegen vor allem im zentralmexikanischen Hochland, etwa in den Bundesstaaten Chiapas, Jalisco und Oaxaca sowie in den Niederungen von Yucatán. Weitere Wildbestände finden sich auf Costa Rica.

Calea-ternifolia-*Samen*

Pflegeanleitung

Wer das Traumgras im Schamanengarten kultivieren möchte, besorgt sich am besten eine Jungpflanze oder einen Steckling, wie sie zahlreiche ethnobotanische Fachhändler im Angebot haben. Die Anzucht durch Saatgut ist zwar ebenfalls möglich, die Samen werden aber im Handel nur selten angeboten.

Vermehrung durch Stecklinge (vegetativ)

Zur Bewurzelung des Stecklings ist es meist schon ausreichend, ihn einfach in handelsübliche oder selbstgemischte Anzuchterde zu stecken und zu gießen. Bewurzelungshormone sind nicht erforderlich, beschleunigen aber das Wurzelwachstum mitunter deutlich. Stehen ein Zimmergewächshaus, ein Pflanzzelt oder Ähnliches zur Verfügung, ist es ratsam, den jungen Steckling zunächst für ein paar Tage dort hineinzustellen. Die darin vorherrschende Luftfeuchte unterstützt ein späteres robustes Wachstum. Alternativ ist es auch möglich, den Steckling regelmäßig mit Wasser zu vernebeln.

Wenn das Wurzelwerk kräftig genug ist, wird der Steckling ins Beet oder in einen Kübel gepflanzt. Bei einer Beetkultur ist jedoch zu beachten, dass die Pflanze aufgrund ihrer Frostempfindlichkeit im Winter abstirbt. Hingegen kann sie in Topfkultur leicht zum Überwintern ins Haus gestellt werden, was ihr einen mehrjährigen Wuchs ermöglicht. Eingepflanzt wird der bewurzelte Steckling, indem zunächst etwas Erde in den Kübel gefüllt und der Steckling in die gewünschte Höhe gehalten wird, worauf man vorsichtig den Rest des Topfes mit Erde befüllt. Dabei darf das Wurzelwerk nicht beschädigt werden.

Vermehrung durch Aussaat (generativ)

Die Anzucht durch Saatgut ist ein schwieriges Unterfangen, aber durchaus möglich. Wenn die Samen eigenhändig geerntet und nicht gekauft werden, müssen sie der Fruchthülle vorsichtig entnommen werden, damit sie auf Papier trocknen können. Im Frühjahr bringt man das Saatgut zur Keimung, am besten in einem Anzuchtkasten auf der warmen Fensterbank. Geeignet sind mit Anzuchterde befüllte Topfplatten, kleine Anzuchttöpfe oder Saatschalen. Die zur Keimung erforderliche Idealtemperatur liegt bei 20–25 °C.

Wichtig ist, die Samen nur leicht auf der Oberfläche des Substrats anzudrücken. Sie sind nämlich Lichtkeimer und dürfen daher nicht mit Anzuchterde überdeckt sein. Bewässert werden sie mit einer Sprühflasche, denn Gießwasser würde die Samen wegschwemmen. Gleiches gilt für die jungen Keimlinge, die man aufgrund ihres anfänglich flächig angelegten Wurzelwerks sicherheitshalber nur gründlich einsprüht und vernebelt, aber nicht gießt. Sobald die Keimlinge kräftig genug erscheinen, werden sie pikiert und in Kübel oder Beet gepflanzt.

Charakteristisch für die *Calea*-Anzucht durch Saatgut ist, dass die Keimung extrem unregelmäßig verläuft. Einige Samen keimen möglicherweise schon nach ein bis zwei Wochen, andere Samen der gleichen Generation benötigen hingegen ein bis zwei Monate, und es ist nicht selten, dass einige Samen überhaupt nicht keimen.

Standort und Pflegemaßnahmen

Sobald sich die junge *Calea*-Pflanze im Kübel oder Beet befindet, ist der schwierigste Teil der Kultur geschafft. Dann wachsen die Pflanzen meist ohne Probleme und bedürfen – außer Wasser und Dünger – keiner besonderen Pflegemaßnahmen.

Da das Traumkraut nicht besonders viel Licht für eine gesunde Vegetation benötigt, gedeiht es auch in einer Ecke auf dem Balkon oder sogar auf einer großen Fensterbank. Wächst die Pflanze im Beet oder im Kübel irgendwo

Oben: Calea-*Jungpflanze;*
unten: Fruchthüllen mit Samen

PRAXIS-TIPP Anzucht- und Blumenerde selber herstellen

Selbstgemischte Anzucht- und Blumenerde ist nicht nur preisgünstiger, der Gärtner weiß auch genau, was drin ist. Pflanzen, die in einer eigens hergestellten Blumenerde gedeihen dürfen, benötigen erfahrungsgemäß weniger Nährstoffzugaben und sind weniger anfällig für Krankheiten und Schädlinge. Ein selbst hergestelltes Substrat ist ein biologisch einwandfreies und kontrolliert vermischtes Erzeugnis, während es sich bei handelsüblicher Pflanzenerde um ein industrielles Massenprodukt handelt.

Zur Herstellung einer nährstoffreichen und für die Anzucht und Kultur von Beet- und Kübelpflanzen bestens geeigneten Blumenerde benötigt man folgende Zutaten: vollständig ausgereifte und krümelig gesiebte Komposterde, Gartenerde sowie Füllstoff (zum Beispiel Sand, Kies oder Perlite). Alle drei Komponenten werden zu je einem Drittel miteinander vermischt und eventuell mehrmals gründlich durchgesiebt – fertig ist die Blumenerde! Sie eignet sich sowohl für die Anzucht als auch für die Vegetationsperiode einer Pflanze.

Ist die Erde explizit für die Anzucht bestimmt, ist es ratsam, sie vor ihrer Verwendung zwecks Sterilisation für 5–10 Minuten im Backofen auf 200 °C zu erhitzen. Die Masse kann zur besseren Luft- und Wasserdurchlässigkeit mit Kokosfasern versetzt werden.

Holzasche, Hornspäne oder einen anderen organischen Dünger braucht man nur dann hinzuzufügen, wenn das Substrat für die Vegetationsperiode stark zehrender Pflanzen vorgesehen ist – ansonsten reicht Komposterde als wichtigster Nährstoffträger meist völlig aus.

Selbst gemischte Blumenerde

im Freiland, dann sollte sie einen Platz im Halbschatten bekommen, wo sie vor der heißen Mittagssonne geschützt ist. Denn sonst droht ihr ein »Sonnenbrand«, was sich beispielsweise in einer Rotfärbung der Blätter äußert – ein Indiz für zu viel Stress. Verfärben sich die Blätter hingegen blass, ist das ein Zeichen für einen Nährstoffmangel, der sich durch Zufuhr von biologischem Dünger beheben lässt. Lässt die Pflanze ihre Blätter hängen, dann verlangt sie nach Wasser.

Traumgras ist eine Pflanze, die von Bienen regelrecht geliebt wird. Daher lohnt es sich immer, diese mexikanische Zauberpflanze zu kultivieren – auch dann, wenn sie nicht für eine schamanisch-rituelle oder medizinische Verwendung vorgesehen ist.

Überwinterung

Zum Überwintern stellt man die gegebenenfalls zurückgeschnittenen Pflanzen an einen hellen und warmen Ort im Haus.

Inhaltsstoffe

Es ist unklar, welcher Stoff letztlich für die trauminduzierende Wirkung verantwortlich ist. Das psychoaktive Prinzip des Traumkrauts lässt sich vermutlich auf ein unbekanntes Alkaloid zurückführen. Weitere nachgewiesene Inhaltsstoffe sind die beiden Flavonderivate Acacetin und O-methyl-Acacetin sowie verschiedene Sesquiterpenlactone, z.B. Budlein A, Caleicin I und II, Germacranolide und Zexbrevin.

Mythologie und Ritual

Ethnografisch dokumentiert ist ein rituell-schamanischer Gebrauch des Traumgrases bei den mexikanischen Chontal-Indianern, die den Korbblütler als sakrale »Pflanze der Götter« verehren. Ihre Schamanen (Curanderos) verwenden die Blätter von C. ternifolia in Form eines kräftigen Suds sowie als Rauchware. Dadurch geraten sie in einen traumartigen, jedoch klaren und bewussten Geisteszustand, der es ihnen ermöglicht, verlorene Gegenstände zu lokalisieren, Krankheitsursachen zu erkennen, Kontakt mit Geistern aufzunehmen oder in die Zukunft zu blicken. Als heiliges Räucherwerk findet das getrocknete Kraut im Rahmen feierlicher Anlässe Verwendung.

Wirkung und Psychoaktivität

Medizinische Indikationen
Die mexikanische Ethnomedizin kennt diverse Zubereitungen aus *Calea ternifolia*, zum einen zur äußerlichen Anwendung bei Hautkrankheiten und zum anderen als Teeaufguss zur innerlichen Anwendung, etwa bei Durchfall, Fieber, Kopfschmerzen, Malaria und Verstopfung.

Die milde psychoaktive Wirkung des Traumkrauts umfasst vor allem oneirogene (trauminduzierende) Effekte. Auf das gewöhnliche Alltagsbewusstsein hat *Calea ternifolia* – abgesehen von einer mild-subtilen Beruhigung und Euphorie – meist keine großartige Wirkung. Die Effekte zeigen sich vor allem im Schlaf, nämlich in Form einer Verlängerung und Intensivierung des Traumerlebnisses. *Calea*-Anwender berichten, dass ihre Träume klarer und symbolträchtiger ausfallen und dass sie sich beim Aufwachen noch an jedes Detail, jedes im Traum gesprochene Wort und an jede Handlung erinnern können. Mit Hilfe dieser Pflanze kann es also – sofern Set und Setting entsprechend ausgerichtet sind – viel leichter fallen, seine Träume zu analysieren und zu deuten, so dass unbewusste Schwierigkeiten erkannt, verarbeitet und gelöst werden können.

Aufgrund ihrer Wirkung ist die Pflanze besonders für Personen geeignet, die Erfahrungen im luziden Träumen (Klarträume) anstreben oder sich anderweitig mit Träumen oder Traumarbeit beschäftigen. Man sollte jedoch nicht davon ausgehen, dass Zubereitungen aus *Calea ternifolia* bei jedem und immer gleich wirken. Vor allem bei Personen, die regelmäßig Cannabis konsumieren – sei es als Medizin oder als rekreationales Genussmittel –, bleibt die trauminduzierende Wirkung meist vollständig aus. Dies liegt daran, dass Cannabis die Dauer der REM-Phase reduziert und somit genau entgegengesetzt als »Traumdämpfer« wirkt.

Eine Ritualform, bei der sich das Traumkraut in Anbetracht seiner trauminduzierenden Wirkkomponente hervorragend einsetzen lässt, ist folgende: Am Abend wird zunächst meditiert und danach großzügig mit dem getrockneten Pflanzenmaterial geräuchert. Während das Kraut auf der Kohle verglimmt, wendet man sich an seine geistigen Verbündeten oder Schutzgeister mit der Bitte, in der kommenden Nacht, während sich die Seele auf Traumreise befindet, unterstützend und schützend zur Seite zu stehen. Danach konzentriert man sich auf das Grundthema oder die Grundfrage des Rituals. Dann legt man sich ins Bett und schläft, während man auf den Einfluss der geistigen Kräfte vertraut. Im Traum erhält man dann häufig eine Antwort auf seine Frage oder bedeutsame Informationen und Inspirationen, die das Thema betreffen, auf das man sich zuvor konzentriert hat.

Getrocknetes Traumkraut

Zubereitungsformen

Egal, in welcher Form das Kraut zubereitet wird, es wirkt am stärksten, wenn man es über einen Zeitraum von mehreren Tagen anwendet. Die Traumintensivierung steigert sich dann von Nacht zu Nacht.

Abkochung (Dekokt) Ein Dekokt aus Kraut, Blättern oder Extrakt schmeckt äußerst bitter – nichts für schwache Geschmacksnerven! Auf eine Person kommen 10–30 g getrocknetes Pflanzenmaterial oder 1–3 g Pflanzenextrakt. Dies übergießt man mit Wasser, bringt es zum Kochen und lässt es 10–15 Minuten köcheln. Sobald die Flüssigkeit eine dunkle Farbe angenommen hat, kann sie gefiltert, gesüßt und vor dem Zubettgehen getrunken werden.

Extrakt Ein Extrakt kann über ethnobotanische Händler im Internet bezogen werden; in Deutschland und den meisten anderen europäischen Ländern unterliegt die Pflanze keiner betäubungsmittelrechtlichen Reglementierung.

Natürlich kann man einen Extrakt auch selbst herstellen. Dazu werden 25 g getrocknete Blätter mit 1 l Wasser übergossen und aufgekocht. Nach 20–30 Minuten Köcheln werden die Blätter entnommen oder abgesiebt, und man kocht die Flüssigkeit solange ein, bis sie sich auf wenige Milliliter reduziert hat und zu einer dickflüssigen Masse geworden ist. Zum Trocknen wird der Extrakt auf einen Teller gegeben und auf die Heizung gestellt. Er kann geraucht, als Tee zubereitet oder in Kapseln geschluckt werden.

Rauchware Da von den getrockneten Blättern eine enorm große Menge geraucht werden müsste, damit die gewünschten Effekte eintreten, ist es naheliegend, dass die meisten Konsumenten sich zum Rauchen eines Extrakts bedienen, den sie etwa eine Stunde vor dem Zubettgehen rauchen oder vaporisieren. Der Geschmack ist auch hier sehr unangenehm – zum Genussrauchen ist *Calea* ungeeignet.

Räucherwerk Auch als (rituelles) Räucherwerk angewendet, zeigt das Traumkraut seine Wirkung, wenn auch deutlich subtiler als bei anderen Zubereitungsformen. Der inhalierte Rauch wirkt beruhigend, geistklärend und intensiviert die REM-Phase während des Schlafs.

Zwecks Trauminduzierung kann man *Calea ternifolia* mit anderen oneirogen wirksamen Räucherpflanzen mischen, beispielsweise mit *Acacia xanthophloea* (Gelbrinden-Akazie), *Alepidea amatymbica* (Ikhathazo), *Amanita muscaria* (Fliegenpilz), *Artemisia vulgaris* (Beifuß), *Entada rheedii* (Afrikanisches Traumkraut), *Helinus integrifolius* (Ubhubhubhu), *Silene capensis* (Afrikanische Traumwurzel) oder *Tagetes lucida* (Winter-Estragon).

Tinktur Zur Herstellung einer Tinktur benötigt man ein verschließbares Gefäß und qualitativ hochwertigen, starkprozentigen Alkohol, mit dem das getrocknete Kraut oder die getrockneten Blätter vollständig übergossen werden. Das Gefäß mit dem übergossenen Material wird für etwa 10 Tage an einen dunklen Ort gestellt. Täglich sollte es ein- bis zweimal kräftig durchgeschüttelt werden.

Nach dem Filtern und bevor die Abfüllung der Tinktur in dunkle Apothekerfläschchen erfolgt, ist es möglich, die Flüssigkeit für weitere zwei Tage auf einen Teller zu geben. Dies hat zur Folge, dass etwas Alkohol verdunstet, wodurch die Tinktur an Potenz gewinnt. Grundsätzlich sind Tinkturen sehr potente Extrakte, die in der Regel nur einer sparsamen Dosierung bedürfen, um spürbare Effekte zu induzieren.

Convolvulus spp.

Convolvulus spp.   Winden

Gattung .... *Convolvulus* LINNÉ (Winden)
Familie .... Convolvulaceae JUSSIEU (Windengewächse)
Ordnung .... Solanales (Nachtschattenartige)

Im Garten oder auf dem Balkon eignen sich Arten aus der Gattung der Winden, deren Name sich auf die windenden Stängel bezieht, nicht nur als reizvolle Gartenschönheiten, die mit ihren herrlichen Blüten das Herz jedes Pflanzenfreunds höher schlagen lassen; einige der insgesamt über 200 *Convolvulus*-Arten sind außerdem ethnobotanisch relevant, zum Beispiel die beiden mutterkornalkaloidhaltigen Spezies *Convolvulus scammonia* und *Convolvulus tricolor* sowie die tropanalkaloidhaltige heimische Ackerwinde (*Convolvulus arvensis*). Eine traditionelle Verwendung dieser Winden in der Volksmedizin ist überliefert.

Trivialnamen
Convolvulus arvensis Donnerblume, Feldwinde, Muttergottesgläschen, Pisspott, Regenblume, Regenglocke, Teufelsdarm, Wehweide, Windling • *Convolvulus scammonia* Kleinasiatische Winde, Orientalische Purgierwinde, Purgierwinde, Scammonium • *Convolvulus tricolor* Bunte Ackerwinde, Buschwinde, Dreifarbige Winde, Gartenwinde, *Dwarf morning glory* (engl.)

Ethnobotanisch relevante *Convolvulus*-Arten
Convolvulus arvensis LINNÉ Ackerwinde (nicht zu verwechseln mit der Echten Zaunwinde *Calystegia sepium*, die Tropane enthält) • *Convolvulus scammonia* LINNÉ Purgierwinde, Scammonium • *Convolvus tricolor* LINNÉ Dreifarbige Winde, sowie viele weitere mehr.
Insgesamt umfasst die Gattung *Convolvulus* über 200 Arten.

Botanik

Arten der Gattung *Convolvulus* wachsen sowohl mehrjährig (zum Beispiel *C. arvensis*) als auch einjährig (zum Beispiel *C. tricolor*). Sie entwickeln gestielte, gelappte sowie meist herzförmige, elliptische oder ovale Blätter und wachsen abhängig von der Spezies unterschiedlich hoch. *C. tricolor* beispielsweise gedeiht nur selten höher als 30–40 cm und wächst eher kriechend, *C. arvensis* erreicht bei guten Bedingungen problemlos eine Höhe von 80–100 cm und wächst als Kletterpflanze.

Charakteristisch für Winden-Arten sind ihre trompeten- bzw. trichterförmigen Blüten. Diese sind bei den meisten Arten mehrfarbig, bei *C. tricolor* beispielsweise blau, weiß und gelb. Sie können aber auch nur einfarbig sein, wie es in der Regel bei der strahlend weiß blühenden *C. arvensis* der Fall ist; manchmal hat der Flor dieser Art aber auch rosarote Streifen. Das Saatgut wird in Fruchtkapseln gebildet, die sich jeweils in zwei Kammern teilen. Eine Kapsel enthält bis zu vier braunschwarze Samenkörner.

Vorkommen

Bei der Ackerwinde handelt es sich um eine in Mitteleuropa heimische Spezies. Die Dreifarbige Winde hat ihre Heimat im mediterranen Südeuropa, ebenso wie viele der sonstigen Winden-Arten. Heutzutage findet man weltweit viele Arten dieser Gattung, entweder als Zierpflanzen oder als eingebürgerte Neophyten.

Pflegeanleitung

Diese Pflegeanleitung bezieht sich auf die Anzucht der einjährigen Winde *Convolvulus tricolor*. Die Ackerwinde ist in Mitteleuropa als Wildpflanze leicht in der Natur zu finden. Sie sollte nur im Garten kultiviert werden, wenn dieser der regelrecht wuchernden Pflanze ausreichend Platz bietet. Die Vermehrung von *C. tricolor* geschieht durch Aussaat der Samenkörner, die in den meisten Blumenläden problemlos zu erwerben sind.

Vermehrung durch Aussaat (generativ)

Convolvulus-tricolor-*Samen*

Da weder die Keimlinge noch die älteren Pflanzen ein Pikieren, Umtopfen oder Verpflanzen mögen, sät man die Samenkörner direkt an Ort und Stelle ins Beet (ab April/Mai) oder in Kübel (ab Februar/März im Haus). Zur Erhöhung der Keimfähigkeit ist es ratsam, sie 24 Stunden lang in warmem Wasser vorquellen zu lassen. Das Substrat sollte locker und durchlässig sein und nicht zu viele Nährstoffe enthalten. Für Topfkulturen eignet sich beispielsweise eine Mischung aus Blumenerde, Sand (60:40) und eventuell etwas Perlit (Obsidian). Die erforderliche Anzuchttiefe der dunkelkeimenden Samen beträgt etwa 1 cm. Bei einer konstanten Substratfeuchte, Temperaturen von min. 20 °C und viel Licht sollten die Samen innerhalb von 1–3 Wochen vollständig aufgelaufen sein.

Standort und Pflegemaßnahmen

Convolvulus-tricolor-*Keimling*

Sobald die Samen gekeimt sind, gestaltet sich der weitere Verlauf bei günstigen Standortbedingungen recht pflegeleicht. Unabhängig davon, ob sie im Beet, im Kübel, auf dem Balkon oder der Terrasse gedeiht, die Pflanze benötigt grundsätzlich einen sonnigen und warmen Standort sowie regelmäßig Wasser. *Convolvulus tricolor* hat während der Vegetationsperiode einen ziemlich hohen Wasserbedarf, weshalb an heißen und trockenen Sommertagen nicht damit gespart, allerdings auch nicht übertrieben werden sollte. Bei einer Kultur in Kübeln sollte man Staunässe vermeiden. Deshalb werden nur gelöcherte Kübel verwendet; im Topfuntersetzer angesammeltes Wasser muss umgehend abgeschüttet werden.

Bei der Nährstoffversorgung gilt bei der Winde: Weniger ist mehr. Das bedeutet nicht, dass man komplett auf die Zufuhr eines biologischen Düngers verzichten muss; je mehr man aber davon verwendet, desto weniger Blüten wird die Pflanze ausbilden. Gleich nachdem sie verwelkt sind, werden die Blüten abgeknipst; dadurch kann die Blütendichte über die gesamte Blühzeit von Juni bis September erhalten bleiben.

INFO Die meisten Arten der Winden-Gattung benötigen eine Rankhilfe, an der sie ungehindert emporklettern können. *Convolvulus tricolor* wächst in aller Regel so niedrig, dass sie normalerweise keiner Rankhilfe bedarf.

Überwinterung

Die Frage nach der Überwinterung stellt sich bei der einjährig gedeihenden *C. tricolor* nicht. Wer sich auch im Folgejahr diese Pflanze im Garten wünscht, kann im Herbst das reife Saatgut aus den verwelkten Fruchtkapseln entfernen; danach werden die Körner getrocknet und im kommenden Frühling für die Aussaat verwendet. Mehrjährige Winden müssen zur Überwinterung in einem kühlen Zimmer (10–15 °C) untergebracht werden.

Krankheiten und Schädlinge

Winden-Arten sind enorm resistent gegenüber Krankheits- und Schädlingsbefall. Bekannte Schädlinge wie Blattläuse oder Spinnmilben, sieht man auf einer Winde normalerweise nicht. Die Winde hat sogar eine abschreckende Wirkung auf schädliche Insekten und eignet sich deshalb hervorragend als Schutzgewächs für schädlingsanfällige Pflanzen.

Mythologie und Ritual

Eine alte Legende erzählt die Entstehung der rosa Streifen auf den Blüten einiger Exemplare: Einst schenkte ein Wein-Kärrner (Fuhrmann, Wagenzieher) der Muttergöttin etwas roten Wein in einer Ackerwinden-Blüte aus, daher auch der volkstümliche Trivialname »Muttergottesgläschen«. Dabei blieben die Reste des Rotweins als rosafarbige Blütenstreifen in den Blütenkelchen. *Convolvulus arvensis* – die im alten Griechenland der Fruchtbarkeitsgöttin Demeter geweiht war und dem Element Wasser zugeordnet wurde – verwendete man früher für Wetterorakel oder zur Herbeiführung von Regen; im Volksglauben existierte die Vorstellung, dass das Pflücken der hübschen Ackerwinden-Blüten Regen begünstigt. Aufgrund der psychoaktiven Tropanalkaloide, die im Pflanzenmaterial nachgewiesen wurden, gibt es Vermutungen, dass die Pflanze ein Additiv ritueller Hexensalben gewesen sein könnte. Ob es sich bei der ergolinhaltigen Spezies *Convolvulus tricolor* tatsächlich um das legendäre, entheogen wirksame *Kykeon* der altgriechischen Mysterienschulen von Eleusis handelt, darüber lässt sich ebenfalls nur mutmaßen.

Obwohl die psychoaktiven Winden als rituelles Räucherwerk anscheinend nicht relevant sind, können ihre Samen und Blüten als solches hervorragend eingesetzt werden. Besonders gut eignen sie sich als Zutat für eine Meditations- oder Chakraräucherung. Der Rauch stimuliert das Wurzel- sowie das Kronen-Chakra und kann dabei unterstützen, eine Person zu »erden« und die Verbindung zur Erdmutter (Pachamama) zu erleichtern. Die Wirkung auf das Kronen-Chakra unterstützt Visionen, kosmische Einsichten oder andere spirituelle Erfahrungen. Außerdem eignen sich die Blüten als Altarschmuck.

Wirkung und Psychoaktivität

Convolvulus arvensis wirkt in therapeutischen Dosierungen abführend, harn-, galle- und schweißtreibend sowie leicht fiebersenkend. Über die Psychoaktivität dieser Pflanze, die bei entsprechenden Dosierungen durchaus zu erwarten ist, liegen keine wissenschaftlichen Bioassays vor. Möglicherweise wirkt sie aufgrund der enthaltenen Tropane ähnlich wie die halluzinogenen Nachtschattendrogen. Ebenso unsicher verhält es sich bei *C. tricolor*. Psychoaktive Effekte sind zwar anzunehmen, zumal sie bei sensiblen Personen schon als Räucherwerk eine gewisse Wirkung zeigt, doch wie sich diese genau ausprägen, ist unbekannt. Hinzu kommt, dass die Konzentrationen an psychoaktiven Wirkstoffen im Samenmaterial nachweislich starken Schwankungen unterliegen.

Zubereitungsformen

Mazerat Die ergolinhaltigen Samen anderer Windengewächse werden für geistbewegende Zwecke üblicherweise pulverisiert und als Kaltwasserauszug zubereitet. Es ist anzunehmen, dass diese Zubereitungsform auch bei *Convolvulus tricolor* am ratsamsten erscheint, da jedoch zu dieser Winden-Art keine brauchbaren Erfahrungsberichte vorliegen, können bislang noch keine Angaben über Einnahmeformen oder die psychoaktive Dosierung publiziert werden.

Räucherwerk Zum Räuchern eignen sich die getrockneten Blüten sowie die pulverisierten Samen.

Inhaltsstoffe

 Über die psychoaktiven Inhaltsstoffe der Winden-Arten liegen bis dato kaum verlässliche Informationen vor. Man weiß jedoch, dass zwei Arten geringe Konzentrationen an Ergolinen enthalten, nämlich *C. scammonia* und *C. tricolor*. In *C. arvensis* wurden Tropanalkaloide (zum Beispiel Tropin und Hygrin) identifiziert. Letztgenannte Art enthält daneben Flavonoide, Gerbstoffe, Glykoretine, Harze sowie Tannin.

Medizinische Indikationen

In der traditionellen Volksmedizin wurden Zubereitungen aus *C. arvensis* sowie dem getrockneten Milchsaft aus den Wurzeln von *C. scammonia* (Scammonium) wegen ihrer abführenden und harntreibenden Wirkeigenschaften zur Behandlung von Galleerkrankungen und Verdauungsstörungen verwendet. In der Homöopathie wird *C. arvensis* zur Behandlung von Rückenschmerzen empfohlen. Die in Indien weitläufig verbreitete Spezies *C. pluricaulis* (Shankhapushpi) gilt in der ayurvedischen Pflanzenheilkunde als Therapeutikum gegen Ängste, Depressionen, psychische Instabilität, Gedächtnisschwund, Haarausfall, Libidostörungen, Schilddrüsenerkrankungen, Schlaf- und Verdauungsstörungen.

Datura stramonium

Datura spp.   Stechäpfel

Gattung .... *Datura* LINNÉ (Stechäpfel)
Familie .... Solanaceae JUSSIEU (Nachtschattengewächse)

Ganz ohne Zweifel sind die Datura mächtige Pflanzen. Bereits eine zu halten ist eine behexende Erfahrung. Ein fühlbare Aura von Versuchung und verbotenem Wissen scheint von ihren Blättern und Blüten aufzusteigen. DEKORNE 1995: 103

Datura-metel-*Frucht*

Für die Gartenkultur geeignete *Datura*-Arten und ihre Trivialnamen
Datura discolor BERNHARDI Heiliger Stechapfel, Wüsten-Dornenapfel ◆ *Datura ferox* LINNÉ Dorniger Stechapfel, Starkbewehrter Stechapfel ◆ *Datura innoxia* MILLER Großblütiger Stechapfel, Mexikanischer Stechapfel, Toloache ◆ *Datura leichhardtii* MUELL. EX. BENTH Australischer Stechapfel, Leichhardts Stechapfel ◆ *Datura metel* LINNÉ Indischer Stechapfel, Violettblauer Stechapfel · *Datura stramonium* LINNÉ Gemeiner Stechapfel, Weißer Stechapfel, *Jimsonweed* (engl.) · *Datura wrightii* REGEL Wrights Stechapfel. Daneben existieren noch einige weitere Arten, lokale Varietäten und Unterarten, deren Saatgut – zumindest über den gewöhnlichen ethnobotanischen Samenhandel – nur schwer zu beschaffen ist.

Botanik

Grundsätzlich sehen sich alle *Datura*-Arten sehr ähnlich: Sie wachsen einjährig, erreichen bei guten Standortbedingungen eine Höhe von 50 bis über 200 cm, haben ein staudiges bis buschiges Wuchsverhalten sowie ovale Blätter mit gezähntem oder glattem Rand. Charakteristisch sind die trompetenförmigen, etwa 10 cm langen Blüten, die im Gegensatz zu denen der Brugmansien seitlich oder nach oben abstehen. Nicht selten öffnen sich diese nur für einen Tag und oft auch nur nachts. Die Blütenfarbe der meisten Arten ist weiß, sie kann aber auch gelb oder violett sein, wie es bei einigen Unterarten, Varietäten und Züchtungen von *D. metel* der Fall ist. Diese Spezies hat übrigens auch keine grünen Stängel, sondern ebenfalls violette oder purpurfarbige.

In Mitteleuropa zeigen sich die herrlich aussehenden und wunderbar duftenden *Datura*-Blüten im Zeitraum von Juni bis September. In tropischen Gefilden hingegen blühen die meisten Arten ganzjährig. Ein weiteres Bestimmungsmerkmal sind die im Herbst aus den verwelkten Blüten heranreifenden stacheligen Früchte (»Äpfel«), daher auch der deutsche Trivialname Stechapfel. In ihnen reifen Hunderte schwarze und nierenförmige Samen heran.

Pflegeanleitung

Die Anzucht und Vermehrung einer Datura erfolgt grundsätzlich durch Aussaat der Samenkörner. Diese kauft man entweder im Blumenhandel oder erntet sie – sofern sich bereits eine Pflanze in Kultur befindet – eigenhändig. Hierfür lässt man die »Äpfel« so lange reifen, bis sie aufplatzen. Dann können die Samen einfach herausgenommen, getrocknet und im Folgejahr für die Anzucht verwendet werden.

Vorkommen

Die natürlichen Verbreitungsgebiete der *Datura*-Arten erstrecken sich von Nordindien, Südostasien über Südeuropa, Nordafrika und die Kanaren bis hin nach Nord-, Mittel und Südamerika. Die ursprüngliche Heimat variiert von Spezies zu Spezies und kann heute in Einzelfällen, wie z.B. bei *D. stramonium,*, nicht mehr vollständig rekonstruiert werden. Die meisten Experten vermuten, dass die ursprüngliche Heimat des Weißen Stechapfels das mexikanische Hochland ist; allerdings gibt es auch Stimmen, dass die Pflanze ursprünglich aus Indien oder Nordamerika stammt (vgl. BIBRA 1997: 140). In Deutschland ist *D. stramonium* vermutlich seit dem 16. Jahrhundert als Wildform präsent. Bei *D. metel* ist hingegen unbestritten, dass ihre botanische Heimat in den nordindischen Himalayaregionen liegt.

Datura-stramonium-Früchte

Inhaltsstoffe

In allen Pflanzenteilen des Stechapfels sind die Tropanalkaloide Atropin, Hyoscyamin und Scopolamin sowie Apoatropin, Belladonin, Hyoscyamin-N-oxid und Tropin enthalten. In den Blüten und im Saatgut ist der Alkaloidgehalt am höchsten, doch auch die Blätter und die Wurzel sind wirksam. Junge Stechapfelpflanzen enthalten primär Scopolamin, während in älteren Exemplaren der Hyoscyamin-Gehalt überwiegt. Die verschiedenen *Datura*-Arten unterscheiden sich in Bezug auf ihre Wirkstoffzusammensetzung kaum voneinander.

Vermehrung durch Aussaat (generativ)

Die Samen können theoretisch ab Mitte Mai direkt an Ort und Stelle ins Freiland bzw. ins Beet gesät werden, allerdings verläuft die Anzucht in der Regel erfolgreicher, wenn sie ab März/April im Anzuchtkasten oder Zimmergewächshaus geschützt vorgezogen werden. Dazu setzt man das dunkelkeimende Saatgut etwa 0,5–1 cm tief in die Erde und hält das Substrat gleichmäßig feucht. Nach 10 Tagen zeigen sich gewöhnlich die ersten Keimlinge, die, nachdem sie einige Zentimeter gewachsen sind, pikiert und in kleine Töpfe gepflanzt werden. Zu beachten ist in dieser Anfangsphase – und das ist in der *Datura*-Anzucht ganz wichtig –, dass die jungen Keimlinge sehr empfindlich sind. Sie vertragen keine direkte Sonnenbestrahlung, dürfen aber auch nicht im Vollschatten stehen. Nach den sogenannten Eisheiligen und wenn die jungen *Datura*-Pflanzen robust genug sind, können sie ab Mai ins Beet – pro Quadratmeter eine Pflanze – oder in größere Töpfe gepflanzt werden.

Standort und Pflegemaßnahmen

Sobald sich die *Daturas* im Garten an einem sonnigen bis halbschattigen Standort befinden, gestaltet sich alles Weitere relativ einfach. Die Pflanzen müssen jetzt nur noch gegossen und ab und zu mit organischem Dünger gedüngt werden. Meiner Erfahrung nach ist *D. stramonium* die Art, die in Mitteleuropa am schnellsten und zuverlässigsten gedeiht. Die anderen Arten wachsen zwar auch gut, brauchen jedoch bis zur Blüte und Fruchtentwicklung häufig etwas länger.

Überwinterung

Einige *Datura*-Arten und -Zuchtformen wachsen zuweilen auch zweijährig (zum Beispiel *Datura metel*) und lassen sich dann an einem mäßig hellen und nicht ganz kalten Ort überwintern. Jeweils nur wenig, aber dafür regelmäßig wässern.

Mythologie und Ritual

Ein bisschen Teufel muss sein. STORL 2005: 94

Ein rituell-schamanischer Gebrauch des Stechapfels findet sich in erster Linie in Nord-, Mittel- und Südamerika sowie in Asien. In Europa wird die Pflanze als Ingredienz der berüchtigten Hexensalben vermutet und fand darüber hinaus als psychoaktives und reinigendes Räucherwerk Verwendung, das böse und krankmachende Geistwesen vertreibt. Der Brauch der *Datura*-Räucherung stammt wahrscheinlich von der europäischen Ethnie der Sinti, für welche die Stechapfelsamen als magisches Räucherwerk sowie als Heil- und Orakelmittel schon lange ethnorituell bedeutsam sind.

In Mexiko werden die Samen, Blätter und bestimmte Zubereitungen zur Divination, zu Initiationszwecken, zum Liebes- und zum Schadenszauber eingesetzt. Interessanterweise verlaufen Initiationsrituale mit *Datura* in Mexiko nach dem gleichen Muster wie die traditionellen Pilzzeremonien mit *Psilocybe mexicana*, obwohl *Datura*-Arten und *Psilocybe*-Pilze ein ganz unterschiedliches Wirkverhalten aufweisen.

Nordamerikanische Indianer kennen *Datura* als psychoaktiv-visionäre Zutat für die typisch indianische Rauchmischung Kinnickinick. Insbesondere im Kontext der Visionssuche, eines weitverbreiteten Übergangsrituals

Datura spp.

Datura-metel-*Blüte*

Medizinische Indikationen
Die europäische Ethnomedizin kennt den Stechapfel als wirksames Asthmamittel, beispielsweise in Verabreichung einer sogenannten Asthmazigarette, von der meist ein paar Inhalationen genügen, um eine spürbare Verbesserung des Krankheitszustandes zu erfahren. Der Nachtschattenwirkstoff Hyoscyamin wirkt stark bronchienerweiternd.

zahlreicher Ethnien Nordamerikas, war das Rauchen von Stechapfel eine geläufige Methode zur Bewusstseinsveränderung.

Indische oder nepalesische Sadhus rauchen Stechapfelblätter oder -samen in Kombination mit Tabak und Cannabis gelegentlich im sogenannten Chillum (*Chillam*) – als Meditationshilfe, die dabei unterstützt, an Shivas kosmischer Ekstase teilzuhaben und so den Bewusstseinszustand der kosmischen All-Einheit zu erfahren. Außerdem wirkt *Datura* hyperthermisch, also innerlich stark erhitzend. Das machen sich jene Asketen zunutze, die den Winter über nur mit einem dünnen *Lungi* (Stofftuch) bekleidet in den eisigen Höhen des Himalayas leben. Es gibt Geschichten über Sadhus, die mit Hilfe von Meditation und *Datura* bei Minusgraden im zweistelligen Bereich nackt im Schnee des Himalayas sitzend auf ihrem Rücken ein nasses Stofftuch trocknen konnten.

Als rituelles Räucherwerk, beispielsweise im Rahmen tantrischer Rituale und zur energetischen Reinigung von Räumen und Menschen, wird *Datura* außerdem in Nepal und der Mongolei verwendet.

Sadhus rauchen Datura *als Meditationshilfe..*

Wirkung und Psychoaktivität

Die im Stechapfel enthaltenen Alkaloide Scopolamin und Hyoscyamin vermindern durch eine Hemmung der muscarinergen Acetylcholinrezeptoren die Wirkung des Parasympathikus. Dadurch kann es beim Anwender dieser Pflanze zu einer Erhöhung der Herzschlagfrequenz, Sehstörungen, schmerzhafter Mund- und Halstrockenheit, Schluckbeschwerden, Koordinations- und Bewegungsstörungen, Pupillenerweiterung, Hyperthermie, Müdigkeit, Muskelerschlaffung, Atemdepressionen (dosisabhängig) und Halluzinationen

Datura-stramonium-Blüte

kommen – und zwar nicht zu sogenannten Pseudohalluzinationen (= extreme Erweiterung der Sinne), wie sie häufig bei DMT, LSD, Meskalin oder Psilocybin auftreten, sondern zu echten Trugbildern, die unter Umständen 2–3 Tage anhalten können. In dieser Zeit ist es nicht ungewöhnlich, wenn der Stechapfelberauschte mit Personen oder anderen Wesen spricht, die in Wirklichkeit gar nicht da sind. Dieser Effekt ist für *Datura* sehr typisch.

In niedriger Dosierung hat der Stechapfel eine aphrodisierende Wirkung, genau wie die Alraune, das Bilsenkraut und die Tollkirsche.

Abhängig von der eingenommenen Dosis dauert die Wirkung des Stechapfels einschließlich der Nachwirkungen mehrere Tage an. Der Stechapfel ist eine potenziell gefährliche Ritualpflanze, weil ein unsachgemäßer Gebrauch, insbesondere eine Überdosierung, zu schwerwiegenden Symptomen und durch Atemlähmung sogar bis zum Tod führen kann. Eigentlich reicht es völlig aus, neben ihr zu sitzen und zu meditieren – oder sich einfach nur am Anblick ihrer Schönheit zu berauschen.

Selbst mit Psychedelika erfahrene Psychonauten, die Stechapfelsamen oder -blätter gegessen oder als Tee getrunken haben, berichten im Nachhinein oft negativ und bereuen ihren Leichtsinn. Die Tatsache, dass selbst erfahrene Schamanen den *Datura*-Geist fürchten, sollte jeden Psychonauten davor zurückschrecken lassen, diese Pflanze einzunehmen, ganz gleich, ob als Teeaufguss oder äußerlich aufgetragene Hexensalbe.

Wenn überhaupt, dann können die Blätter gering dosiert geraucht oder geräuchert werden. Diese beiden Formen der Anwendung sind deutlich ungefährlicher als die orale Einnahme – vorausgesetzt, man zollt dem mächtigen *Datura*-Wesen ausreichend Respekt und beherzigt die Theorie und Praxis von Dosis, Set und Setting. Halluzinationen treten beim Rauchen in der Regel keine auf, stattdessen verspüren Anwender meistens eine angenehme, von Euphorie, Lust und magischen Gefühlen begleitete Berauschung sowie eine deutliche Intensivierung des Traumerlebens. Unangenehme Nebenwirkungen, etwa ein Anstieg der Körpertemperatur, ein sehr trockener Hals und das Gefühl, nicht mehr schlucken zu können, können aber auch beim Rauchen eintreten – beim Räuchern eher weniger.

Notfallmaßnahmen bei einer Datura-Intoxikation

Im Fall einer Stechapfelvergiftung muss unverzüglich der Notarzt alarmiert werden. Als Erste-Hilfe-Maßnahmen bieten sich die Gabe von medizinischer Aktivkohle und beruhigendes Zureden an, sogenanntes »Talk Down«.

Verschiedene Ansichten von blühenden Datura-metel-*Exemplaren*

Datura-innoxia-*Blüte*

Es ist ratsam, den Geist der *Datura* durch Pflanzenmeditationen erst einmal kennenzulernen und zu prüfen, ob gegenseitige Sympathie vorliegt. Nur dann, wenn dies wirklich der Fall ist, kann *Datura* unter Abwägung der beschriebenen Risiken zu psychonautischen oder schamanischen Zwecken eingesetzt werden. Für einige schamanisch Arbeitende ist die *Datura* eine der wichtigsten und mächtigsten Verbündeten, wahrhaftig eine Meisterpflanze; andere Schamanen hingegen würden diese Pflanze aus Respekt und einer enormen Ehrfurcht vor ihrer Macht niemals innerlich einnehmen oder anderweitig verwenden.

Zubereitungsformen

Rauchware Zum Rauchen werden traditionell sowohl die getrockneten Blätter als auch die zerbröselten Samen verwendet. Allerdings selten pur, sondern meist in Kombination mit anderen Rauchpflanzen, beispielsweise Tabak oder Cannabis. Ein psychonautischer »Dream Blend«, auf den ich durch meinen Kollegen Markus Berger aufmerksam gemacht wurde, enthält beispielsweise zu gleichen Teilen folgende Ingredienzien: Besenginster (*Cytisus scoparius*), Fliegenpilz (*Amanita muscaria*), Haschisch (*Cannabis* spp.), Marijuana (*Cannabis* spp.), Minze (*Mentha* spp.) und Stechapfelblätter (*Datura* spp.).

Räucherwerk Zum Räuchern eignen sich die getrockneten Blätter, Blüten und die Samen. Die Samen verströmen allerdings kein angenehmes Aroma, sondern eins, das an verbrannte Nüsse erinnert. Daher empfiehlt sich grundsätzlich eine Kombination mit wohlriechendem Räucherwerk, beispielsweise Copal. Für psychoaktive Räucherzwecke werden in Marokko traditionell 40 Samen verwendet.

Teeaufguss *Datura*-Blätter werden auch als Teeaufguss eingenommen. 3–4 Blätter mit heißem Wasser übergossen würden ausreichen, um eine starke psychoaktive Wirkung inklusive unangenehmer und teilweise schwer zu ertragender Begleiterscheinungen zu induzieren. Ich rate ausdrücklich davon ab!

Delphinium × cultorum

Delphinium ssp.   Rittersporn

Gattung..........................*Delphinium* Linné (Rittersporne)
Tribus............................Delphinieae Schröder
Familie............................Ranunculaceae Jussieu (Hahnenfußgewächse)

Den meisten Gärtnern sind Arten aus der Gattung der Rittersporne, bei denen es sich um botanische Verwandte des Eisenhuts (*Aconitum*) handelt, ausschließlich als dekorative Garten- und Schnittblumen bekannt. Nur die wenigsten wissen, dass es sich beim farbenprächtigen Rittersporn – der in Europa als Beet- und als Kübelpflanze unkompliziert kultiviert werden kann – auch um eine traditionelle Heil- und psychoaktive Ritualpflanze handelt. Die europäische Ethnobotanik kennt den Rittersporn als magisches Sonnenwendkraut.

> **Für die Gartenkultur geeignete *Delphinium*-Arten und ihre Trivialnamen**
> *Delphinium cardinale* Hooker Roter Rittersporn • *Delphinium elatum* Linné Hoher Rittersporn • *Delphinium speciosum* Bieberstein • *Delphinium staphisagria* Linné Mittelmeer-Rittersporn, Stephanskraut • Ehemals: *Delphinium ajacis* Linné (heute: *Consolida ajacis* (L.) Schur) Garten-Feldrittersporn • *Delphinium consolida* Linné (heute: *Consolida regalis* Gray) Gewöhnlicher Feldrittersporn, sowie zahlreiche Unterarten und Zuchthybriden (*Delphinium × cultorum, Delphinium × belladonna* und *Delphinium × pacific*)
> Insgesamt umfasst die Gattung Delphinium über 300 gesicherte Arten.

Botanik

Bei den Rittersporn-Arten handelt es sich in der Regel um ausdauernde, winterharte Pflanzen. Sie erreichen eine Wuchshöhe von 30–200 cm und bilden gelappte, handförmig geteilte Blätter sowie Trauben oder Rispen, seltener alleinstehende Blüten aus. Die Blüten sind meistens blau, können aber, abhängig von Art und Züchtung, auch von roter oder weißer Farbe sein und erscheinen im Zeitraum von Juni bis August. Die einzelnen Blütentrauben erreichen nicht selten eine Länge von 100 cm. Die mit kleinen Flügeln ausgestatteten Samenkörner werden in schmalen Balgfrüchten gebildet. Bei der Art *D. elatum* kommen auf eine Blüte drei Balgfrüchte.

Pflegeanleitung

Angezogen und vermehrt wird der Rittersporn entweder durch Saatgut oder, wenn die Pflanze bereits erfolgreich kultiviert wird, über eine Teilung des Wurzelstocks im Frühjahr. Vorgezogene *Delphinium*-Hybrid-Stauden befinden sich häufig im Angebot von Garten- und Blumengeschäften. Diese können direkt ausgepflanzt oder in größere Kübel umgetopft werden.

Vorkommen

 Die natürlichen Verbreitungsgebiete der Rittersporn-Arten erstrecken sich vor allem über die Länder der nördlichen Hemisphäre. Südlich des Äquators, etwa in einigen Regionen Afrikas, sind nur wenige Arten verbreitet. In Europa können ungefähr 30 Arten in Wildform gefunden werden. *D. elatum* beispielsweise gedeiht besonders in höheren Gefilden – bis 2000 m.ü.M. – und kommt unter anderem in den Alpen, den Karpaten und auf dem Balkan vor. Andere Arten, etwa *D. staphisagria*, können hingegen in den eher trockenen Regionen Südeuropas, auf den Kanaren sowie in Nordafrika gefunden werden. Als attraktive Gartenzierden sind Rittersporne inzwischen weltweit verbreitet.

Delphinium × cultorum-Frucht

Delphinium × cultorum-*Blüte*

TIPP Nachdem die Wurzel geteilt ist und noch bevor die einzelnen Stücke wieder eingesetzt werden, diese für wenige Minuten in Wasser einlegen. Dadurch wird die Austreibung unterstützt (Handschuhe tragen!).

TIPP Die Pflanze wird im Spätsommer ein zweites Mal aufblühen, wenn sie gleich nach der ersten Blüte, noch vor Entwicklung des Samenansatzes, auf etwa 15 cm Höhe zurückgeschnitten wird. Um seinen Fortbestand zu sichern, wird der Rittersporn dann nochmals in die Blühphase gehen. Die zweite Blüte fällt allerdings meist deutlich weniger üppig aus als die erste.

Delphinium × cultorum-*Jungpflanze*

Vermehrung durch Aussaat (generativ)
Das gekaufte oder im Herbst selbst geerntete Saatgut wird ab Mai entweder direkt ins Beet gesät oder die jungen Keimlinge werden ab März/April in Saatschalen auf der Fensterbank vorgezogen. Die Samen sind Lichtkeimer; um erfolgreich keimen zu können, dürfen sie also nicht oder nur ganz leicht mit Anzuchterde überdeckt sein. Die Keimdauer beträgt normalerweise 7–14 Tage. Im Freiland muss man die Keimlinge, nach ihrem Auflaufen etwas ausdünnen, sofern sie zu dicht zusammenstehen. In der Saatschale hingegen werden sie, sobald die ersten Blätter gebildet wurden, pikiert und einzeln in kleine Töpfe gepflanzt, ab Mitte Mai dann ins Beet oder in große Töpfe. Alternativ kann man die Samen ab Mai in Freiland-Kübeln vorziehen, sie bleiben dann in der Regel etwas kleiner. Sinnvoll ist es, von Anfang an einen großen Topf zu nehmen, so dass man nicht pikieren muss. Auf einen Kübel kommen maximal 3 Samenkörner.

Vermehrung durch Rhizomteilung (vegetativ)
Für eine Rhizomteilung gräbt man die Wurzel im Frühjahr zunächst aus und teilt sie dann mit einem scharfen Spaten, worauf die einzelnen Wurzelstücke wieder in vorbereitete Pflanzlöcher (oder Kübel) eingesetzt werden können. Die Löcher müssen großzügig ausgestochen sein; nach dem Einsetzen der Wurzelstücke sollten sie mit einem lockeren Substrat – am besten einem Gemisch aus Erde und Kompost – wieder aufgefüllt und von Anfang an großzügig gegossen werden. Der obere Teil der Wurzel sollte ziemlich dicht unter der Oberfläche liegen. Zudem muss geprüft werden, ob Teile der Wurzel von Fäulnis befallen sind. Diese Stellen müssen unbedingt entfernt werden. Ansonsten kann die eingepflanzte Wurzel noch vor dem Austrieb zu schimmeln beginnen.

Delphinium in Beetkultur
Die meisten Rittersporn-Arten, u.a. *D. elatum* sowie zahlreiche Hybridformen, sind ausdauernd und winterhart und daher gut für die Beetkultur geeignet. Entweder wird direkt ins Beet ausgesät, oder man pflanzt vorgezogene Jungpflanzen ab Mai aus. Die Pflanzen haben einen sehr hohen Wasserbedarf, vertragen aber keine Staunässe. Der Boden sollte daher gut durchlässig und außerdem nährstoffreich sein. Während heißer und trockener Sommerperioden muss eventuell zweimal täglich gegossen werden.

Ideal ist ein vollsonniger und windgeschützter Standort. Wird die Pflanze starkem Wind ausgesetzt, ist es möglich, dass die langen Blütendolden umknicken oder abbrechen. Regelmäßige Düngergaben sind nicht nötig, sofern die Pflanze in einem nährstoffreichen Boden gedeiht. Eine Düngung mit frischem Kompost und/oder Brennnesseljauche im Frühjahr und Herbst ist absolut ausreichend. Bei einer Überdüngung kommt es aufgrund übermäßigen Pflanzenwachstums zu Rissen, sprich Verletzungen, und zu einer erhöhten Anfälligkeit für Pilzkrankheiten.

Delphinium in Topfkultur
Es ist möglich, den Rittersporn in Töpfen zu kultivieren, etwa auf dem sonnigen Balkon oder der Terrasse. Als Substrat eignet sich humose Erde mit einem Lehm- und Sandanteil. Wichtig ist, große und durchlässige Töpfe zu wählen, so dass sich das Wurzelwerk ungestört ausbreiten kann und Staunässe ausgeschlossen wird. Bei Rittersporn-Arten, die über 150 cm hoch wachsen können (zum Beispiel *D. elatum*), benötigt man Stützstäbe, an denen die Pflanzen festgebunden werden können. Aufgrund des hohen Wasserbedarfs sollte der Rittersporn immer dann gegossen werden, wenn die obere Substratschicht trocken ist. Umgetopft werden kann prinzipiell immer, allerdings nicht während der Blühphase.

Überwinterung
Bei einer Beetkultur braucht sich der Gärtner über die Überwinterung keine Gedanken zu machen. Im Freiland ist der Rittersporn absolut winterhart. Bei der Topfkultur können die Wurzeln in kalten Wintern komplett durchfrieren, worauf die Pflanze in der Regel abstirbt. Mit einer Abdeckung aus Kompost und einem Wintervlies kann das vermieden werden. Bei älteren, robusten Kübelpflanzen genügt zur Überwinterung meist schon ein windgeschützter Standort an der Südwand des Hauses.

Krankheiten und Schädlinge
Bei Berücksichtigung der notwendigen Standort- und Pflegebedingungen ist der Rittersporn relativ krankheits- und schädlingsunanfällig. Dennoch ist es möglich, dass unliebsame Besucher an der Pflanze Gefallen finden. Bekannte *Delphinium*-Schädlinge sind Bakterienschwärze, Echter Mehltau, Falscher Mehltau und Schnecken.

Mythologie und Ritual
Ein ritueller Gebrauch des Rittersporns (*D. brunonianum*) ist in einigen Himalayaregionen verbreitet – als beruhigendes, narkotisierendes und trauminduzierendes Rauchkraut sowie als Zutat zeremonieller Räuchermischungen. In Europa wurde der Rittersporn vereinzelt im Rahmen der Sonnenwendrituale eingesetzt. Einem alten Brauchtum nach wird ein Kranz aus Rittersporn am Ende der Feierlichkeit ins Feuer geworfen. Dem alten Volksglauben nach wird der Werfer in der Folgezeit von sämtlichem Unheil verschont bleiben.

Wirkung und Psychoaktivität
Die therapeutische Wirksamkeit des Rittersporns – etwa in Form eines aus den getrockneten Blüten zubereiteten Teeaufgusses – beruht auf appetitanregenden, blutreinigenden, harntreibenden und wundheilenden Effekten. Unangenehme Nebenwirkungen sind nicht zu erwarten, solange nur die getrockneten Blüten verwendet werden. Werden hingegen das frische Kraut, die Wurzel oder die Samen verwendet, birgt der Konsum ein hohes Vergiftungsrisiko. Die Vergiftung ähnelt der des Eisenhuts. Symptome sind Atemnot, Blutdruckabfall, innere Entzündungen, Krämpfe, Schmerzen, Lähmung der Herzmuskulatur und Tod.

Als Räucherwerk angewendet oder geraucht, wirken die getrockneten Blüten des Rittersporns beruhigend und harmonisierend.

Die toxischen Samen sollten nur mit Bedacht und in Kombination mit anderem Räucherwerk geräuchert und niemals geraucht werden. Sie wirken aufgrund des hohen Alkaloidvorkommens deutlich stärker und erzeugen bei einer Überdosierung enorme toxische Unannehmlichkeiten.

Zubereitungsformen
Rauchware Aufgrund der beruhigenden Wirkung sind die Blüten bei einigen Indianerstämmen Nordamerikas als entspannendes Rauchprodukt bekannt, meistens in einem Gemisch mit Tabak (*Nicotiana* spp.).

Räucherwerk Die getrockneten Blüten eignen sich hervorragend als Räucherwerk, etwa zur Entspannung am Abend, bei Melancholie, zur Meditation und als harmonisierende und beschützende Unterstützung im Rahmen von anderweltlichen Reisen. Abhängig von der gewünschten Wirkung können die Blüten mit sämtlichen Räucherstoffen kombiniert werden.

Teeaufguss 2 g der getrockneten Blüten werden mit 250 ml kochendem Wasser übergossen, 10 Min. ziehen gelassen, abgeseiht und nach Belieben gesüßt. Ohne Süßen ist der Geschmack etwas bitter. Als sogenannte Schmuckdrogen werden Ritterspornblüten zahlreichen Teemischungen beigegeben.

Inhaltsstoffe
Als zentrale Inhaltsstoffe wurden verschiedene Alkaloide identifiziert, die sogenannten Delphiniumalkaloide. In *D. staphisagria* wurde als Hauptalkaloid Delphinin (Staphisgarin) nachgewiesen, ferner Delphisin, Delphinoidin, Staphisagroin, Straphisin sowie eine unbekannte Alkaloidbase. Die höchste Alkaloidkonzentration befindet sich in den Samen. Die Blüten sind in aller Regel frei von Alkaloiden. Außerdem enthalten sind Bitterstoffe, Gerbstoffe, Glykoside und Flavonoide.

INFO Die Alkaloidkonzentration sinkt während des Trocknungsprozesses rapide ab, getrocknete Pflanzenteile sind also generell ungefährlicher als frische.

Medizinische Indikationen
Die europäische Volksheilkunde kennt Zubereitungen aus Rittersporn zur Behandlung von Augenleiden, Gallenerkrankungen, Harnsteinen, Husten, Schlangenbissen, Schmerzen, Sodbrennen, Wunden und als Mittel zur Empfängnisverhütung.

Heute wird der Rittersporn (*D. staphisagria*) nur noch in starker Verdünnung in der Homöopathie eingesetzt, z.B. nach operativen Eingriffen, bei Bindehaut- und Blasenentzündungen, Schnittverletzungen und bei Krankheitssymptomen, die aus einer Kränkung oder unterdrückter Wut entstehen. In der modernen Phytotherapie wird Rittersporn nicht verwendet.

Echinopsis pachanoi

Echinopsis pachanoi
(Britton & Rose) Friedrich & Rowley San Pedro

Gattung .... *Echinopsis* Zuccarini
Familie .... Cactaceae Jussieu (Kakteengewächse)

Der in Südamerika heimische San-Pedro-Kaktus war über Jahrzehnte unter seinem alten Namen *Trichocereus pachanoi* bekannt. Seit einiger Zeit zählt ihn die Botanik aber zu den Echinopsen. San Pedro ist auch in Mitteleuropa leicht zu kultivieren und sollte aufgrund seiner ethnobotanischen Relevanz als visionär wirksame Ritualpflanze in keinem Schamanengarten fehlen.

Botanische Synonyme
Cereus giganteus, Trichocereus pachanoi

Trivialnamen
Rauschgiftkaktus, Huachama, San Pedro, San Pedrillo

Sonstige ethnobotanisch relevante Echinopsis-Arten
Die Gattung *Echinopsis* wurde durch Hinzunahme der ehemaligen Gattungen *Trichocereus* und *Lobivia* enorm erweitert. Neben dem San Pedro gibt es noch einen zweiten wichtigen meskalinhaltigen Kaktus der Gattung, der so genannt wird und ein ähnliches Wirkstoffprofil aufweist, und das ist *Echinopsis peruviana*, der Peruanische Stangenkaktus, San Pedro (Syn. *Trichocereus peruvianus*).

Daneben gibt es mindestens weitere 30 psychoaktive Arten der ehemaligen Gattung *Trichocereus* (die zum Teil Meskalin und andere aktive Inhaltsstoffe enthalten), mindestens 4 psychoaktive Arten aus der alten Gattung *Echinopsis* sowie 7 bislang bekannte psychoaktive Spezies aus der alten Gattung *Lobivia*. Siehe dazu Berger 2013.

INFO San Pedro ist in Deutschland vollkommen legal. Juristisch heikel wird es erst dann, wenn er zu Rauschzwecken kultiviert wird; das im Kaktus verfügbare Meskalin fällt unter die Bestimmungen des Betäubungsmittelgesetzes. Gärtner, die einige Exemplare aus ethnobotanischem Interesse kultivieren, haben in der Regel jedoch nichts zu befürchten.

Botanik

Der San-Pedro-Kaktus ist ein schnellwachsender, korniger Säulenkaktus mit einer Wuchshöhe von 3–6 m. Er hat vier bis zwölf Rippen, meistens allerdings sechs. Die prachtvollen, weißen und trichterförmigen Blüten kommen häufig nur nachts zum Vorschein. Sie haben einen betörenden Duft und erreichen eine Länge von etwa 20 cm. Die Früchte sind länglich, oval, von grüner Färbung und haben einen Durchmesser von 3–4 cm. Der Kaktus wächst so lange, bis er seinem eigenen Gewicht erliegt und umfällt.

Pflegeanleitung

San Pedro gehört zu jenen Kakteen, deren Pflege vergleichsweise einfach und unkompliziert ist. Es braucht zur erfolgreichen Anzucht keine speziellen Vorkenntnisse. Lässt man die Pflanze nicht komplett vertrocknen oder in Staunässe ertrinken, gelingt die Anzucht. Bei guten Bedingungen wächst San Pedro pro Jahr ungefähr um 30 cm, was für einen Kaktus eine enorme Wuchsgeschwindigkeit ist. Vermehrt wird der Kaktus entweder auf generativem Weg durch Aussaat der winzig kleinen Samenkörner, oder, wie es in den meisten Fällen üblich ist, vegetativ, sprich durch geschnittene Stecklinge.

Vorkommen

Beheimatet ist der psychoaktive Säulenkaktus in den Anden Perus, wo er in einer Höhe zwischen 2000 und 3000 m ü. M. gedeiht. Kultiviert wird San Pedro aber auch in anderen südamerikanischen Andenregionen, zum Beispiel in Ecuador. In Europa findet man den Kaktus häufig in botanischen Gärten und in der Kakteenhandlung, gelegentlich auch im Gartenmarkt.

Vermehrung durch Aussaat (generativ)

Das im ethnobotanischen Fachhandel erstandene Saatgut wird zunächst im Zimmergewächshaus zur Keimung gebracht. Dazu drückt man die lichtkeimenden Samen leicht auf handelsüblicher oder selbst hergestellter Kakteenerde an und hält sie feucht. Wurde auf einer Saatschale oder in kleinen Anzuchttöpfen ausgesät, reicht es auch, wenn zur Erhöhung der Luftfeuchte die Anzuchtbehältnisse mit einem Glasbehälter oder einer dünnen Plastiktüte überstülpt werden. Bei einer Temperatur von ungefähr 20 °C beginnen die Samen nach 1–2 Wochen zu keimen. Zu beachten ist, dass die jungen Keimlinge viel Licht benötigen; allerdings dürfen sie auch nicht verbrennen, was in Folge einer andauernden Sonnenbestrahlung unter Umständen passieren kann. Sobald die Keimlinge etwa 1 cm groß sind, werden sie pikiert, wobei jedem Kaktus optimalerweise ein eigener Topf zusteht.

Vermehrung durch Stecklinge (vegetativ)

Zur vegetativen Vermehrung werden Triebe mit einer Länge von 10–20 cm von der Mutterpflanze abgeschnitten. Steckt man sie nach dem Schneiden sofort in die Erde, ist die Wahrscheinlichkeit sehr hoch, dass der Kaktus zu schimmeln beginnt. Besser ist es, wenn die Stecklinge an der Schnittstelle zunächst komplett getrocknet werden. Oft entstehen während dieser Zeit auch schon erste Wurzelfasern, was aber für das Eintopfen keine Voraussetzung ist. Wenn die Schnittstelle ausgetrocknet ist, kann der Steckling in einen Topf mit Anzuchterde gesteckt werden. Bei mäßigem Gießen sollte der Trieb innerhalb weniger Wochen angewurzelt sein.

Links: San-Pedro-Keimling
Rechts: Junger Kaktus

Standort und Pflegemaßnahmen

Sobald im Freiland kein Frost mehr zu erwarten ist, können die Kübel in den Schamanengarten, auf den warmen Balkon oder auf die Terrasse gestellt werden. Theoretisch reicht dem Kaktus in dieser Zeit auch die warme und sonnige Fensterbank. Wichtig ist, dass während der heißen Sommermonate täglich mäßig gegossen und bedarfsweise alle zwei bis drei Wochen gedüngt wird (biologischer Kakteendünger), was der Kaktus einem meist durch schnelles Wachstum dankt.

Echinopsis pachanoi *in Topfkultur*

Überwinterung

In den Wintermonaten, je nach Region von Oktober bis März, sollte der San Pedro überhaupt nicht gegossen werden. In dieser Zeit wird er geschützt ins Haus gestellt, an eine unbeheizte Stelle, wo die Temperatur nie unter 0 °C fällt und tagsüber ausreichend viel Licht einfällt, beispielsweise im Treppenhaus. Die Idealtemperatur während der Überwinterung liegt bei konstanten 10 °C. Bei guten Bedingungen und einer konsequenten Einhaltung der Ruhephase beginnt der Kaktus im Idealfall zu blühen. Bei optimaler Haltung reifen möglicherweise auch Früchte heran, was in der Praxis aber eher selten ist.

San Pedro umtopfen

Umgetopft wird der Kaktus am sinnvollsten gleich nach der Ruhephase. Während das Umtopfen junger Exemplare noch sehr einfach ist, braucht es für große Exemplare schon mal eine zweite Person und dicke Handschuhe.

Pfropfen

San Pedro eignet sich hervorragend zum Pfropfen. Dazu wird die Spitze des Kaktus glatt abgeschnitten und der Kopf eines anderen Kaktus, beispielsweise Peyote, an der Schnittstelle abgeflacht, ohne das Leitbündel zu verletzen, darauf gesetzt und festgebunden. Nach wenigen Tagen sollte der aufgepfropfte

Echinopsis pachanoi

> **PRAXIS-TIPP** Kakteenerde selber herstellen
>
> Deutlich günstiger als der Einkauf handelsüblicher Kakteenerde kommt es den Gärtner, wenn er sein Substrat selbst mischt. Geeignet ist zum Beispiel eine Mischung aus ¾ Humus, ¼ Sand (Quarzsand) und ¼ Blähton. Einige Gärtner versetzen ihre Kakteenerde außerdem mit Kokosfasern und/oder Xylit. Alternativ kann handelsübliche Kakteenerde ganz einfach durch ein 50:50-Gemisch aus handelsüblicher Einheitserde und Sand ersetzt werden, was für die meisten Kakteen jedoch nicht optimal ist, weil sie ein möglichst stickstoffarmes Substrat benötigen. San Pedro verzeiht den Einsatz konventioneller Erde jedoch recht gut.

Inhaltsstoffe

Zentrales Hauptalkaloid ist das psychedelische Phenethylamin Meskalin (3,4,5-Trimethoxyphenethylamin). Daneben enthält der Kaktus Anholidin, Tyramin (4-Hydroxy-phenylethylamin), 3-Methoxytyramin, Hordenin (N,N-Dimethyltyramin), 3,4-Dimethoxy-phenethylamin (DMPEA), 3,5-Dimethoxy-4-hydroxy-phenethylamin sowie eine Vielzahl weiterer Stoffe. Der Meskalingehalt in den Pflanzen unterliegt für gewöhnlich großen Schwankungen. Im Durchschnitt liegt er zwischen 1 und 23 μg pro mg des Trockenmaterials. Grundsätzlich gilt jedoch, dass der Meskalingehalt in den jüngeren, frischen grünen Kakteen am höchsten ist.

Kaktus angewachsen sein. Allerdings ist es entgegen einiger Mutmaßungen nicht der Fall, dass die Wirkstoffe ineinander übergehen. Der aufgepfropfte Kaktus enthält nur dann Meskalin, wenn es sich um eine meskalinhaltige Art handelt.

Mythologie und Ritual

In Peru gehört der San-Pedro-Kaktus neben Ayahuasca zu den wichtigsten schamanischen Hilfsmitteln. Vor allem den Schamanen aus dem wüstenartigen Norden Perus dient San Pedro (*Huachuma*) seit vielen Jahrhunderten als spiritueller Türöffner und als diagnostisches Werkzeug. Hingegen arbeiten die Schamanen der Selva, der Dschungelregion Perus, bevorzugt mit Ayahuasca.

In Nord-Peru wurde San Pedro früher im Kontext schamanischer Divinationsrituale eingesetzt, etwa als Hilfe zur Beantwortung wichtiger Entscheidungs- und Zukunftsfragen. Heute ist er vor allem noch als spirituelle Medizin von schamanisch-ritueller Bedeutung, üblicherweise in der Darreichungsform als Getränk. Der San-Pedro-Trank wird meist nur vom Schamanen getrunken, der dann das leuchtende Energiefeld seines Patienten erkennen, mögliche Krankheitsursachen ausmachen und entsprechende Behandlungsschritte einleiten kann. Manchmal wird der Trank aber auch vom Patienten selbst eingenommen. Auf diese Weise öffnen sich ihm verschlossene Tore zum Unterbewusstsein. Schreitet er hindurch, hat er die Möglichkeit, sehr viel über sich selbst, seine Krankheit und seine Position im Universum zu erfahren. Nicht ohne Grund heißt es, dass San Pedro ein hervorragender Lehrmeister ist. Das gilt sowohl für *E. pachanoi* als auch für *E. peruviana*; beide Kakteen wurden in Peru auf gleiche Weise und zum gleichen Zweck rituell verwendet. Doch nicht nur in Peru, sondern auch in Argentinien, Bolivien, Chile und Ecuador werden *Echinopsis*- bzw. *Trichocereus*-Arten schon lange als schamanische Werkzeuge genutzt.

Wirkung und Psychoaktivität

Die Wirkung des Kaktus, der entweder als Dekokt getrunken oder vor Einnahme meist pulverisiert und dann in Kapselform (pro Kapsel 1 g) eingenommen wird, gestaltet sich abhängig von Dosis, Set und Setting sehr unterschiedlich. Bemerkenswert ist jedoch, dass Meskalin, genau wie LSD, zu den wenigen

San-Pedro-Blüte

Junge San-Pedro-Kakteen

Medizinische Indikationen
Die peruanische Volksmedizin kennt San Pedro in erster Linie als schamanisch-rituell verwendetes Entheogen respektive als spirituelles Heilmittel. Gelegentlich wird der Kaktus als Tonikum oder als libidosteigerndes Aphrodisiakum genutzt.

geistbewegenden Molekülen gehört, die auf alle menschlichen Energieebenen gleichzeitig wirken.

2–5 g des gemahlenen San-Pedro-Pulvers wirken stimulierend und stark tonisierend. 5–10 g stimulieren das Herz-Chakra, und es kommen empathogene Qualitäten hinzu. Ab 10 g, abhängig vom Wirkstoffgehalt oftmals auch erst bei 30–40 g Pulvermaterial, stellen sich psychedelische Effekte ein, die stark an LSD oder Psilocybin erinnern; man sieht Mandalas, alles ist extrem farbig und von einer glänzenden Aura umgeben. Gegebenenfalls schwindet auch das Subjekt-Objekt-Bewusstsein, was sowohl in einer unglaublich beglückenden All-Einheits-Erfahrung münden kann, als auch in einer angstvollen Ich-Auflösung, je nachdem, mit welcher Geisteshaltung man den Kaktus einnimmt und wie man mit der erfahrenen Bewusstseinsveränderung umgeht.

Nach Rätsch kann der San-Pedro-Rausch noch einmal auf eine ganz andere Ebene gehoben werden, wenn zusätzlich eine niedrige Dosis LSD eingenommen wird, etwa 50 µg (vgl. RÄTSCH 2012: 508). Echte Halluzinationen werden durch den San-Pedro-Kaktus in der Regel nicht induziert. Vielmehr kommt es zu einer enormen Erweiterung des Bewusstseins, sogenannten Pseudo-Halluzinationen, was mit halluzinogenen Trugbildern aber nichts zu tun hat.

Möglicherweise auftretende Nebenwirkungen sind eine Erhöhung der Puls- und Herzschlagfrequenz und Übelkeit. Auffällig ist jedoch, dass unangenehme Begleiterscheinungen wie Bauchschmerzen, Erbrechen und Krämpfe nach einer San-Pedro-Einnahme deutlich weniger ausgeprägt sind als nach dem Verzehr von Peyote-Buttons.

Echinopsis pachanoi

Zubereitungsformen

San-Pedro-Pulver Zunächst muss der Kaktus entdornt und geschält werden. Dann wird er in Scheiben geschnitten und mehrere Tage lang in der Sonne getrocknet. Da die Schale, genau wie das Fruchtfleisch, Meskalin enthält, sollte diese nach dem Schälen nicht entsorgt, sondern ebenfalls getrocknet werden. Wenn die Schale und die Fruchtfleischscheiben vollständig getrocknet sind, können sie zu Pulver zermahlen werden. Grundsätzlich gilt: Je feiner das Pulver, desto besser werden die enthaltenen Wirkstoffe vom Körper aufgenommen. Aufgrund des meist als fürchterlich empfundenen Geschmacks wird das Pulver meist in Kapseln gefüllt oder Essen und Getränken zugefügt. Nur die Wenigsten würgen es pur herunter.

Kapsel Ein Gramm des Kakteenpulvers wird in eine handelsübliche Zellulosekapsel gefüllt. Auf diese Weise minimiert der Konsument das unangenehme Geschmackserlebnis und kann außerdem optimal dosieren. Wird die Einnahme der Gesamtdosis auf einen Zeitraum von 1 bis 1,5 Stunden erstreckt, indem man beispielsweise alle 15 oder 30 Minuten eine Kapsel einnimmt, kann die anfänglich häufige Übelkeit unterbunden werden.

San-Pedro-Trank Für einen zeremoniellen San-Pedro-Trank wird nach traditioneller Rezeptur pro Person ein 25 cm langes Stück vom Kaktus benötigt, das in Scheiben geschnitten und 2–7 Stunden lang auf niedriger Flamme in Wasser eingekocht wird. Danach wird abgeseiht und das Dekokt ein weiteres Mal für einige Stunden gekocht. Nicht unüblich ist es, dass dem entheogenen Ritualtrank zur Steigerung der Wirkintensität weitere psychoaktive Schamanenpflanzen zugesetzt werden, beispielsweise Blätter vom Engelstrompetenbaum (*Brugmansia* spp.). Die Einnahme derart potenter, im schlimmsten Fall tödlich toxischer Getränke sollte jedoch nur von geübten Schamanen praktiziert werden. Psychonauten, egal ob erfahren oder unerfahren, sollten zum Schutz der eigenen Gesundheit den San Pedro niemals in Kombination mit psychoaktiven Nachtschattengewächsen einnehmen.

Pedrohuasca Hierbei handelt es sich um die kombinierte Einnahme von San-Pedro-Pulver und Harman-Alkaloiden, meist in Form von Samen der Steppenraute *Peganum harmala*. Gemäß Erfahrungsberichten wirkt der Kaktus dadurch dreimal so stark wie normalerweise. Obwohl vereinzelt auch positive Erfahrungsberichte über diese Substanzkombination vorliegen, muss dringend davor gewarnt werden, denn die gleichzeitige Einnahme von MAO-Hemmern und Phenethylaminen kann zu lebensgefährlichen Notsituationen führen. Deshalb besser ganz verzichten!

INFO Befinden sich sowohl *E. pachanoi* als auch *E. peruviana* im Schamanengarten, muss berücksichtigt werden, dass der Meskalingehalt in letzterem etwa 10-mal höher ist als in *E. pachanoi*. Exemplare aus Süd- und Mittelamerika verfügen außerdem meist über deutlich höhere Meskalin-Konzentrationen als solche, die in Europa kultiviert werden.

Der Kopf von Echinopsis pachanoi

Ephedra viridis

Ephedra spp.   Meerträubel

Gattung .... *Ephedra* Linné (Meerträubel)
Familie .... Ephedraceae Linné (Meerträubelgewächse)

Die Arten der Gattung *Ephedra* gehören wohl zu den ältesten menschlichen Heil- und Genussmitteln; ihre psychoaktiv-stimulierende Wirkung wurde möglicherweise schon von den Neandertalern geschätzt.

Für eine Kultur in Mitteleuropa eignen sich im Besonderen die heimische Spezies *Ephedra helvetica*, *Ephedra sinica* (Ma Huang) und *Ephedra viridis*. Die zweitgenannte Art, die chinesische *Ephedra*, ist diejenige mit dem höchsten Ephedrin-Gehalt. Allerdings unterliegt Ephedrin seit 2006 der Rezeptpflicht, so dass Meerträubel-Arten nur noch als Zierde und nicht mehr als zur Verwendung vorgesehene Heil- oder Ritualpflanzen im eigenen Garten kultiviert werden dürfen.

Ephedra-distachya-*Beeren*

Ethnobotanisch bedeutsame *Ephedra*-Arten

Ephedra americana Humb. & Bonp. ex Willd. Amerikanisches Meerträubel, Pinku-Pinku (Chile) ◆ *Ephedra andina* Poepp. ex C.A. Mey. Anden-Meerträubel, Pingo-Pingo (Peru) ◆ *Ephedra distachya* Linné (Syn. E. Vulgaris) Gewöhnliches Meerträubel ◆ *Ephedra gerardiana* Wall. ex Stapf Kriechendes Meerträubel, Somalata ◆ *Ephedra helvetica* C.A. Mey. Schweizer Meerträubel ◆ *Ephedra intermedia* Schrenk & C.A. Mey. Blaues Meerträubel, Zhong Ma Huang ◆ *Ephedra major* Host Großes Meerträubchen ◆ *Ephedra monosperma* C.A. Mey. Tibetisches Meerträubel ◆ *Ephedra navadensis* Watson Mormonentee ◆ *Ephedra sinica* Stapf Chinesisches Meerträubel, Ma-Huang ◆ *Ephedra viridis* Coville Grüner Mormonentee

Insgesamt umfasst die Gattung *Ephedra* über 40 gesicherte Arten.

Botanik

Rein optisch erinnern *Ephedra*-Arten ein wenig an eine Kombination aus Schachtelhalm (*Equisetum* spp.) und Ginster (*Genista* spp.). Sie sind ausdauernd, erreichen eine Höhe von 30–70 cm und bilden meist blattlose Ruten aus, weshalb sie auch den Rutenpflanzen zugeordnet werden.

Ephedra ist immer getrenntgeschlechtlich, das heißt, sie bildet entweder männliche oder weibliche Blüten aus. Aus ihnen entwickeln sich dann die fleischig roten Zapfenbeeren, die wiederum das schwarze Saatgut enthalten – pro Zapfen 1–3 Samen. Die Blütezeit ist von März bis Mai. Die einzelnen Spezies sind untereinander nur schwer zu unterscheiden. In der Natur können die jeweiligen Arten nur über ihre Wuchshöhe sowie ihr geographisches Vorkommen identifiziert werden.

Vorkommen

 Arten der Gattung *Ephedra* sind in Südeuropa, Saudi-Arabien, Nord- und Ostafrika, Asien, Nord- und Mittelamerika sowie auf den Kanarischen Inseln verbreitet. Sie gedeihen meist in Trockengebieten auf sandigem oder steinigem Boden, häufig auch in Hanglage, seltener auf Grasflächen.

Die zentralen Verbreitungsgebiete von *E. sinica* liegen in der Mongolei und Nordchina, in Regionen um 1500 m.ü.M. Die Spezies *E. helvetica* kommt wildwachsend ausschließlich in den Alpen vor.

Inhaltsstoffe

🧪 Alle wichtigen *Ephedra*-Arten enthalten das Phenethylamin-Alkaloid Ephedrin, das, vereinfacht ausgedrückt, eine natürliche Vorstufe des Amphetamins darstellt. *Ephedra sinica* enthält daneben Pseudoephedrin und Norephedrin, die Ephedrin-Analoga Norpseudoephedrin, Methylephedrin und Methylpseudoephedrin sowie Ephedroxan, ätherisches Öl, Gerbstoffe, Flavonoide (Vicenine und andere), Saponine und Traubenzucker. Laut einer Vielzahl von Analyseergebnissen ist *Ephedra sinica* diejenige Meerträubel-Art mit der höchsten Alkaloidkonzentration (1–3%).

Ephedra sinica

Pflegeanleitung

Wer *Ephedra* im Garten kultivieren möchte, der braucht vor allem eines: Geduld. Die Pflanzen wachsen extrem langsam und benötigen mehrere Jahre, bis sie sich zu stattlichen und robusten Pflanzen entwickelt haben. Die Anzucht gestaltet sich im Vergleich zu anderen in diesem Buch vorgestellten Ritualpflanzen etwas schwieriger. Wenn aber gute Bedingungen für die Pflanze geschaffen werden, kann ihre Kultivierung auch in Mitteleuropa gelingen. Folgende Arten sind unter anderem für die Gartenkultur geeignet: *E. helvetica*, *E. intermedia*, *E. sinica* und *E. viridis*.

Die Anzucht erfolgt in der Regel durch Aussaat oder alternativ durch gekaufte Jungpflanzen. Wenn sich bereits eine ausgewachsene Pflanze im Garten befindet, kann im Frühjahr oder Herbst durch eine Teilung des Wurzelstocks oder Absenker vermehrt werden.

Vermehrung durch Aussaat (generativ)

Die Samen sollten grundsätzlich im Haus unter geschützten Bedingungen zur Keimung gebracht werden. Eine Freilandaussaat direkt ins Beet ist nicht zu empfehlen.

Benötigt werden ein Anzuchtkasten oder Zimmergewächshaus sowie beliebige Anzuchtbehälter, die mit Anzucht- oder Kakteenerde befüllt werden. Die Samen sind Lichtkeimer – deshalb nur leicht andrücken! Für eine Keimung benötigen sie gleichmäßige Feuchtigkeit und Wärme; ein kleines Zimmergewächshaus ist für ein erfolgreiches Auflaufen unerlässlich. Alternativ kann man eine mit kleinen Löchern versehene Plastiktüte über die Anzuchttöpfe spannen.

Die ideale Keimtemperatur liegt bei etwa 20 °C. Die Keimung von *Ephedra* erfolgt häufig extrem unregelmäßig bei einer durchschnittlichen Keimdauer von 2–8 Wochen. Bei mangelnder Qualität oder älterem Saatgut kann es passieren, dass nur ein Zehntel oder sogar noch weniger der ursprünglich ausgesäten Samen erfolgreich keimen.

Die jungen und nur sehr langsam wachsenden Keimlinge brauchen es gleichbleibend feucht, warm und hell. Anfangs müssen sie vor direktem Sonnenlicht geschützt werden, genau wie vor Staunässe und absoluter Trockenheit. Pikiert werden dürfen die Keimlinge dann, wenn sie robust genug sind, in der Regel nach 2–3 Wochen. Danach werden sie vorsichtig in Kübel oder ins Beet gepflanzt.

Ephedra in Beetkultur

Da *Ephedra* – abgesehen von *E. helvetica* – nur sehr begrenzt winterhart ist, empfiehlt sich eine Kultur im Freiland nur in Regionen mit milden Wintern und warmen Sommern. In Mitteleuropa sind die Winter gewöhnlich zu kalt für *Ephedra*, so dass die Pflanzen im Freiland in den Wintermonaten meist absterben. Gedeiht die Pflanze allerdings auf offenem Boden im Gewächshaus, dann überlebt sie kalte Winter normalerweise ohne Schwierigkeiten.

Wichtig ist, dass ihr Standort geschützt, möglichst trocken, hell und warm und der Boden durchlässig, basisch, sandig oder steinig ist, denn das Wurzelwerk benötigt viel Luft. Damit die Pflanze immer wieder neu austreiben kann, muss der unterste Verzweigungspunkt vor Insekten und zu hoher Lufttrockenheit geschützt sein, was sich dadurch erreichen lässt, dass die Pflanze regelmäßig mit mittelfeinem Kies aufgeschüttet wird. Damit das langsam gedeihende *Ephedra*-Kraut von anderen Wildpflanzen nicht überwuchert wird, muss bei einer Beetkultur regelmäßig gejätet werden. Organische Düngergaben sind bei guten Standortbedingungen im Grunde genommen nicht nötig und sollten nur sparsam erfolgen – nicht öfter als einmal pro Monat.

Ephedra in Topfkultur

Eine Kultur in Töpfen ist vor allem dann zu empfehlen, wenn eine Überwinterung im Freiland aufgrund zu langer Frostperioden nicht möglich ist. Robuste Keimlinge oder gekaufte Jungpflanzen werden einfach in große, mit sandigem Substrat gefüllte Kübel gepflanzt und dann den Sommer über zu anderen Pflanzen in den Garten oder auf den Balkon gestellt. Am besten ist ein warmer, trockener und heller Standort. Der heißen Mittagssonne sollten die Pflanzen aber nach Möglichkeit nicht direkt oder zumindest nicht zu lange ausgesetzt werden. Bevor der erste Frost einsetzt, werden die *Ephedra*-Kübel im Gewächshaus oder in einem kühlen, aber hellen Zimmer im Haus untergebracht. Wer keinen Garten hat, kann *Ephedra* auch als Zimmerpflanze halten. Einzige Voraussetzung dafür ist eine große, helle und warme Fensterbank.

Ephedra-viridis-*Beeren*

Überwinterung

Die meisten Arten gelten zwar als winterhart, allerdings hat die praktische Erfahrung gezeigt, dass viele Spezies im Zuge langer Frostperioden eingehen, vor allem dann, wenn die Exemplare noch jung sind. Daher werden die Pflanzen in Mitteleuropa zur Überwinterung meistens an einen hellen, trockenen und frostfreien Ort gebracht. Während dieser Zeit darf die Wasserzufuhr nur in mäßigem Umfang erfolgen, und auf die Gabe von Dünger sollte komplett verzichtet werden.

Ephedra-Ernte

Die Ernte des ephedrinhaltigen Krauts kann zwar das ganze Jahr erfolgen, allerdings ist die Alkaloidkonzentration im Herbst am höchsten. Abgeschnitten werden die Zweige grundsätzlich an den Knospen, aus denen sich die Seitentriebe entwickeln. Getrocknet werden die zusammengebundenen Zweige an der Luft.

Mythologie und Ritual

Chinesische, mongolische und nordamerikanische Medizinmänner verwenden das psychoaktive *Ephedra*-Kraut vermutlich bereits seit Jahrtausenden im Rahmen von magischen, rituellen und medizinischen Settings. In Zentralasien sind es in erster Linie die Spezies *E. monosperma* sowie *E. sinica* und in Nordamerika *E. viridis* und *E. navadensis*, die als Ritualpflanzen von ethnobotanischer Relevanz sind. *Ephedra navadensis* ist übrigens in Form eines stimulierend und aphrodisisch wirkenden Teeaufgusses das Lieblingsgetränk vieler Mormonen, daher auch der Trivialname Mormonentee. Allerdings sind Anhänger dieser Glaubensgemeinschaft bekennende und strikte Drogengegner, weshalb es etwas verwundert, dass das psychoaktive *Ephedra*-Kraut bei ihnen so beliebt ist.

Ephedra navadensis

Dass die Spezies *E. sinica* von taoistischen Alchemisten als Lebenselixier sowie im Zuge sexualmagischer Riten eingesetzt wurde, ist zwar nicht eindeutig belegt, kann aber angenommen werden (vgl. Rätsch 2012: 229 f.). Ethnologen wie Christian Rätsch vermuten außerdem, dass *Ephedra*-Arten von den Zoroastriern in Form eines magischen Ritualtrunks eingesetzt wurden, möglicherweise in Kombination mit Schlafmohn (*Papaver somniferum*) und anderen psychoaktiven Gewächsen (ebd. 231). Außerdem ist es naheliegend, jedoch nicht eindeutig belegt, dass *Ephedra* spp. eine wichtige Ingredienz des legendären heiligen Haoma gewesen sein könnte. Schließlich werden *Ephedra*-Arten in einigen persischen Kulturen noch heute als *huma* bezeichnet.

Ephedra distachya *in einer historischen Darstellung*

Medizinische Indikationen
Ephedra gehört zu den ältesten Heilpflanzen der traditionellen chinesischen Medizin (TCM). Nachweislich ist *Ephedra*-Tee in China bereits seit 6000 Jahren als wirksames Heilmittel bekannt, unter anderem zur Behandlung von Asthma, Bronchitis, Heuschnupfen und Fieber. Zu denselben Indikationen wird *Ephedra*-Tee auch in der Ayurveda und in der nepalesischen Volksmedizin empfohlen. Im alten Tibet wurde er zur Blutreinigung und als Verjüngungsmittel (»Anti-Aging«) eingenommen.

Exkurs: Was ist Haoma?

Haoma ist die Bezeichnung für einen im alten Persien bekannten Ritualtrunk mit visionären Wirkeigenschaften. In der avestischen (altiranischen) Sprache steht die Bezeichnung *Haoma* gleichermaßen für eine Pflanze als auch für eine Gottheit. Allerdings ist es bis heute nicht gelungen, die Haomapflanze als die zentrale Ingredienz des gleichnamigen Getränkes botanisch zu identifizieren. Man kann jedoch davon ausgehen, dass es sich beim Haoma, ähnlich wie beim vedischen Soma oder dem altgriechischen Ambrosia, um eine bewusstseinserweiternde Zubereitung gehandelt haben muss. Als psychoaktive Zutaten haben Experten schon eine Vielzahl unterschiedlicher Pflanzen und Pilze in Betracht gezogen: Bilsenkraut (*Hyoscyamus niger*), Fliegenpilz (*Amanita muscaria*), Granatapfel (*Punica granatum*), Hanf (*Cannabis indica*), Meerträubel (*Ephedra* spp.), Steppenraute (*Peganum harmala*), Weinraute (*Ruta graveolens*) und Weinrebe (*Vitis vinifera*). Möglicherweise könnte Haoma auch ein wirkstarkes Ayahuasca-Analog gewesen sein (RÄTSCH 2012: 745 F.).

Ephedrin als psychoaktives Instrument der Psycholyse

Die Psycholyse, eine substanzunterstützte Form der Psychotherapie, verwendet Ephedrin häufig als legales, herzöffnendes MDMA-Substitut, oft in Kombination mit dem psychedelischen Anästhetikum Ketamin, das wiederum als Kronenchakra-stimulierender LSD-Ersatz fungiert (vgl. MÖCKEL GRABER 2010).

Wirkung und Psychoaktivität

Ephedra sorgt für einen erhöhten Ausstoß des endogenen Neurotransmitters Adrenalin. Nach der Einnahme kommt es zu anregenden, appetithemmenden, blutdruck- und herzfrequenzsteigernden, sinnesschärfenden, stimulierenden sowie aufmerksamkeits-, leistungs-, bewegungsbedürfnis- und vigilanzsteigernden Wirkeffekten. Abhängig von Set und Setting wirkt *Ephedra* stark aphrodisierend. Männer müssen sich jedoch darüber im Klaren sein, dass durch eine Gefäßverengung in den Genitalien die Erektionsfähigkeit sinkt. Für Frauen hingegen ist *Ephedra* ein wunderbares Aphrodisiakum.

Aufgrund des euphorisierend-stimulierenden Wirkprofils erfreut sich *Ephedra*, dessen psychoaktiver Wirkstoff Ephedrin heute in vielen Ländern der Rezeptpflicht unterliegt, in der Partyszene großer Beliebtheit, nämlich als sogenanntes Herbal Ecstasy, das meist in Kapselform vorliegt. Die Wirkung kann aber auch für schamanische Zwecke sehr nützlich sein, beispielsweise zur Vertiefung von Trancezuständen.

Die therapeutische Dosis liegt abhängig von der persönlichen Konstitution und vom Wirkstoffgehalt bei 1–4 g des getrockneten Krautmaterials. Zur Stimulation werden durchschnittlich 2–5 g benötigt. Wird *Ephedra* als Teeaufguss eingenommen, beginnt die Wirkung nach ungefähr 30–60 Minuten und hält bis zu 8 Stunden an.

Nebenwirkungen, die häufig bereits nach der Einnahme geringer Dosierungen festgestellt werden, sind Herzklopfen, innere Unruhe, Schlafstörungen,

Ephedra spp.

Getrocknetes Ephedra-sinica-*Kraut (Ma-Huang)*

Schwitzen, Krämpfe und Kreislaufprobleme. Menschen mit hohem Blutdruck oder Herzrhythmusstörungen sollten daher von der Einnahme absehen.

Ephedra sollte niemals in Kombination mit MAO-Hemmern eingenommen werden, denn dadurch potenzieren sich nicht nur die positiven und gewollten Wirkeffekte enorm, sondern auch die unangenehmen Begleiterscheinungen. Bei regelmäßigem Konsum kommt es zu einer Toleranzentwicklung, und die Dosis muss zunehmend erhöht werden, um gleichbleibende Wirkeffekte zu erzielen. Mögliche Langzeitnebenwirkungen eines häufigen und exzessiven Konsums sind Gedächtnisstörungen, Gereiztheit, Nervosität, chronischer Bluthochdruck, Leber- und Nierenschäden, schlechte Zähne sowie möglicherweise die Entwicklung einer psychischen Abhängigkeit.

Zubereitungsformen

Kapseln Zur Herstellung der Kapseln wird das getrocknete *Ephedra*-Kraut zunächst pulverisiert und im Anschluss in abgewogenen Mengen in Kapseln gefüllt. Alternativ wird zum Befüllen der Kapseln ein Extrakt verwendet.

Räucherwerk Das getrocknete *Ephedra*-Kraut eignet sich gut zum Räuchern. Allerdings verströmt es kein besonders angenehmes Aroma, weshalb sich eine Mixtur mit wohlriechendem Räucherwerk empfiehlt. Wird der aufsteigende Rauch inhaliert, ist die aphrodisierende, euphorisierende und stimulierende Wirknote deutlich zu spüren, wenn auch signifikant schwächer als nach einer oralen Wirkstoffzufuhr. *Ephedra* eignet sich daher hervorragend für die rituelle Liebesräucherung. Als Räucherwerk kann es aber auch zu medizinischen Zwecken eingesetzt werden, in Kombination mit *Datura* beispielsweise zur Behandlung von Asthma und anderen Atemwegserkrankungen.

Teeaufguss Eine beliebige Dosis – meist jedoch 1–2 g – der Zweige (getrocknet oder angetrocknet) wird mit kochendem Wasser übergossen. Die Ziehzeit beläuft sich meist auf 2–5 Minuten. Je länger der Tee zieht, desto stärker ist die Wirkung und desto bitterer der Geschmack. Danach abseihen und schluckweise trinken.

Tipp: Durch einen kleinen Schuss Limonensaft kann der bittere Geschmack fast neutralisiert werden.

Tinktur Das getrocknete *Ephedra*-Kraut wird in hochprozentigem Alkohol angesetzt und nach 3–5 Wochen filtriert und in Flaschen gefüllt; zwischendurch gründlich durchschütteln.

Erythroxylum coca

Erythroxylum coca LAMARCK
Bolivianischer Cocastrauch

Gattung .... *Erythroxylum* BROWNE (Cocasträucher)
Familie .... Erythroxylaceae KUNTH (Rotholzgewächse)

Der bolivianische Cocastrauch ist sowohl eine der wichtigsten südamerikanischen Heil-, Nahrungs- und Ritualpflanzen als auch der pflanzliche Ursprung des stimulierenden und weltweit illegalisierten Kokainpulvers. Zur Herstellung des Kokainpulvers kommen von den über 300 *Erythroxylum*-Arten ausschließlich *E. coca* und *E. novogranatense* in Betracht, da nur diese beiden Spezies in nennenswerten Konzentrationen das Alkaloid Kokain produzieren. Von den anderen Cocasträuchern ist vor allem die Spezies *E. catuaba* von ethnobotanischer Relevanz. Sie enthält als zentrale Wirkstoffe Tropanalkaloide und Phytosterine und wird traditionell als Aphrodisiakum, Potenzmittel und als Heilpflanze zur Behandlung zahlreicher Leiden genutzt.

Die Anzucht von *E. coca* ist entgegen vieler Berichte nicht nur in Südamerika oder anderen tropischen Regionen möglich, sondern unter bestimmten Umständen auch in Mitteleuropa (wie ab Seite 94 beschrieben) und kann sowohl durch Saatgut als auch durch Stecklinge gelingen.

Synonyme
Erythroxylon coca, Erythroxylum bolivianum, Erythroxylum peruvianum

Trivialnamen
Bolivianischer Cocastrauch, Coca, Cocapflanze, Cocastrauch, Huanacoblatt, Mama Coca, Coca bush (engl.)

Weitere ethnobotanisch relevante *Erythroxylum*-Arten
Erythroxylum catuaba A.J. SILVA EX HAMET Catuaba • *Erythroxylum novogranatense* (MORRIS) HIERONYMUS Kolumbianischer Cocastrauch • Unterarten: *Erythroxylum coca var. ipadu* PLOWMAN Amazonas-Coca, Ipadu-Coca • *Erythroxylum coca var. spruceanum* BURCK
Insgesamt umfasst die Gattung der Cocagewächse rund 300 gesicherte Arten.

Vorkommen

Der botanische Ursprung des Cocastrauches befindet sich in den Yungas von Bolivien und den peruanischen Regenwäldern. Heute wird die alte Kulturpflanze auch außerhalb ihrer südamerikanischen Heimat angebaut, beispielsweise in Indien, Sri Lanka und Ostafrika. Coca wächst auch in den USA (Kalifornien, Arizona, New Mexico, Texas, Louisiana, Alabama, Mississippi und Florida), Europa (Spanien, Italien und Griechenland) und in Australien (Neuseeland).

Botanik

Der Cocastrauch ist eine Pflanze mit rötlicher Rinde (Jungpflanzen) und einer Wuchshöhe von bis zu 5 m. In der großflächigen Kultivierung wird der Strauch regelmäßig auf eine Höhe von bis zu 2, maximal 3 m zurückgeschnitten, um die Ernte zu erleichtern. Die elliptischen, glattrandigen Blätter sind wechselständig angeordnet und haben, je nach Unterart, eine variierende Länge. Die radialsymmetrischen Blüten des Cocastrauches sind von weißgelber Farbe und sitzen an der Achsel der schuppenblättrigen Basis junger Zweige. Aus ihnen entwickeln sich die für die Samengewinnung erforderlichen Steinfrüchte. Diese sind einsamig, oval, anfänglich gelb; mit zunehmender Reife werden sie leuchtend rot.

Coca-Frucht

Inhaltsstoffe

Die Blätter enthalten als zentrale Wirkstoffe die beiden Alkaloide Kokain und Cuskohygrin. Beeinflusst durch die Bedingungen der jeweiligen Anbauregionen variiert der Alkaloidgehalt in den Blättern zwischen 0,5–2,5 Prozent. Als Nebenalkaloide wurden unter anderem Cinnamoylcocain, α-Truxillin und β-Truxillin identifiziert sowie ätherisches Öl, Eiweiß, Fett, die Flavonoide Rutin und Quercitrin, Gerbstoffe, Vitamine sowie die beiden Mineralstoffe Eisen und Kalzium.

Interessant: Beim Kauen der Cocablätter, unter Zusatz von Kalk, wird das eigentlich enthaltene Kokain in das Alkaloid Ecgonin hydrolisiert. Dabei handelt es sich um eine Substanz, der im Gegensatz zum Kokain jedes Suchtpotenzial fehlt. Das erklärt unter anderem auch die Tatsache, dass in den südamerikanischen Andenregionen seit Jahrtausenden Cocablätter gekaut werden, ohne dass jemals ein Fall von Suchtproblematik dokumentiert wurde.

Coca-Blätter

Pflegeanleitung Gastbeitrag von Markus Berger

Um wachsen und gedeihen zu können, benötigt die Cocapflanze *Erythroxylum coca* eher mediterrane bis tropische Vegetationen – vorzugsweise frostfreie Zonen. *Erythroxylum coca* kann, wie dieser Beitrag zeigt, aber auch in weniger geeignetem Klima, beispielsweise im Treibhaus oder in Topfkultur mit Überwinterung im Haus, vermehrt und gehalten werden.

Vermehrung durch Aussaat (generativ)

Falls bereits Cocapflanzen kultiviert werden, deren Samen geerntet werden sollen, so geschieht dies in unseren Gefilden vorzugsweise in den Sommermonaten. Dabei nimmt man nur Körner von 2–3 Jahre alten Pflanzen. Kurz bevor die Früchte ihre volle Reife entfalten, werden sie gesammelt und im Sammelkorb liegengelassen, bis sie weich und matschig geworden sind. Dann wäscht man das klebrige Fruchtfleisch ab, reinigt die Samen gründlich und lässt sie in der Sonne trocknen.

Schlechte Samen identifiziert man, indem man die geernteten Körner in Wasser gibt. Nicht verwendbare, beschädigte Samen schwimmen an der Wasseroberfläche und können abgesammelt und weggeworfen werden. Cocasamen sind nach der Ernte leider nicht allzu lange haltbar. Einmal ausgetrocknet, kann das Saatgut getrost verworfen werden – es wird nicht mehr keimen. Idealerweise sollten die Samen spätestens zwei Tage nach der Ernte in frisches Anzuchtsubstrat gegeben werden. Eine aus Samen gezogene Cocapflanze erreicht normalerweise in 1–3 Jahren die Reife.

Am besten ist es, jedes Korn in einen eigenen Topf zu setzen. Das können normale Plastiktöpfe, Quelltöpfchen oder anderes Material von mindestens 5 cm Tiefe sein. Idealerweise bringt man die Samen in einem Zimmergewächshaus in ein lockeres Substrat aus Humus und Perlit ein, gewöhnliche Anzuchterde aus dem Gartenfachhandel lässt sich auch verwenden. Die Samen sollten 2–4 cm tief in das Substrat gesetzt und alles stetig feucht gehalten werden. Das Zimmergewächshaus oder die Anzuchttöpfe bekommen einen halbschattigen Standort. Ist dieser geeignet, die Wasserzufuhr adäquat und das Substrat gut gewählt, sollten die Körner nach etwa einem Monat keimen. Die Samen lassen sich auch in Wasser oder einem mit Wasser durchnässten Zellstofftuch einweichen und damit vorquellen. Dies beschleunigt die Keimung, welche so normalerweise innerhalb von 10 Tagen geschehen sollte.

Die gerade aufgelaufenen Keimlinge brauchen nun mehr Licht. Nach Möglichkeit verschiebt man die Töpfe mit den Coca-Keimlingen mit dem Sonnenstand. Indoor benötigen die Pflänzchen künstliche Beleuchtung (z.B. mit Natriumdampflampen). Nun kann man mit dem Düngen beginnen. Nach ungefähr 2 Monaten, wenn die Pflänzchen etwa 20 cm groß sind, können sie umgetopft oder im Beet pikiert, also umgesetzt werden. Die Wurzel könnte sonst unter dem zu geringen Platzangebot leiden. Bei Beetkultur werden die Pflanzen idealerweise in etwa 30 cm Tiefe und mit etwa 1 m Abstand zwischen den Sträuchern angepflanzt. Entstehen Reihen, sollten zwischen diesen Abstände von etwa 1,5 m eingehalten werden. Noch sind die Pflanzen klein, aber das ändert sich im Erfolgsfall natürlich.

Vermehrung durch Stecklinge (vegetativ)

Wenn Samen nicht erhältlich sind, kann Coca durch Stecklinge vermehrt werden. Es gibt zwei Methoden, Stecklinge zu gewinnen. Methode A: Ein 10–20 cm langer Trieb wird abgeschnitten und einfach in den Boden gesetzt. Methode B: Ein Steckling von etwa 10 cm wird vom Strauch abgeschnitten, zwei Tage in ein Glas Wasser gestellt, um die Bewurzelung einzuleiten, und dann in frisches nährstoffreiches Substrat gesetzt. Das Wasser kann zur Sicherheit mit Wurzelhormonen präpariert werden – das ist allerdings Geschmackssache. Den Boden nun schön feucht halten (aber nicht zu sehr!), bis sich ein Wurzelsystem entwickelt. Diese Methode ist meist relativ rasch von Erfolg gekrönt, das heißt, die Pflanzen wachsen gut. Allerdings werden per Steckling vermehrte Cocapflanzen in den meisten Fällen keine keimfähigen Samen produzieren.

Standort und Pflegemaßnahmen

Obwohl Coca keine sensiblen Ansprüche an den Boden hat, mischen wir unser Substrat sorgfältig. Wir wählen zwei Teile einer kommerziellen Pflanzenerde, einen bis zwei Teile Mutterboden (am besten ein mit 50 Prozent Biokompost gemischter; gibt es auch in Baustoffmärkten) und einen Teil Perlit. Sand oder Vermiculit eignen sich nicht als Zuschlagstoffe, da diese Materialien klumpen und binden und somit den Wurzeln die Luft nehmen würden. Auch kalkhaltigen Boden verträgt Coca nicht. Auf den Grund der Töpfe gibt man eine 1–2 cm dicke Schicht Drainage aus grobkörnigem Kies (gewaschener Aquarienkies), um einen optimalen Wasserablauf zu gewährleisten. Ein Coca-Bauer würde sein Feld an einer Steigung wählen, damit Wasser adäquat ablaufen kann und seine Pflanzen nicht ertrinken; für unsere Topfkultur ist das Einbringen einer Drainage vollkommen ausreichend.

Sobald Wurzelstränge aus den Topflöchern an der Unterseite sprießen, wird es Zeit zum Umtopfen. Man sollte dabei darauf achten, die Wurzel nicht zu beschädigen. Im Allgemeinen heißt es, Coca benötige eine hohe Luftfeuchtigkeit. In der Praxis erweist sich *Erythroxylum coca*, wenn sie im Gewächshaus gehalten wird, als recht widerstandsfähig; sie kann im Prinzip auch mit nicht besonders hoher Luftfeuchte leben. Das ist aber nicht alles; Coca kann durchaus auch kurzzeitig niedrigere Temperaturen ertragen, solange diese den Gefrierpunkt nicht unterschreiten. Sofern sie genügend Wasser erhalten, können Cocapflanzen auch sehr hohe Temperaturen aushalten. Allerdings treffen diese Aussagen auf kräftige, reife Pflanzen zu, nicht unbedingt auf schwache Keimlinge. Außerdem sind auch zahlreiche Fälle bekannt, wo die Coca (sogar unter hervorragenden klimatischen Verhältnissen, z.B. auf den Kanaren) gar nicht gedeihen wollte. Trotzdem ist der Anbau in unseren Gefilden nicht per se unmöglich.

Die Pflanzungen sollten viel und oft gewässert werden. Wenn die oberen zwei Zentimeter Substrat durchtrocknet sind (mit dem Finger, einem Lineal oder einem Feuchtigkeitsmesser aus dem Gartenmarkt prüfen), kann wieder gewässert werden. Mindestens ein- oder zweimal im Monat sollte mit einem Universaldünger oder Pflanzenkompost gedüngt werden.

Coca-Strauch

TIPP Cocapflanzen werden sehr hoch, Coca-Bauern schneiden ihre Pflanzen zumeist auf eine Höhe von maximal 2 m. Das ist auch und gerade bei uns ratsam!

Überwinterung

Im Winter werden die Pflanzen ins Haus geholt, zurückgeschnitten und nur noch halb so viel oder gar weniger gewässert. *Erythroxylum coca* lässt sich also, entgegen der gängigen Ansicht, durchaus auch in Ländern mit fehlendem mediterranen, tropischen Klima vermehren. Wenn man die Pflanzen im Haus überwintert oder sogar mit Treibhaustechnik aufwarten kann, sollte es im Grunde fast überall wenigstens theoretisch möglich sein, Coca anzubauen, wenn auch nicht in großem Stil.

Krankheiten und Schädlinge

In unseren Breiten bedrohen die Spinnmilbe, die Heuschrecke und einige Käfer eine mögliche Cocapflanzung. Schimmelbefall ist ein eher geringes Problem. Sorgt man dafür, dass Gieß- und Regenwasser ordnungsgemäß ablaufen können, sollten Pilzkrankheiten die Pflanzen eigentlich nicht belasten.

Mythologie und Ritual

Die andinen Indianer sagen, dass die Coca, wenn sie richtig und respektvoll gekaut wird, Trauer und Schmerzen aufsauge und den Kauenden wie eine Mutter behüte.

JOHN W. ALLEN ZIT. IN RÄTSCH 2012: 251

Der rituelle Gebrauch der Coca-Blätter ist tief im lateinamerikanischen Alltag verankert.

Der rituelle Gebrauch der Cocapflanze kann in Südamerika über 5000 Jahre zurückverfolgt werden. Die Nutzung von *E. coca* in Ländern wie Bolivien und Peru erstreckt sich auf ein derart breites Anwendungsspektrum, wie man es sonst nur bei ganz wenigen Ritualpflanzen findet. Zum einen werden ihre Blätter im Kontext von Stammesfesten und anderen sozialen Anlässen eingesetzt. Zum anderen sind sie aber auch für alle schamanischen Opfer-, Orakel-, Initiations- und Heilrituale von unerlässlicher Relevanz.

Peruanische Schamanen inhalieren beispielsweise den aufsteigenden Rauch einer Coca-Räucherung so lange, bis sie in einen tranceartigen Bewusstseinszustand gelangen, aus welchem heraus sie divinieren und den Ursprung einer Krankheit erkennen können. Die Ausbildung zum »Coca-Wahrsager« nimmt viel Zeit in Anspruch und setzt ein hohes Maß an Empathie voraus (vgl. RÄTSCH 2012: 249).

In den Anden werden Coca-Blätter sehr häufig als Opfergeschenke für die Erdmutter Pachamama verwendet. Dies geschieht entweder in Form einer rituellen Räucherung oder die Blätter werden auf speziellen, dafür vorgesehenen Opferstätten abgelegt. Dabei handelt es sich meist um Steinhaufen, die *apacheta* genannt werden und sich häufig am höchsten Punkt einer Passstraße befinden.

Seltener werden die Blätter als rituelles Aphrodisiakum im Rahmen von Liebesritualen verwendet, denn Coca stärkt, wie die Indianer sagen, nicht bloß den Kontakt mit den Göttern, sondern auch zwischen den Menschen selbst.

Der rituelle Gebrauch der Cocablätter ist in Bolivien und Peru derart tief verankert, dass sie auch noch heute im alltäglichen Leben zahlreicher Lateinamerikaner allgegenwärtig und im Rahmen aller sozialen Angelegenheiten von herausragender Wichtigkeit sind.

«Man lädt sich gegenseitig zum Cocakauen ein, um dadurch einen sozialen Austausch herbeizuführen.» (RÄTSCH 2012: 248 f.)

Wirkung und Psychoaktivität

Das Kauen und Aussaugen der Cocablätter, meist in Kombination mit einer alkalischen Substanz (Asche, Kalk), sorgt primär für eine verstärkte Ausschüttung der endogenen Neurotransmitter Dopamin, Noradrenalin und Serotonin. Es verbessert die Aufnahme von Sauerstoff und hat darüber hinaus eine appetitstillende, blutzuckerregulierende, stimulierende und euphorisierende Wirkung.

Diese Wirkeigenschaften sind dafür verantwortlich, dass sich das Cocakauen vermutlich seit Jahrtausenden bei den südamerikanischen Andenbewohnern großer Beliebtheit erfreut, in erster Linie zur Erleichterung des mitunter sehr beschwerlichen Lebens in den sauerstoffarmen Höhen der Anden. Man kann sogar sagen, dass die Cocablätter für die andine Bergbevölkerung überlebenswichtig sind. Die Blätter gelten dort nicht als Droge, sondern als Nahrungsmittel. In Bolivien etwa sind Cocablätter auf jedem Markt zu Spottpreisen erhältlich.

Typisch für das Cocakauen ist, dass unmittelbar nach Einnahme die Mundschleimhaut taub wird. Je schneller das Taubheitsgefühl eintritt, desto besser die Qualität. Sobald der Mund taub zu werden beginnt, weiß der Konsument, dass sich kurz darauf eine milde Stimulation einstellen wird. Diese hält bis zu einer Stunde an und klingt danach wieder rasch ab. Bei regelmäßigem Gebrauch kann es aufgrund der aggressiven Wirkung auf die Mundschleimhaut zu Geschwüren und Wunden im Mund kommen. Bei gelegentlicher Einnahme ist Cocakauen aber eine sehr harmlose Angelegenheit und vergleichbar mit Teetrinken.

Medizinische Indikationen
In erster Linie sind die Blätter zur Behandlung von Schmerzen aller Art bekannt, daher auch die Bezeichnung »Anden-Aspirin«.

Neben der Verwendung als Analgetikum gibt es für die Cocablätter in der traditionellen Medizin Lateinamerikas eine ganze Reihe weiterer Indikationen: Asthma, Bronchitis, Durchfall, Erschöpfung, Geburtsschmerzen, Höhenkrankheit, Hungergefühle, Husten, Magenschmerzen, Müdigkeit, Neuralgien, Rheuma, Schwäche und Verdauungsstörungen.

Früher waren die Cocablätter auch in der europäischen Heilkunde offizinell (arzneilich), heute ist dies jedoch nicht mehr der Fall.

Zubereitungsformen (Auswahl)

Cocabissen Coca auf gleiche Weise wie die südamerikanischen Indianer zu kauen, ist gar nicht so einfach, wie man meint: Zunächst werden einige trockene Cocablätter in die Backentasche gestopft, reichlich mit Speichel angefeuchtet und zu Kugeln zusammengekaut. Dann wird die Kugel im Mund mehrmals mit einem in ungelöschten Kalk getauchten Stäbchen angestochen, damit die stimulierenden Alkaloide vom Blattmaterial getrennt werden und über die Mundschleimhaut resorbiert werden können.

Rauchware / Räucherwerk Zum Rauchen oder Räuchern werden die getrockneten Blätter verwendet. Die Wirkung kann zwar ebenfalls als leicht euphorisierend und stimulierend bezeichnet werden, fällt aber deutlich subtiler aus als beim Cocabissen. Auf energetischer Ebene wirkt eine Räucherung aus Cocablättern stark reinigend, aktivierend und harmonisierend, deswegen eignet sie sich hervorragend für sämtliche Ritualtypen.

Teeaufguss (Mate de coca) Ein Tee aus den Cocablättern ist in Peru das Nationalgetränk schlechthin. Dort und in Bolivien kann er sogar in fertig abgepackten Teebeuteln (Inhalt je Beutel: 1 g getrocknetes Blattmaterial) überall erworben werden. Die Wirkung von Mate de coca lässt sich mit einem starken Schwarztee vergleichen. Der Geschmack ist zwar nicht unangenehm oder gar ungenießbar, aber dennoch sehr gewöhnungsbedürftig.

Bonbons In Peru werden die sogenannten Coca Candys hergestellt, das sind Bonbons mit einem Blattextrakt der Coca-Pflanze. Die Candys bewirken beim Lutschen eine leichte Betäubung der Mundschleimhäute und wirken energetisierend.

Coca-Tee

Eschscholzia californica

Eschscholzia californica CHAMISSO
Kalifornischer Mohn

Gattung .... *Eschscholzia* CHAMISSO
Familie .... Papaveraceae JUSSIEU (Mohngewächse)

Der kalifornische Mohn, volkstümlich als Goldmohn bekannt, gehört zu jenen Ethnobotanika, über deren Verwendung als schamanische Ritualpflanze nur wenige Details vorliegen. *Eschscholzia californica* wird jedoch bereits seit prähistorischen Zeiten von nordamerikanischen Ureinwohnern zur Behandlung von Krankheiten eingesetzt, vor allem bei Schmerzen und Schlafstörungen. Im psychonautischen Untergrund gilt der kalifornische Mohn – der übrigens nebst diversen Alkaloiden in Spuren Morphin und Codein enthält und beruhigend, euphorisierend sowie leicht stimulierend wirkt –, als synergistisches und wirksames Cannabis-Additiv.

Ethnobotanisch Interessierte mit einem Faible für Mohngewächse sollten sich nicht scheuen, diese dekorative Pflanze mit den hübschen goldgelben bis orangefarbigen Blüten im Garten zu kultivieren. Die Pflanzen sind sehr pflegeleicht, so dass ihre Anzucht bei Berücksichtigung der grundlegenden Kulturhinweise auch dem unerfahrenen Gärtner problemlos gelingen sollte.

INFO Da die Pflanze weder unter die Bestimmungen des Betäubungsmittel- noch unter die des Arzneimittelgesetzes fällt, ist ihre Anzucht in Deutschland legal. Im Gegensatz zum Schlafmohn bedarf es auch bei größeren Anpflanzungen keiner Genehmigung.

Trivialnamen
Gelber Mohn, Goldmohn, Indianer-Mohn, Kalifornischer Klappmohn, Schlafmütze, Californian poppy (engl.)

Weitere für die Gartenkultur geeignete *Eschscholzia*-Arten
Eschscholzia caespitosa BENTH. Tufted poppy (engl.) • *Eschscholzia lemmonii* GREENE Lemmon's poppy (engl.) • *Eschscholzia lobbii* GREENE Pfannen-Goldmohn
Insgesamt umfasst die Gattung Eschscholzia etwa zehn gesicherte und botanisch beschriebene Spezies.

Botanik

Eschscholzia californica wächst einjährig (selten ausdauernd), erreicht eine Wuchshöhe von etwa 50 cm, trägt blaugrüne bis gräuliche, wechselständig angeordnete und gefiederte Blätter und bildet wie andere Mohngewächse eine tiefgründige Pfahlwurzel aus. Die leuchtenden, gelborangefarbigen Blüten, die endständig auf dünnen und langen Stielen sitzen, erscheinen zwischen Juni und August. Aus ihnen entwickeln sich die länglichen, spitz zulaufenden und nach oben abstehenden Samenschoten, in denen wiederum das braunschwarze, gemusterte Saatgut heranreift.

Vorkommen
 Die ursprüngliche Heimat des heutzutage weltweit kultivierten Goldmohns liegt im nördlichen Mexiko sowie im Westen Nordamerikas (Kalifornien u.a.). Er gedeiht bevorzugt auf sandigen und steinigen Böden.

Pflegeanleitung

Die Anzucht und Vermehrung des kalifornischen Mohns erfolgt grundsätzlich generativ, also durch gekauftes oder eigenhändig geerntetes Saatgut. Ausgesät wird ab April entweder direkt ins Freiland, in Töpfe, Balkonkästen oder als optisch reizvolle Lückenfüller zwischen Gehwegplatten.

TIPP Die Blühphase von *Eschscholzia californica* kann verlängert werden, wenn das verblühte Kraut zeitnah entfernt wird. Soll die Blütezeit gestaffelt werden, so dass nicht alle Pflanzen zeitgleich, sondern versetzt in die Blüte gehen, empfiehlt es sich, alle 1–2 Wochen nachzusäen.

Vermehrung durch Aussaat (generativ)

Ist eine Vorkultur im Haus angedacht, kann man bereits ab Februar aussäen. Dann können die Jungpflanzen 2–3 Monate später ausgepflanzt werden. Im Fall der Mohngewächse empfiehlt es sich jedoch, die Samen direkt an Ort und Stelle zu säen – entweder ins Beet oder in hohe Töpfe. Mohngewächse entwickeln nämlich eine empfindliche Pfahlwurzel und mögen es überhaupt nicht, wenn sie nach erfolgter Keimung pikiert und versetzt werden. Beim Auspflanzen von Jungpflanzen muss man behutsam vorgehen und darauf achten, dass die Pfahlwurzel zu keinem Zeitpunkt freiliegt, sondern während des Auspflanzens vollständig mit Erde bedeckt ist. Das vorgegrabene Einpflanzloch sollte bereits vorher gründlich bewässert werden.

Egal ob die Aussaat ins Beet, in große oder kleine (Anzucht-)Töpfe erfolgt, die Samen müssen grundsätzlich etwa 0,5 cm tief in die Erde gesteckt werden (Dunkelkeimer). Bei Temperaturen von 15–20 °C und gleichbleibender Substratfeuchte keimen sie innerhalb von 8–20 Tagen.

Standort und Pflegemaßnahmen

Sobald sich die jungen Pflanzen ab April/Mai im Freiland befinden, entweder als Beet- oder als Kübelpflanze, benötigen sie einen vollsonnigen Standort sowie einen durchlässigen, tiefen, lockeren und nährstoffarmen Boden. Bei schweren Böden sollte Sand untergemischt werden. Stehen die Pflanzen zu dicht beieinander, muss man gegebenenfalls etwas ausdünnen. Staunässe verträgt der kalifornische Mohn nicht. Auch Schatten sollte unbedingt verhindert werden.

Inhaltsstoffe

Im gesamten Pflanzenmaterial wurde eine Vielzahl von Alkaloiden identifiziert. In den Wurzeln beträgt ihr Gehalt bis zu 2,7 %, im getrockneten, während der Blütezeit geernteten Kraut liegt er bei rund 1 %. Zentraler Inhaltsstoff der Wurzel ist Allocryptin, im Kraut hingegen dominiert das Alkaloid Californidin.

Weitere Inhaltsstoffe sind (S)-Reticulin, Caryachin, Coptisin, Chelirubin, Chelilutin, Magnoflorin, Norargemonin, Protopin und Sanguinarin u. a., außerdem das Aporphin-Alkaloid N-methyllaurotetanin (NMT) sowie Flavonoide und Bitterstoffe.

Manche Pflanzen enthalten vermutlich Spuren von Morphin und Codein. Im Tierversuch wurde nachgewiesen, dass der Stoff (S)-Reticulin im Körper von Nagetieren in Morphin metabolisiert wird (FEDURCO et al. 2015).

Krankheiten und Schädlinge

Hat der Kalifornische Mohn gute Wachstumsbedingungen, sprich viel Sonne und einen geeigneten Boden, ist er weitgehend unanfällig für Krankheiten und Schädlinge und sehr pflegeleicht. Das Einzige, was die Pflanze vom Gärtner einfordert, ist mäßiges Gießen und eine liebevolle Beachtung. Eine Zufuhr von Dünger ist weder in der Vegetations- noch in der Blühphase vonnöten.

Samen ernten

Bei erfolgreicher Kultivierung, die auch dem Anfänger ohne Schwierigkeiten gelingen sollte, bietet es sich an, die Samenkörner eigenhändig zu ernten. Das spart nicht nur Geld, sondern stärkt auch die Beziehung zum Pflanzengeist. Für eine Selbstaussaat lässt man die Samenkapseln ganz einfach ungestört zu Ende reifen. Im Herbst platzen die Schoten seitlich auf, das winzige Saatgut fällt heraus und wird im folgenden Frühjahr ohne Zutun auflaufen.

Mythologie und Ritual

Aufgrund seiner langen Geschichte als wichtige indianische Heilpflanze kann zwar gemutmaßt werden, dass der Kalifornische Mohn möglicherweise auch in schamanischen Ritualen von Bedeutung war, eindeutige Belege fehlen jedoch. In psychonautischen Kreisen wird das getrocknete Kraut gelegentlich als Zutat für bewusstseinsverändernde Rauch- oder Räuchermischungen verwendet.

Wirkung und Psychoaktivität

Wer sich vom Goldmohn eine starke oder opiumähnliche Rauscherfahrung verspricht, wird enttäuscht sein. Die euphorisierenden, narkotisierenden und sedierenden Wirkkomponenten sind zwar spürbar, allerdings viel milder und im Verlauf deutlich subtiler als die von Opium (*Papaver somniferum*).

Die psychoaktiv wirksame Dosis beginnt bei 20–25 g des getrockneten Krautmaterials, weshalb zu psychoaktiven Zwecken am sinnvollsten ein Tee (250 ml Wasser) zubereitet wird. Zum Rauchen oder Räuchern sind derartige Dosierungen ungeeignet, es sei denn, sie werden zwecks synergistischer Wechselwirkungen mit anderem Rauch- oder Räucherwerk kombiniert. Denn dazu reichen in der Regel bereits kleinere Mengen völlig aus. Es scheint, als entfalte der Geist des Goldmohns seine besonderen Kräfte vor allem dann, wenn er kombiniert wird, also im Bündnis mit anderen Pflanzengeistern auftritt.

Auf der energetischen Ebene wirkt der Goldmohn stark ausgleichend, harmonisierend und reinigend, weshalb er sich auch in subpsychoaktiver Dosierung hervorragend als Räucherpflanze eignet. Auf der physischen Ebene bewirkt die Einnahme des Goldmohns diuretische (entwässernde) und spasmolytische (krampflösende) Effekte.

Zubereitungsformen

Phyto-Inhalation Das getrocknete Kraut lässt sich gut vaporisiert verwenden, am besten kurz vor dem Zubettgehen. Je länger die verdampften Wirkstoffe in der Lunge bleiben, desto intensiver die Wirkung.

Rauchware Allein oder in Kombination mit weiteren Rauchpflanzen wird das getrocknete und zerkleinerte Kraut in einer Zigarette oder einer Pfeife geraucht. Der Rauch des Goldmohns schmeckt zwar nicht sonderlich angenehm, lässt sich aber dennoch gut inhalieren. Eine stark psychoaktive Wirkung darf man von einer Goldmohn-Zigarette nicht erwarten; eine milde Beruhigung und sanfte Entspannung aber durchaus.

Räucherwerk Als rituelles Räucherwerk, das dabei helfen kann, Energien zu harmonisieren und die Geister und Götter wohlgesonnen zu stimmen, ist das getrocknete, zerkleinerte und eventuell gemahlene Goldmohnkraut sehr gut geeignet, genau wie für die beruhigende Einschlafräucherung.

Tee Die geläufigste Form der Zubereitung ist das Aufgießen eines Tees. Hierzu werden 2–4 Teelöffel (etwa 4–8 g) des getrockneten Goldmohnkrauts für eine therapeutische Dosis mit 250 ml kochendem Wasser übergossen. Für deutlich spürbare psychoaktive Zwecke werden üblicherweise Dosierungen von rund 25 g benötigt. Die Ziehzeit beläuft sich auf 10–15 Min. Es gilt: Je länger der Tee zieht, desto stärker die Wirkung und der bittere Geschmack.

Tinktur Die Tinktur ist die wirksamste Zubereitungsform. Eine beliebige Menge des getrockneten und zerkleinerten Goldmohnkrauts wird in ein verschließbares Gefäß gefüllt und solange mit einem hochprozentigen Alkohol übergossen, bis das Krautmaterial vollständig mit Flüssigkeit bedeckt ist. Das verschlossene Glas für 1–2 Wochen an einen dunklen Ort stellen und täglich mindestens einmal kräftig schütteln. Nach dem Filtern wird die Mischung auf einen tiefen Teller geschüttet, dort für 1–2 Tage belassen und dann in dunkle Apothekerfläschchen gefüllt. Durch die Verdunstung des Alkohols erhöht sich die Potenz der Tinktur. Ein paar Tropfen vor dem Zubettgehen sind eine wunderbare Einschlafhilfe.

Medizinische Indikationen
Sowohl in der indianischen Volksmedizin als auch in der Homöopathie behandelt man Angstzustände, depressive Verstimmungen, innere Unruhe, Schlafstörungen und Schmerzen mit Goldmohn-Zubereitungen. Äußerlich, meist in der Darreichung eines Dekokts, wird Kalifornischer Mohn zur Behandlung von Kopfläusen eingesetzt. Die traditionelle indianische Volksmedizin kennt das Auskauen der frischen Früchte als wirkungsvolle Methode gegen Zahnschmerzen.

Während der Schwangerschaft sollte auf die medizinische Anwendung des Goldmohns verzichtet werden.

Geschnittenes Goldmohnkraut

TIPP Der Geruch geräucherten Goldmohnkrauts erinnert an verbranntes Heu. Es empfiehlt sich, es zu gleichen Teilen mit anderen Räucherstoffen zu mischen, etwa mit Beifuß (*Artemisia* spp.), Baldrian (*Valeriana officinalis*), Benzoe (*Styrax* spp.), Damiana (*Turnera diffusa*), Fliegenpilz (*Amanita muscaria*), Giftlattich (*Lactuca virosa*), Hopfen (*Humulus lupulus*), Maidalnüssen (*Catunaregam spinosa*), Mariengras (*Hierochloe odorata*), Mulungu (*Erythrina mulungu*) oder Weißem Salbei (*Salvia apiana*).

Hyoscyamus niger

Hyoscyamus spp.   Bilsenkräuter

Gattung .... *Hyoscyamus* LINNÉ (Bilsenkräuter)
Familie .... Solanaceae JUSSIEU (Nachtschattengewächse)

Für unsere heidnischen Vorfahren, für die weisen Frauen und Schamanen, war das Bilsenkraut ein Schlüssel zur Anderswelt. Die im richtigen Umgang Unterwiesenen konnten damit das Totenreich besuchen, die Göttersphäre oder auch die Elementarwesen. STORL 2000: 14 F.

Spezies der Gattung *Hyoscyamus* sind im Schamanengarten sozusagen unerlässlich. Das Bilsenkraut gehört zu Europas ältesten Hexen- und Schamanenpflanzen, und sein ritueller Gebrauch kann bis in die Antike zurückverfolgt werden: Im alten Griechenland wurde das Bilsenkraut *Apollinaris* und *Pythoion* genannt, was klar auf den Rauschkult von Apollo sowie die wahrsagende Pythia von Delphi hinweist. Anderenorts dient(e) die Pflanze als bewusstseinsverändernde Zutat für Rauch- und Räuchermischungen, als Orakelpflanze, als Bier- und Wein-Additiv und als Zusatz der berühmt-berüchtigten Hexensalben.

Wer die Pflanze erfolgreich im Garten kultiviert, spürt sehr schnell die besondere Kraft, die von der Pflanze ausgeht, und ihre mächtige, respekteinflößende Aura. Da der Pflanzengeist extrem kraftvoll ist und bei unsachgemäßer Verwendung gefährlich werden kann, darf das Bilsenkraut nicht zur inneren Anwendung empfohlen werden – es sei denn in homöopathischer Dosierung für medizinische Zwecke. Für schamanische Reisen reicht es in der Regel aus, sich einfach neben die Pflanze zu setzen, etwas von ihrem Kraut oder ihren Samen zu räuchern und sich meditativ auf den Pflanzengeist einzustimmen. Man kann dabei die an eine Art Himmelsleiter erinnernden Rispen des Bilsenkrauts im Geist visualisieren und an ihnen hinaufklettern, um so Stufe für Stufe immer weiter in andersweltliche Gefilde vorzustoßen.

Hyoscyamus-niger-*Rispe mit Samenkapseln*

Trivialnamen
Hyoscyamus albus Altersum, Apollinaris, Gelbes Bilsenkraut, Helles Bilsenkraut, Weißes Bilsenkraut ✦ *Hyoscyamus muticus* Bhang, Egyptian Henbane, Mountain Hemp (engl.), Sekaran (»die Berauschende«), Traumkraut ✦ *Hyoscyamus niger* Apollonienkraut, Becherkraut, Dollkraut, Gemeines Bilsenkraut, Hexenkraut, Hühnertot, Rasewurzel, Schlafkraut, Teufelsauge, Tollkraut, Totenblumenkraut, Zahnwehkraut, Zigeunerkraut, Black Henbane (engl.)

Für die Gartenkultur geeignete Hyoscyamus-Arten
Hyoscyamus albus LINNÉ Gelbes Bilsenkraut ✦ *Hyoscyamus muticus* LINNÉ Ägyptisches Bilsenkraut ✦ *Hyoscyamus niger* LINNÉ Schwarzes Bilsenkraut

Weitere ethnobotanisch relevante Spezies
Hyoscyamus aureus LINNÉ Goldenes Bilsenkraut ✦ *Hyoscyamus bohemicus* F. W. SCHMIDT Böhmisches Bilsenkraut ✦ *Hyoscyamus boveanus* (DUNAL) ASCHERS. EX SCHWEIFURTH ✦ *Hyoscyamus desertorum* BOISS. Wüstenbilsenkraut ✦ *Hyoscyamus physaloides* LINNÉ (Syn. *Physochlaina physaloides*) ✦ *Hyoscyamus pusillus* LINNÉ
Insgesamt umfasst die Gattung der Bilsenkräuter 23 Arten sowie zahlreiche Varietäten.

Vorkommen

Bilsenkraut wächst in Europa, Asien, Nordafrika, Nordamerika sowie in Australien. Als Standort bevorzugt es Weg- und Straßenränder, Brachland, Hänge und Schuttgelände. Als Wildpflanze ist das Bilsenkraut heutzutage jedoch eine Seltenheit.

Hyoscyamus-niger-*Samenkapseln, geschlossen (oben) und geöffnet (unten)*

Botanik

Abhängig von der jeweiligen Art kann sich das Aussehen, im Besonderen aber die Blattform und Blütenfarbe, leicht unterscheiden. *Hyoscyamus niger*, die in Europa heimische und am leichtesten kultivierbare Spezies, wächst ein- bis zweijährig, verströmt einen charakteristischen Geruch und erreicht eine Wuchshöhe von 30–80 cm. Sie hat gelappte, klebrig-zottig behaarte Blätter, eine helle, trichterförmige, schmutziggelbe Blütenkrone mit dunklen Adern und einem glockenförmigen, gezähnten Kelch. Die nierenförmigen, braunschwarzen Samen sind in den zweifächrigen Deckkapseln zu finden. Eine Kapsel kann über 200 Samen enthalten. Die Blütezeit ist von Juli bis September. Das reife Saatgut wird ab August geerntet.

Pflegeanleitung

Die Anzucht des Bilsenkrauts ist nicht sonderlich schwierig und gut für Anfänger geeignet. Vermehrt wird grundsätzlich generativ, sprich durch Saatgut. Dieses befindet sich üblicherweise im festen Angebot ethnobotanischer Samenhändler.

Vermehrung durch Aussaat (generativ)

Die Aussaat kann ab April direkt an Ort und Stelle ins vorbereitete Beet erfolgen, allerdings stehen die Chancen für eine erfolgreiche Bilsenkrautkultur meist besser, wenn die Pflanzen ab März zunächst in einer Saatschale auf einer warmen Fensterbank im Haus vorgezogen werden. Dazu werden die winzigen Samen einfach auf Anzuchterde gestreut und mit dieser leicht überdeckt. Das Substrat muss gleichbleibend feucht gehalten werden, worauf sich bei Zimmertemperatur nach frühestens 10 Tagen (eher später) die ersten Keimlinge zeigen. Sobald die ersten Blattpaare vorhanden sind, werden die Jungpflanzen pikiert und in breite, hohe Töpfe oder ins Beet gepflanzt. Wichtig ist, dass die Wurzel ausreichend Bewegungsfreiheit hat, denn sonst wächst die Pflanze sehr mickrig. Ein Zimmergewächshaus oder das Überstülpen einer Plastiktüte ist bei der Vorkultur des Bilsenkrauts nicht nötig.

Bilsenkraut pikieren

Die jungen Keimlinge des Bilsenkrauts sind sehr empfindlich und mögen es überhaupt nicht, wenn sie pikiert oder umgepflanzt werden. Sofern die Aussaat nicht direkt an Ort und Stelle erfolgt ist, sondern im Haus vorgezogen wurde, muss man bei dieser Prozedur sehr vorsichtig sein und ein paar grundlegende Punkte beachten, sonst gehen die zarten Pflänzchen schnell ein.

1. Pikiert wird am besten mit einem Teelöffel. Damit werden die Keimlinge samt Wurzel und Substrat ausgehoben.
2. Das kleine Pflanzloch im Beet oder Topf, in das der Keimling eingepflanzt werden soll, muss vorher großzügig befeuchtet werden.
3. Das Einpflanzen muss vorsichtig erfolgen. Die Wurzel darf nicht beschädigt werden.
4. Der Keimling benötigt sofort viel Sonnenlicht, deshalb ist der beste Zeitpunkt zum Pikieren der späte Morgen. So erhält der Keimling die komplette Mittagssonne.

Werden diese vier Punkte beachtet, sollte das Pikieren gelingen, ohne dass die Pflanzen Schaden davontragen. Nichtsdestotrotz kann es passieren, dass die Keimlinge nach dem Pikieren zeitweise die Köpfe hängen lassen. Bei ausreichend Feuchte (keine Staunässe) und viel Sonnenlicht erholen sie sich aber in der Regel innerhalb weniger Stunden.

Hyoscyamus-niger-*Keimling*

Hyoscyamus spp.

Hyoscyamus-niger-*Pflanze*

Standort und Pflegemaßnahmen

Egal ob das Bilsenkraut im Beet oder im Topf kultiviert wird, es braucht unbedingt einen vollsonnigen Standort sowie einen stickstoffreichen Boden. Eine regelmäßige Zufuhr eines biologischen Stickstoffdüngers oder einer guten Portion Mist ist daher sehr wichtig – besonders dann, wenn der Boden nicht ausreichend Nährstoffe bietet. Gegossen wird am frühen Abend, immer dann, wenn die oberste Erdschicht trocken ist. Vor Staunässe muss das Bilsenkraut unbedingt geschützt werden, da sonst Wurzelfäulnis droht.

Krankheiten und Schädlinge

Die größte Gefahr für junge Bilsenkräuter sind Schnecken. Sobald die Pflanzen eine bestimmte Größe erreicht haben, werden sie für die Kriechtiere aber uninteressant. Daneben ist es möglich, wenn auch eher selten, dass die Pflanzen von Kartoffelkäfern, Erdflöhen oder dem Mehltau geschädigt werden. Meist ist dies nur dann der Fall, wenn die Standortbedingungen ungünstig sind, sprich: zu kalt, zu dunkel oder zu feucht.

Samen-Ernte

Sobald die Samenkapseln ausgereift sind, können sie abgeschnitten und gesammelt werden. Die Samenkörner werden entweder mit den Fingern entnommen oder die Samenkapseln werden ausgeschüttelt/ausgesiebt und das Saatgut aufgefangen. Grundsätzlich sollten während der Saatguternte Handschuhe getragen werden, weil die Finger ansonsten schnell verkleben. Bei sensiblen Personen können über die Haut aufgenommene Tropane zudem bereits leichte wahrnehmungsverändernde Effekte bewirken.

Mythologie und Ritual

Die Arten der Gattung *Hyoscyamus* gehören zu den ältesten europäischen Reisepflanzen und Ritualdrogen. Sie wurden primär dann eingesetzt, wenn ein Mensch eine Reise in die Anderswelt beabsichtigte.

Bei den Kelten, für die das Bilsenkraut eine der heiligsten Zauberpflanzen gewesen ist, war es offenbar nicht unüblich, dass Druiden und Barden mit Hilfe des inhalierten Rauchs von Bilsenkrautsamen erweiterte Bewusstseinszustände herbeiführten oder sich mit Bilsenkraut-Wein in einen todesähnlichen Dreitagesschlaf versetzten. Während der Anwender für Außenstehende beim Schlafen wie ein Toter wirkte, befand er sich auf Astralreisen in anderen Welten, aus denen er meist mit neu gewonnenen Einsichten und Informationen zurückkehrte, die beispielsweise für das Wohlergehen seines Stammes oder für die Heilung von Kranken förderlich waren.

Inhaltsstoffe

 Bilsenkraut enthält die Tropanalkaloide Hyoscyamin, Atropin und Scopolamin sowie geringspurig Apoatropin, Aposkopolamin, Belladonnin, Cuskohygrin, Tigloidin und Tropin. Daneben enthält die Pflanze Flavonoide (Rutin und andere), Gerbsäure, Gerbstoffe sowie Spuren diverser Cumarinderivate. Der Wirkstoffgehalt ist in den Samen, den Blättern und den Wurzeln am höchsten. Jedoch können auch die anderen Pflanzenteile bei unsachgemäßer Anwendung Vergiftungserscheinungen induzieren.

Hexenküche (Darstellung aus dem 15. Jh.)

Medizinische Indikationen
Bilsenkraut ist in der europäischen sowie in der chinesischen, marokkanischen, nepalesischen und nordindischen Volksmedizin als Heilmittel zur Behandlung von Asthma und Zahnschmerzen bekannt. Im alten Europa wurden Zubereitungen aus Bilsenkraut darüber hinaus bei Keuchhusten, Neuralgien, schmerzhaften Magenkrämpfen sowie als Anästhetikum bei operativen Eingriffen verordnet.

Hildegard von Bingen empfahl es außerdem als Antidot bei einem zu starken Alkoholrausch; Kehle, Stirn und Schläfen wurden leicht mit einem wässrigen Auszug eingerieben bzw. angefeuchtet.

In der Homöopathie wird *Hyoscyamus niger* zur Behandlung von Epilepsie, innerer Unruhe, krampfartigen Hustenanfällen, Schlafstörungen, Schluckauf und spastischen Zuckungen empfohlen. Eine schulmedizinische Anwendung erfährt das Bilsenkraut heutzutage nicht mehr.

Im europäischen Mittelalter wurden Bilsenkrautsamen in Badehäusern gelegentlich auf die glühende Kohle gestreut, um die erotische Atmosphäre ein wenig anzuheizen. Denn in kleinen Dosierungen wirkt Bilsenkraut aphrodisisch, genau wie die anderen psychoaktiven Solanazeen. Es gibt auch Spekulationen über Bilsenkraut im europäischen Mittelalter als wichtiges Orakelwerkzeug und als potente Zutat der Hexensalben. Bis heute ist aber kein einziges Originalrezept einer psychoaktiven Hexensalbe aufgetaucht; alle Angaben darüber beruhen also auf wissenschaftlichen Spekulationen. Sicher ist jedoch, dass Bilsenkraut zur damaligen Zeit in einigen Regionen häufig als Bier-Additiv diente. Die tschechische Stadt Pilsen, aus der das Pilsener kommen soll, hat ihren Namen höchstwahrscheinlich dem Kraut zu verdanken, das so gerne ins Bier gemischt wurde – und folglich auch das Pilsener-Bier selbst. Pilsenbier ist Bilsenbier.

In Indien, besonders im südlichen Kaschmir, werden die halluzinogenen Blätter der Shiva geweihten Pflanze – meist in Kombination mit Cannabis und Tabak – gelegentlich von einigen Sadhus geraucht, ebenso wie die Blätter der stärker wirksamen *Datura metel*. Derartige Rauchmischungen induzieren einen starken Rausch sowie eine Hyperthermie (Überhitzung des Körpers), die für den Ungeübten zwar höchst unangenehm, von den Sadhus aber gewollt ist – sonst würden sie, während sie einen ganzen Winter lang nackt oder nur mit einem dünnen Tuch bekleidet in eisigen Himalayahöhen meditierend im Schnee sitzen, aller Wahrscheinlichkeit nach erfrieren.

Nepalesische Schamanen rauchen zu bestimmten rituellen Anlässen *Angeris*, gedrehte Zigaretten aus den Blättern des Angeribaums, gefüllt mit selbstgezogenem Tabak und Bilsenkraut.

Wirkung und Psychoaktivität

Die Wirkmechanik von Scopolamin und Hyoscyamin beruht primär auf einer Hemmung der Acetylcholinrezeptoren, wodurch es zu parasympatholytischen Effekten und in höherer Dosierung auch zu Halluzinationen kommt.

»*Wer die Pflanze psychonautisch erkunden will, sollte sie besser nicht innerlich einnehmen.*« (RÄTSCH 2009: 77). Wer es dennoch tut, muss mit echten Halluzinationen rechnen, also mit illusorischen Trugbildern, die völlig real erscheinen und bis zu drei Tage lang andauern können. Zudem können unangenehme Nebenwirkungen eintreten, die im schlimmsten Falle zum Tod führen. Deshalb sollte dieser Pflanze nur mit dem allerhöchsten Respekt begegnet werden. Jeder, der schon einmal die unangenehmen Nebenwirkungen zu spüren bekommen hat – Austrocknung der Schleimhäute, Hyperthermie, Wahnsinn, Hautbrennen, tagelange Sehstörungen, schmerzhafte Schluckbeschwerden, Bewusstlosigkeit, Angst- und Panikattacken sowie Muskelstörungen –, bereut es im Nachhinein zutiefst, dem Bilsenkraut nicht den nötigen Respekt gezollt zu haben. Genauso verhält es sich natürlich auch mit den anderen scopolamin- und hyoscyaminhaltigen Nachtschattengewächsen.

Hyoscyamus spp.

Hyoscyamus-niger-*Blüte*

Gering dosiert und nicht oral eingenommen, wirkt Bilsenkraut wesentlich sanfter, wenn es geraucht oder geräuchert wird. Zu Halluzinationen kommt es nach dem Rauchen nicht, wenn der Anwender respektvoll vorgeht und es nicht übertreibt. Stattdessen beschreiben Konsumenten sehr häufig aphrodisierende, entspannende, euphorisierende, meditationsfördernde und trauminduzierende Effekte. Auffällig ist, dass die Inhalte von Bilsenkraut-Träumen meist erotischer Natur sind.

Da jede Person unterschiedlich reagiert und die Wirkstoffkonzentrationen von Pflanze zu Pflanze variieren, kann nicht exakt bestimmt werden, welche Anzahl Samen eine bestimmte Wirkung hervorruft. »*In Marokko sagt man, dass die Menge, die man zweimal mit den Fingerspitzen aufnehmen kann, halluzinogen wirkt.*« (VRIES 1984). Die letale Dosis Hyoscyamin liegt bei erwachsenen Personen bei 60–100 mg.

Zubereitungsformen

Räucherwerk Meist finden nur die Samen den Weg in die Räuchermischung, aber eigentlich kann das ganze Kraut verwendet werden; in niedriger Dosierung beispielsweise als Ingredienz aphrodisierender Liebesräucherungen, in stärkerer Konzentration zur Unterstützung von Astralreisen oder zur Kontaktaufnahme mit den Ahnen und Naturgeistern.

Rauchware Zu medizinischen Zwecken, etwa zur Therapie von Asthma und anderen Bronchialerkrankungen, aber auch zu Rauschzwecken war es einstmals nicht unüblich, die getrockneten Blätter oder Samen zu rauchen. Bilsenkraut induziert dosisabhängig zwar auch in gerauchter Applikation psychoaktive Effekte, allerdings weniger heftig, als es von einer oralen Einnahme (Tee und anderes) zu erwarten ist. Unangenehme Nebenwirkungen wie eine trockene Kehle und schmerzhafte Schluckbeschwerden sind aber auch nach dem Rauchen denkbar – meist allerdings nur in Folge höherer Dosierungen.

Aphrodisische Extrakte Es ist möglich, aus Bilsenkraut einen öligen Extrakt herzustellen, der in geringer Menge vor dem Liebesspiel auf die Genitalien beider Partner aufgetragen wird und das Lustempfinden erheblich steigert.

Notfallmaßnahmen im Fall einer Vergiftung

 Bei einer versehentlichen Einnahme oder Überdosierung muss unbedingt ärztliche Hilfe geholt werden. Denn nur ein Arzt darf bei einer Bilsenkraut-Intoxikation das Antidot (Gegenmittel) Physostigmin geben. Für die laienhafte Erstversorgung eignet sich die Gabe von Aktivkohle und Natriumsulfat. Das Auslösen von Erbrechen ist heute eine sehr umstrittene Methode.

Ipomoea violacea

Ipomoea spp.   Prunkwinden

Gattung .... *Ipomoea* Linné (Prunkwinden)
Familie .... Convolvulaceae Jussieu (Windengewächse)

Prunkwinden sind wunderbare Zierpflanzen mit herrlich anzusehenden Blüten, tragen häufig ein herzförmiges Blattwerk und sind aufgrund ihres rankenden und dichten Wuchsverhaltens im Schamanengarten besonders gut als Sichtschutz und als Begrünung von Spalieren, Gartenhauswänden, Mauern, Geländern, Lauben und Zäunen geeignet.

Von den insgesamt 500 Spezies der Gattung *Ipomoea* sind zwar zahlreiche Arten als wichtige Nahrungs- oder magische Heilpflanzen ethnobotanisch relevant, im schamanisch-spirituellen Kontext gibt es unter den Prunkwinden allerdings nur eine Spezies, die sich aufgrund ihres Gebrauchs als bewusstseinsverändernde Ritualpflanze von den anderen Arten abhebt: *Ipomoea violacea*, die Himmelblaue Prunkwinde, auch als Trichterwinde oder »Morning Glory« bekannt. Ihre Samen wurden schon von den Azteken als rituelles Entheogen verwendet; möglicherweise sind sie identisch mit dem mexikanischen *tlitliltzin*, einem traditionell-rituellen Berauschungsmittel.

Noch heute wird *I. violacea* als wichtige Kraftpflanze in rituellen Settings von den Chinanteken, den Lakandonen, den Mazateken, den Mixe, den Zapoteken und anderen eingesetzt.

Deshalb konzentriert sich diese Monographie auf die Himmelblaue Prunkwinde. Die Anzucht anderer Windenarten ist jedoch nicht weniger lohnenswert. Im Gegenteil: Je mehr *Ipomoea*-Arten im Garten gedeihen dürfen, desto größer die Farbvielfalt und umso schöner der Garten.

Vorkommen

Die Heimat der Himmelblauen Prunkwinde liegt in den Tropen Mexikos. Als dekorative Gartenzierde ist die Pflanze heutzutage allerdings weltweit verbreitet.

Für die Gartenkultur geeignete *Ipomoea*-Arten und ihre Trivialnamen (die fettgedruckten Spezies enthalten Ergolinderivate/Mutterkornalkaloide)
Ipomoea aquatica Forssk. Wasserspinat ♦ *Ipomoea batatas* (Linné) Poiret Süßkartoffel, Weiße Kartoffel ♦ ***Ipomoea carnea*** Jacquin Strauchige Prunkwinde, Manjorana ♦ ***Ipomoea coccinea*** Linné Scharlachrote Prunkwinde ♦ *Ipomoea indica* (Burm f.) Merr (Syn. *I. learii* Lindley) Blue down flower (engl.) ♦ ***Ipomoea hederacea*** Jacquin Efeu-Prunkwinde, Japanische Winde ♦ ***Ipomoea leptophylla*** Torrey Buschige Prunkwinde ♦ ***Ipomoea muelleri*** Benth. Poison Morning Glory (engl.) ♦ ***Ipomoea muricata*** (Linné) Jacquin Lakshmana, Lavendelfarbene Mondblume ♦ *Ipomoea pes-caprae* (Linné) Brown Strandwinde, Ziegenfuß-Prunkwinde ♦ *Ipomoea purpurea* (Linné) Roth Purpur-Prunkwinde (enthält möglicherweise Mutterkornalkaloide) ♦ *Ipomoea sepiaria* Koenig ex Roxb. ♦ ***Ipomoea violacea*** Linné (Syn. *I. tricolor* Cavanilles) Himmelblaue Prunkwinde, Kaiserwinde, Trichterwinde, Morning glory (engl.).
Insgesamt umfasst die Prunkwinden-Gattung über 500 Spezies.

Botanik

Ipomoea violacea ist eine Schlingpflanze, deren verzweigte Ranken sich wie dünne Ästchen um die Kletterhilfe legen und eine Länge von 3 m erreichen. In tropischen Gebieten ist die Himmelblaue Prunkwinde mehrjährig und blüht das ganze Jahr hindurch. Aufgrund ihrer Frostempfindlichkeit hat die Pflanze in gemäßigten Zonen allerdings eine Lebensdauer von nur einem Jahr, was gleichermaßen auf die meisten anderen Windengewächse zutrifft.

Die Blätter sind herzförmig zugespitzt, länglich, grün und haben eine Größe von maximal 10 cm. Die dekorativen Blüten, die in mitteleuropäischen Breitengraden in der Zeit von Juli bis Oktober erscheinen, sind trichterförmig, 8 cm breit und leuchtend violett. Die Blüten gezüchteter Prunkwinden können auch weiß, blau oder rosa sein. Sie entrollen sich am Morgen und sind meist am Nachmittag schon abgeblüht. Die Samenkörner sind etwa 7 mm lang und 4 mm breit, dreieckig, schwarz und reifen in kugeligen Fruchtkapseln heran.

Ipomoea-violacea-*Blüte*

Ipomoea-violacea-*Samen*

Pflegeanleitung

Am einfachsten lassen sich Prunkwinden-Arten durch Samen vermehren. Diese gehören meist zum festen Sortiment eines jeden ethnobotanischen Fachhändlers und können selbst über den konventionellen Blumenladen leicht bezogen werden. Prunkwinden werden ab März entweder zunächst im Minigewächshaus auf der warmen Fensterbank vorgezogen oder sie werden ab Mai direkt ins Freiland an Ort und Stelle gesät – ins Beet, in den Kübel oder in die hängende Blumenampel.

Vermehrung durch Aussaat (generativ)

Bevor die dunkelkeimenden Prunkwinden-Samen 0,5 bis 1 cm tief in handelsübliche oder selbsthergestellte Anzuchterde gesteckt werden, empfiehlt es sich zwecks Erhöhung der Keimfähigkeit, sie zunächst über einen Zeitraum von 12–24 Stunden in lauwarmem Wasser einweichen bzw. vorquellen zu lassen. Bei Temperaturen um die 20 °C und gleichbleibender Substratfeuchte zeigen sich nach etwa 2 Wochen die ersten Sämlinge, die sobald die ersten Blattpaare ausgebildet sind, pikiert und einzeln – maximal zu dritt – in größere Töpfe gepflanzt werden. Ab April/Mai werden die jungen Pflanzen ins Freiland gesetzt. Es wird ein Pflanzabstand von jeweils 30 cm empfohlen.

Standort und Pflegemaßnahmen

Am besten bekommt die Prunkwinde einen etwas windgeschützten, vollsonnigen Platz im Garten. *Ipomoea*-Arten wachsen zwar auch im Halbschatten, entwickeln dann aber deutlich weniger und kleinere Blüten.

Da die Prunkwinden einen hohen Wasserbedarf haben, sollte man an heißen und trockenen Sommertagen reichlich gießen, sonst beginnen die herzförmigen Blätter schnell zu welken. Anhaltende Staunässe muss jedoch unbedingt vermieden werden, weshalb nur tiefe und gelöcherte Töpfe verwendet werden dürfen. Im Untersetzer angesammeltes Gießwasser muss man umgehend abschütten.

TIPP Die Blühfreudigkeit der Pflanze lässt sich dadurch erhöhen, dass verwelkte Blüten umgehend abgeknipst werden.

Ipomoea spp.

> **PRAXIS-TIPP** Rankhilfen selber bauen
>
> Als Rankhilfen kommen sämtliche Zaunarten, Pergolen sowie Fallrohre an der Hauswand in Betracht. Stehen diese Kletterhilfen nicht zur Verfügung oder befinden sie sich möglicherweise an einem für die Pflanze ungünstigen Standort (beispielsweise im Schatten), dann empfiehlt es sich, das Klettergerüst selber zu bauen.
>
> Dabei sind der Fantasie und der Kreativität keinerlei Grenzen gesetzt. Man kann beispielsweise Bambusstäbe oder Strauch- und Astschnitt aus dem Vorjahr verwenden, die man zu einem Gitter verschnürt.
>
> Alternativ ist es auch möglich, biegsame Weidenäste zu einer Spirale zu formen – was besonders für einen Schamanengarten passend erscheint – und die Kletterpflanzen daran emporwachsen zu lassen. Eine sehr schnelle Möglichkeit ist es, einfach ein Seil oder eine Schnur zu spannen.

Was die Bodenqualität betrifft, ist die Prunkwinde recht anspruchslos. Für die Topfkultur kann zum Beispiel handelsübliche und selbstgemischte Blumenerde verwendet werden, bei der Anzucht im Garten ist der mit etwas Kompost angereicherte Gartenboden für einen optimalen Wuchs meist völlig ausreichend. Wichtig ist nur, dass der Boden durchlässig und tendenziell eher locker ist, so dass die tief wachsenden Wurzeln keine Schwierigkeiten haben, sich ungestört auszubreiten. Ich habe schon Prunkwinden-Spezies gesehen, die selbst in nährstoffarmen Kiesbeeten wunderbar gediehen sind.

Grundsätzlich wächst die Prunkwinde auch ohne die Zufuhr von Dünger, allerdings gedeiht sie schneller und üppiger, wenn sie etwa alle zwei Wochen eine Nährstoffzufuhr bekommt, am besten mit einem biologischen Dünger, der über einen hohen Kaliumanteil verfügt.

Ganz gleich, ob die Prunkwinde ins Beet oder in Kübel gepflanzt wurde, sie benötigt aufgrund ihres rankenden Wuchsverhaltens grundsätzlich eine Rankhilfe. Sonst klettert sie an benachbarten Pflanzen hoch, wodurch diese möglicherweise einen Schaden davontragen oder sogar absterben können. Daher ist es sinnvoll, wenn man dieser schnellwachsenden Pflanze von vornherein eine Rankhilfe zur Verfügung stellt.

Ipomea-purpurea-*Trieb*

Überwinterung

Da *Ipomoea*-Arten in Deutschland aufgrund ihrer extremen Frostempfindlichkeit meist als einjährige Pflanzen gehalten werden, stellt sich die Frage nach der Überwinterung in der Regel nicht. Üblich ist es, die Samen im Herbst eigenhändig zu ernten und im Folgejahr wieder auszusäen. Dazu werden die Samen einfach aus der ausgereiften Fruchtkapsel genommen und den Winter über an einem dunklen, kühlen und trockenen Ort aufbewahrt.

Krankheiten und Schädlinge

Bei optimalen Klima- und Standortbedingungen sind Spezies der Gattung *Ipomoea* relativ resistent gegenüber Krankheits- oder Schädlingsbefall. Manchmal werden die Blätter der Prunkwinde von der Obstbaumspinnmilbe (»Rote Spinne«) befallen, welche aber mit Hilfe von Raubmilben oder Marienkäfern leicht zu beseitigen ist. Sind die Blätter der Prunkwinde sehr trocken und verfärben sich gelb, ist das häufig ein sicheres Zeichen dafür, dass die Pflanze von der Weißen Fliege befallen wurde. Als biologische Bekämpfungsmittel eignen sich Schlupf- und Erzwespen.

Inhaltsstoffe

 Die Samen enthalten als psychoaktiven Hauptinhaltsstoff das Lysergsäurederivat Ergin (= LSA, LA-111, Lysergsäureamid). Weitere Verbindungen aus der Gruppe der Mutterkornalkaloide die im Samenmaterial identifiziert wurden, sind Isolysergsäureamid, Lysergsäurehydroxyethylamid, Chanoclavin, Elymoclavin sowie Ergometrin. Doch nicht nur die Samen, sondern auch die Blätter und Stängel enthalten Alkaloide, allerdings in deutlich geringeren Konzentrationen.

Ipomea-purpurea-Blüte

Mythologie und Ritual

Wahrscheinlich wurden die psychoaktiven Samen der Himmelblauen Prunkwinde – die von einigen Völkern, etwa den Mixe, auch als die Schwester der Ololiuquiranke (*Rivea corymbosa*) bezeichnet wird – bereits zu vorspanischen Zeiten von Azteken und anderen Nahuatl sprechenden Völkern im Kontext von magisch-spirituellen Ritualen eingesetzt. Die Annahme, dass *I. violacea* mit dem alten mexikanischen Entheogen namens *tlitliltzin* identisch sein könnte, wurde bis heute nicht eindeutig bestätigt.

Vereinzelt werden die Samen in Mexiko auch heutzutage noch als rituelles Berauschungs- und Trancemittel verwendet, beispielsweise von den in Oaxaca lebenden Mixe-Schamanen. 26 Samen (was für psychoaktive Zwecke nicht sonderlich viel ist) gelten bei ihnen als die übliche Dosis. »*Die Samen müssen von einer 10 bis 15 Jahre alten Jungfrau zermahlen und mit Wasser vermischt werden – andernfalls sprechen die Samen nicht.*« (RÄTSCH 2012: 299).

Neben *Rivea corymbosa* (Syn. *Turbina corymbosa*), ebenfalls eine Windenart, wurde *I. violacea* gelegentlich dem entheogenen Ritualtrank Ololiuqui zugesetzt. Dieser Trank war im alten Mexiko als schamanisches Werkzeug ganz besonders wichtig, etwa zur Divination oder zur Diagnostik und Heilung von Krankheiten. Die Samen der Spezies *I. carnea* werden in Peru mancherorts als Ayahuasca-Additiv verwendet, in Ecuador als schamanisch-rituelles Berauschungsmittel.

Wirkung und Psychoaktivität

Die meisten Westler, die mit Windensamen experimentiert haben, möchten das einmalige Erlebnis nicht wiederholen. RÄTSCH 2012: 301

Medizinische Indikationen
Überlieferungen über den medizinischen Gebrauch der Prunkwinde sind rar. Lediglich bei den Lakandonen ist ein solcher bekannt; dort werden mit *Ipomoea*-Blüten Geschlechtskrankheiten behandelt.

Die psychoaktive Wirkung der Samen ist primär durch das enthaltene Ergin (LSA) begründet. Dieses wirkt als partieller Agonist der Serotonin-Rezeptoren in gewisser Weise zwar psychedelisch, jedoch in deutlich anderer Ausprägung als LSD. Wer also die Samen einnimmt, darf zwar mit einer spürbaren Wirkung rechnen, allerdings nicht mit LSD vergleichbar; höchstens mit einer, die weitläufig an LSD erinnert.

LSA wirkt eher körperbetont, narkotisierend und hypnotisch, während die Wirkung des LSD hauptsächlich auf der geistig-visionären Ebene verläuft. Gelegentlich, meist jedoch nach höheren Applikationen, kommt es durch LSA zu auditiven und visuellen Effekten, letztere besonders bei geschlossenen Augen (CEV, Closed Eye Visuals). Auch die Zeitwahrnehmung kann sich drastisch verändern.

Die Einnahme der Prunkwinden-Samen geht häufig mit unangenehmen Nebenwirkungen einher, vor allem mit physischer Mattigkeit, allgemeinem Unwohlsein, Magenschmerzen sowie Übelkeit. Diese Nebenwirkungen sind selbst dann nicht ganz auszuschließen, wenn die Samen als Kaltwasserauszug eingenommen werden. Allerdings sind sie dann vergleichsweise am schwächsten. Wenn die Samen gegessen werden, sind die physischen Nebenwirkungen derart unangenehm, dass die psychoaktive Wirkung kaum

Ipomoea spp.

Ipomea-violacea-*Blüten*

INFO Bei der Hawaiianischen Holzrose (*Argyreia nervosa*), deren Samen ebenfalls als zentralen Inhaltsstoff LSA enthalten, braucht es zur Herbeiführung psychoaktiver Effekte nur 4–8 Samen – deutlich weniger als bei *I. violacea*.

genossen und bewusst erlebt werden kann. Sehr wahrscheinlich sind die unangenehmen Nebenwirkungen nicht direkt durch das Ergin begründet, sondern durch andere enthaltene Alkaloide. Wird Ergin als Reinsubstanz eingenommen, so wie es Albert Hofmann seinerzeit im Rahmen eines Bioassays getan hat, bleiben Unannehmlichkeiten wie Magenschmerzen und Übelkeit aus (vgl. Hofmann 1995: 131).

Abhängig von Dosis, Set und Setting liegt die Wirkdauer bei 5–10 Stunden. Als niedrige Dosis für einen Kaltwasserauszug werden in der Literatur 20–100 Samen angegeben, was etwa 0,7–3 g entspricht. 100–250 Samen (3–6 g) entsprechen einer mittleren und 250 bis 400 Samen (6–10 g) einer hohen Dosis.

Zubereitung

Mazerat Die fein gemahlenen Samen werden mit kaltem Wasser übergossen, eine Nacht lang ziehen gelassen und am nächsten Tag durch einen Filter abgegossen. Dann kann der Kaltwasserauszug getrunken werden.

Leonotis leonurus

Leonotis leonurus (Linné) Brown
Afrikanisches Löwenohr

Gattung .... *Leonotis* (Persoon) Brown (Löwenohren)
Familie .... Lamiaceae Linné (Lippenblütler)

Diese uralte Ritualpflanze südafrikanischer Ethnien wird in der Literatur häufig als Marihuana-Ersatz beschrieben. Allerdings ist dieser Vergleich aufgrund der verschiedenartigen Wirkprofile recht unzureichend. *Leonotis leonurus* hat sein eigenes Wirkverhalten und kann weder mit Hanf noch mit anderen Psychoaktiva verglichen werden.

Wer sich für eine Anzucht dieser Pflanze entscheidet – was nicht nur der prachtvollen Blütenstände wegen zu empfehlen ist –, muss wissen, dass *Leonotis leonurus* als Beetpflanze kultiviert in Mitteleuropa nur einjährig gedeiht. Wird sie hingegen in Topf-Kultur gepflegt und zum Überwintern im frostfreien Haus untergebracht, kann man sie auch im Folgejahr bestaunen.

Leonotis leonurus

Trivialnamen
Afrikanisches Löwenohr, Großblättriges Löwenohr, Löwenschwanz, Kleiner Hanf, Wilder Hanf, Wild Dagga, Lion's Tail (engl.)

Weitere für die Gartenkultur geeignete *Leonotis*-Arten
Leonotis nepataefolia (Linné) Brown Kleinblättriges Löwenohr, Klip Dagga

Botanik

Leonotis leonurus wächst in frostfreien Regionen als mehrjährige und immergrüne Pflanze und erreicht eine maximale Wuchshöhe von 2 m. Die Pflanze hat einen aufrecht wachsenden Stengel und kugelförmige, stachelige Blütenstände, aus denen die charakteristisch aussehenden, orangefarbigen und röhrenförmigen Blüten heraussprießen. Diese wachsen in Büscheln rund um den Stängel. Die Blätter sind länglich, haben gezackte Ränder und eine Größe von ungefähr 10 cm.

Pflegeanleitung

Die Vermehrung von *Leonotis leonurus* kann sowohl generativ als auch vegetativ erfolgen, also entweder durch Aussaat oder durch Stecklinge. Samen werden im Frühjahr auf der Fensterbank oder im Zimmergewächshaus vorgezogen, worauf die jungen Pflanzen ab Mai, sobald die Eisheiligen vorüber sind, in Kübel oder ins Beet gepflanzt werden können.

Vorkommen
 Die Heimat des Großblättrigen Löwenohrs liegt in Südafrika. Ein natürliches Vorkommen ist aber auch in den östlichen Teilen des Kontinents zu finden. Als dekorative Gartenpflanze wird sie inzwischen auch in Europa kultiviert.

Vermehrung durch Aussaat (generativ)
Ausgesät werden kann grundsätzlich zwar ganzjährig; möchte man aber die spektakulären Blüten dieser Pflanze den ganzen Sommer über bewundern, dann sollte die Aussaat im Frühjahr geschehen – am sinnvollsten in kleinen, mit handelsüblicher oder selbstgemischter Anzuchterde befüllten Anzuchtbehältnissen, die in einem Zimmergewächshaus platziert werden, da dort zumindest annähernd gleichbleibende Temperaturen

Leonotis-leonurus-*Keimling*

Leonotis-leonurus-*Blüte*

Inhaltsstoffe

Die Blüten und Blätter von *Leonotis leonurus* enthalten Arginin, Bitterstoffe (Marrubiin und andere), Cumarin, Diterpene, Harze, Flavonoide (Rutin und andere) und Leonurin. Welcher Inhaltsstoff für das psychoaktive Prinzip verantwortlich ist, konnte bisher nicht ganz geklärt werden, vermutlich ist es aber das Alkaloid Leonurin.

sowie eine konstante Luftfeuchtigkeit gewährleistet werden. *Leonotis* ist ein Lichtkeimer, daher dürfen die Samenkörner nur leicht angedrückt werden. Als Präventionsmaßnahme gegen Schimmelbildung – was bei den dafür anfälligen Samenkörnern durchaus passieren kann – empfiehlt es sich, diese mit einer sehr dünnen Schicht Sand zu berieseln. Bei Temperaturen um die 22 °C und einer konstanten Substratfeuchte (keine anhaltende Nässe) sollten die Samen innerhalb von 6 Wochen auflaufen. Nach Bildung der ersten Blattpaare werden die Sämlinge pikiert und in Töpfe gepflanzt. Nach dem letzten Frost kommen die Jungpflanzen schließlich ins Beet oder in einem mit durchlässiger Erde befüllten und drainierten Kübel auf den sonnigen Balkon oder die Terrasse.

Vermehrung durch Stecklinge (vegetativ)
Stecklinge werden in der Regel im April geschnitten und zur Bewurzelung entweder in ein Substratgemisch aus Sand und Blumenerde gesteckt, oder sie werden mit der Wurzelseite in ein Wasserbad gelegt, das einen Standort in der vollen Sonne bekommt. Daneben funktioniert die Bewurzelung auch in Quelltöpfen. Zu beachten ist jedoch, dass die vegetative Stecklingsvermehrung – abhängig von Umwelteinflüssen und anderen Faktoren – etwas Geduld fordert, denn bis die *Leonotis*-Klone Wurzelfasern ausgebildet haben, können mehrere Wochen vergehen. Bewurzelungspulver aus dem Fachhandel, in das die Schnittstelle der Stecklinge getaucht wird, kann den Vorgang beschleunigen.

Standort und Pflegemaßnahmen

Ideal ist ein heller, warmer und vor starken Windböen geschützter Standort. Was die Bodenbeschaffenheit betrifft, bevorzugt *Leonotis* einen mit Kompost angereicherten Gartenboden; im Kübel gedeiht das Löwenohr problemlos in handelsüblicher oder selbstgemischter Blumenerde. Die Pflanze hat einen hohen Wasserbedarf, weshalb man darauf achten sollte, dass die Erde immer etwas feucht ist; an heißen und trockenen Sommertagen muss daher eventuell zweimal täglich gegossen werden. Staunässe im Wurzelbereich sollte man aber unbedingt vermeiden! Eine Zufuhr von Dünger – am besten biologischem NPK-Dünger (Mehrnährstoffdünger) – kann während der Vegetationsperiode einmal pro Woche erfolgen. Bei einem nährstoffreichen Boden ist eine Düngung nicht zwingend erforderlich.

Überwinterung
Als Beetpflanze kultiviert, wird *Leonotis* aufgrund seiner Frostempfindlichkeit den mitteleuropäischen Winter nicht überleben. Wird die Pflanze hingegen in Töpfen angebaut, kann sie vor Einbruch des Winters ins helle Kalthaus gestellt werden. Die Temperatur sollte dabei ungefähr 10 °C betragen. Die Wasserzufuhr kann in der Überwinterungsperiode reduziert und die Zufuhr eines Düngemittels vollständig eingestellt werden. Im Frühjahr wird die Pflanze dann zurückgeschnitten und nach den Eisheiligen wieder nach draußen gebracht.

Krankheiten und Schädlinge
Potenzielle Schädlinge, vor denen *Leonotis* zu schützen ist – etwa durch regelmäßige Begutachtung, die Einhaltung der klimatischen Bedingungen sowie durch die bekannten Präventionsmaßnahmen – sind zum einen die Blattlaus, zum anderen sind es Spinnmilben, Trauermücken und die Weiße Fliege.

Mythologie und Ritual

Blätter, Knospen und Harz werden von den südafrikanischen Khoikhoi (Hottentotten) seit Urzeiten geraucht, sowohl in rituellen Kontexten als auch zu hedonistischen Zwecken. Vor allem ist *Leonotis* jedoch ein traditionelles Genussmittel. Seit den 1990-er Jahren ist das Rauchen der Blätter zunächst in Kalifornien bekannt geworden und hat sich von dort aus in anderen westlichen Industrienationen verbreitet – meist unter Jugendlichen, die in der Hoffnung auf Marihuana-Ersatz auf das legale Löwenohr zurückgreifen. In Mexiko wird zu gleichen Zwecken ebenfalls Löwenohr geraucht, allerdings *Leonotis nepataefolia*. Diese Pflanze wird in Mexiko auch *flor de mondo* sowie *mota* genannt, was auf ihren traditionellen Gebrauch als Cannabis-Substitut hinweist.

Medizinische Indikationen
In der südafrikanischen Ethnomedizin wird *Leonotis leonurus* bei vielen Krankheiten empfohlen, unter anderem bei Asthma, Hauterkrankungen, Hepatitis A, Herzschwäche, Fieber und Lähmungen. Das enthaltene Cumarin hat eine blutverdünnende Wirkung.

Wirkung und Psychoaktivität

Für psychoaktive Zwecke wird meist das Harz und das Kraut von *Leonotis leonurus* verwendet. Traditionell wird es geraucht, kann aber natürlich auch vaporisiert werden. Wirkspezifisch lässt sich Löwenohr, entgegen einiger Behauptungen und Literaturangaben, nicht ernsthaft mit Cannabis vergleichen. Löwenohr wirkt zwar auch euphorisierend, sedativ sowie dosisabhängig auch leicht narkotisierend, jedoch auf andere Weise als Cannabis.

Niedrig dosiert wirkt Löwenohr derart subtil, dass man das Gefühl hat, man spüre gar nichts. Und geschmacklich lässt es sich noch viel weniger mit Cannabis vergleichen – Löwenohr schmeckt nicht besonders angenehm. Was jedoch ähnlich wie beim Cannabis auch beim gerauchten Harz oder Extrakt des Löwenohrs der Fall ist: Es wirkt krampflösend (antispasmodisch). Erklärt wird dieser Effekt durch eine Hemmung von Acetylcholin und Histamin. In ausreichend dosierter Applikation wirkt Löwenohr ungefähr zwei Stunden.

Wild Dagga (getrocknete Leonotis-leonurus-Blüten)

Zubereitungsformen

Teeaufguss Die getrockneten und zerkleinerten Blätter und Blüten mit heißem, allerdings nicht kochendem Wasser übergießen und 5–10 Minuten ziehen lassen. Bei Bedarf süßen. Wenn der Tee überwiegend aus den Blättern gekocht ist, ist er besonders bitter. Die Blüten schmecken wesentlich besser.

Rauchware Das rauchbare Harz kann entweder von den Blättern gekratzt oder im Rahmen klassischer Extraktionsverfahren gewonnen werden. Ist das Harz getrocknet, wird es geraucht oder vaporisiert, häufig in Kombination mit Tabak oder anderen Rauchpflanzen. Das getrocknete Kraut kann auch geraucht werden, das Harz oder ein Extrakt sind jedoch deutlich potenter. Das Kraut von *Leonotis nepataefolia* ist ebenfalls rauchbar und ein wenig potenter.

Leonurus sibiricus

Leonurus sibiricus LINNÉ
Sibirischer Löwenschwanz, Marihuanilla

Gattung .... *Leonurus* LINNÈ (Herzgespann)
Familie .... Lamiaceae LINNÈ (Lippenblütler)

Der sibirische Löwenschwanz, dessen Blätter mancherorts als mild wirksames Rauschmittel bekannt sind, ist eine ausgezeichnete Pflanze für den Schamanengarten. Als wichtige Heilpflanze wird er nicht nur in der Traditionellen Chinesischen Medizin (TCM) zur Behandlung unterschiedlicher Krankheitssymptome geschätzt; Marihuanilla kann auch wunderbar als Zeremonialpflanze eingesetzt werden, beispielsweise als Zusatz für Räucher- oder Rauchmixturen oder als symbolträchtiger Altarschmuck. Die gefiederten Blätter erinnern an Shivas Dreizack, der in der indischen Mythologie unter anderem den zur Vollkommenheit führenden Sieg über das Ego symbolisiert. Und schließlich sind die hellpurpurfarbenen Blüten, die signifikant größer und farbintensiver ausfallen als jene des heimischen Herzgespanns (*L. cardiaca*), definitiv eine Augenweide.

Leonurus cardiaca *in einer historischen Darstellung*

Hinzu kommt, dass Bienen und Hummeln die Pflanze regelrecht lieben – ein weiteres Argument für die Marihuanilla-Kultur im eigenen Garten. Einige Gärtner legen deshalb sogar ein eigenes Beet an. In einem für Gartennützlinge reservierten Beet können aber auch andere Pflanzen eingesetzt werden, am besten in Mischkultur – so zum Beispiel Drachenkopf (*Dracocephalum* spp.), Dost (*Origanum* spp.), Echte Betonie (*Betonica officinalis*), Flügeltabak (*Nicotiana alata*), Lavendel (*Lavendula angustifolia*), Lemon-Agastache (*Agastache mexicana*), Ysop (*Hyssopus officinalis*) und andere – allesamt tolle Bienen- und Hummelkräuter.

Trivialnamen
Gras zum Segen der Mutter, Marihuanilla (»kleine Marijuanapflanze«), Sibirisches Herzgespann, Sibirisches Mutterkraut

Weitere für die Gartenkultur geeignete *Leonurus*-Arten
Leonurus cardiaca LINNÉ Echtes Herzgespann, Löwenschwanz • *Leonurus cardiaca* ssp. *villosus* (DESF. EX D'URV.) HYL. Zottiges Echtes Herzgespann • *Leonurus japonicus* HOUTTUYN Chinesisches Herzgespann, Japanischer Löwenschwanz

Vorkommen
 Die Heimat von Marihuanilla liegt in China, der Mongolei und in Sibirien. In wilder Form gedeiht die Pflanze inzwischen auch in vielen anderen asiatischen Regionen, auch vereinzelt in Brasilien und Mexiko.

Botanik

Leonurus sibiricus, der leicht mit anderen Arten der Gattung *Leonurus* verwechselt werden kann, gedeiht ausdauernd, hat einen aufrechten Wuchs und erreicht eine Maximalhöhe von 2 m. Die Stängel sind leicht behaart und im Querschnitt viereckig. An ihnen befinden sich in gegenständiger Anordnung bis zu 10 cm lange, dunkelgrüne Blätter, die charakteristisch gefiedert und borstig behaart sind. Die attraktiven und ab Juni sichtbaren Blüten, die sich an den Astenden der Pflanze entwickeln, sind zweilippig und violett bis rosa gefärbt. Im Vergleich mit der heimischen Spezies *L. cardiaca* sind die Blüten von *L. sibiricus* größer und farbintensiver, wodurch sich diese beiden Arten leicht voneinander unterscheiden lassen. Bei den Früchten handelt es sich um sogenannte Klausenfrüchte. Diese entwickeln sich aus den Blütenständen heraus und enthalten die kleinen, schwarzen Samenkörner.

Pflegeanleitung

Die Vermehrung von Marihuanilla geschieht grundsätzlich durch das Aussäen der Samenkörner, welche unkompliziert über den ethnobotanischen Fachhandel bezogen werden können.

Leonurus-sibiricus-*Keimlinge*

Vermehrung durch Aussaat (generativ)

Das Saatgut wird a) auf der sonnigen Fensterbank vorgezogen, b) ab Mitte Mai direkt ins Beet gestreut oder c) ab Mitte Mai in große, im Freiland stehende Kübel gesät.

a) Ab März/April können die Samen in einer Saatschale oder Topfplatte auf der warmen und sonnigen Fensterbank vorgezogen werden. Dazu wird das lichtkeimende Saatgut auf die Anzuchterde gestreut und leicht angedrückt. Wichtig ist, dass die Samenkörner dabei nicht mit Erde überdeckt werden, da sie sonst nicht keimen können. Auf die Wasserzufuhr mittels einer Gießkanne sollte man am Anfang verzichten, sonst kann es passieren, dass die Samen in eine Ecke der Saatschale geschwemmt werden. Sinnvoller ist es, das Substrat und die Samen vorsichtig einzusprühen. Bei Temperaturen um die 18–20 °C sollte das Saatgut frühestens nach 1 Woche, maximal nach 3–4 Wochen vollständig gekeimt sein. Sobald die jungen Pflänzchen ihre ersten Blattpaare ausgebildet haben, können sie pikiert und in große Kübel oder ins Beet gepflanzt werden.

b) Sobald die Eisheiligen vorüber sind und kein Frost mehr zu erwarten ist, kann die Aussaat auch direkt ins vorbereitete Beet erfolgen. Damit die jungen Keimlinge von Beikräutern nicht gleich überwuchert werden, ist es wichtig, dass der Bereich um die jungen Pflanzen herum regelmäßig gejätet wird.

In frostfreien Regionen mit milden Wintern, zum Beispiel in Südeuropa, kann die Pflanze im Beet zu einem robusten, mehrjährigen Busch heranwachsen, In den meisten mitteleuropäischen Gebieten hingegen wird die Pflanze erfrieren und eingehen, wenn sie im Beet bleibt und zur frostfreien Überwinterung nicht ins Haus gestellt wird. Bei einer Gartenkultur des heimischen Artverwandten *Leonurus cardiaca* braucht man sich wegen der Überwinterung hingegen keine Gedanken zu machen. Diese Spezies ist absolut winterhart und wird, nachdem die Stängel im Spätherbst zurückgeschnitten wurden, den Winter über einfach draußen im Beet belassen.

c) Eine Topfkultur ist besonders dann angesagt, wenn man eine Kultur auf dem Balkon oder eine Überwinterung der Pflanze in Innenräumen beabsichtigt. Benötigt werden breite und hohe Kübel, damit sich das Wurzelwerk der Pflanze ungehindert ausbreiten kann. Damit das Gieß- oder Regenwasser direkt abfließen kann und sich keine Staunässe bildet, muss der Kübel außerdem drainiert und gelocht sein. Wasser, das sich möglicherweise im Untersetzer angesammelt hat, wird sofort abgeschüttet.

Die Anzucht in Töpfen erfolgt im frostfreien Gewächshaus ab März/April und im Freiland ab Mai – beides ist möglich. Ebenfalls können natürlich auch die im Haus vorgezogenen Jungpflanzen nach dem letzten Frost in große Kübel gepflanzt und ins Freiland gestellt werden; pro großem Kübel (Ø 50 cm) allerdings nicht mehr als 3–5 Pflanzen, bei kleineren Kübeln entsprechend weniger.

PRAXIS-TIPP Aussaatbehältnisse – welche sind geeignet?

Zur generativen Vermehrung einer Pflanze werden in der Regel **a)** kleine Anzuchttöpfe, **b)** Saat- bzw. Pikierschalen sowie **c)** sogenannte Topfplatten verwendet.

a) Anzuchttöpfe gibt es in den unterschiedlichsten Ausführungen, von Ton und Plastik bis hin zu biologisch abbaubarer Zellulose. Ihr Durchmesser beträgt meist ungefähr 5 cm, das Fassungsvermögen 0,25–0,35 l. Sät man auf jeden Samentopf nur einen Samen, wird das Pikieren erleichtert bzw. überflüssig gemacht; der Sämling kann samt Substrat vorsichtig aus dem Anzuchtbehältnis herausgenommen und in einen größeren Kübel oder ins Beet gepflanzt werden. Biologische Anzuchttöpfe kann man vollständig mit einpflanzen; schon nach kurzer Zeit werden sie sich aufgelöst haben.

Es ist auch möglich, Quelltöpfe bzw. -tabletten zu verwenden (siehe dazu Praxis-Tipp Quelltöpfe, auf Seite xx). Kleine Samen kann man auch zu mehreren aussäen; jedoch müssen die Sämlinge nach Ausbildung der ersten 1–2 Blattpaare vorsichtig pikiert werden, beispielsweise mit einem Teelöffel. Auch Joghurtbecher, Eierkartons oder andere Haushaltsbehältnisse lassen sich für die Anzucht einsetzen.

b) Handelsübliche Saatschalen sind meist 30–50 cm lang, 20–30 cm breit und 5–10 cm hoch. Sie werden mit Anzuchterde befüllt, worauf die Aussaat beginnen kann. Meist werden die Samen ausgestreut. Dunkelkeimer müssen nach der Aussaat mit einer ca. 1 cm dicken Substratschicht überdeckt werden.

Da die meisten Saatschalen keine Abflusslöcher haben, befürchten viele Gärtner, dass das Substrat / die Samen durch Staunässe zu schimmeln beginnen. Erfahrungsgemäß ist das aber nicht der Fall, sofern man das Substrat nicht überwässert und die jungen Sämlinge umgehend pikiert. Im Gartenmarkt erhältliche Abdeckhauben für Saatschalen sind vor allem dann nützlich, wenn zur erfolgreichen Anzucht ein warmes und luftfeuchtes Klima nötig ist.

c) Topfplatten: Sie bestehen aus vielen kleinen und mit jeweils einem Loch ausgestatteten Töpfen. Ihre Größe sollte so gewählt werden, dass sie – um überschüssiges Wasser zu sammeln – in Saatschalen platziert werden können.

Auf jeden Topf kommt nur ein Samenkorn. Das hat den Vorteil, dass die Keimlinge getrennt heranwachsen können und sich ihr feines Wurzelwerk nicht verknotet. So können die Sämlinge unkompliziert pikiert werden, ohne dass man die Wurzeln dabei verletzt.

Eierkartons aus dem Haushalt eignen sich gut als Anzuchttöpfe.

Standort und Pflegemaßnahmen

Marihuanilla gedeiht zwar am besten an einem sonnigen Standort, kann notfalls aber auch halbschattig platziert werden, was allerdings meist zu einer kleineren Blüte sowie zu einer erhöhten Anfälligkeit für Krankheiten und Schädlinge führt. Was die Bodenqualität betrifft, ist die Pflanze recht anspruchslos. Ein gut durchlässiger Gartenboden oder handelsübliche bzw. selbst gemischte Blumenerde reichen für einen erfolgreichen und gesunden Wuchs völlig aus, ebenso eine mäßige Zufuhr von Wasser. Am besten gießt man immer dann, wenn die oberste Erdschicht trocken ist. Auf die Zufuhr von Dünger kann in der Regel verzichtet werden; erfahrungsgemäß gedeiht die Pflanze auch ohne eine externe Zufuhr von Nährstoffen prächtig, vorausgesetzt, der Boden ist frisch oder mit etwas Kompost angereichert. Anhaltende Staunässe verträgt der sibirische Löwenschwanz überhaupt nicht. Im Fall einer Topfkultur sollte man daher sicherheitshalber auf Untersetzer verzichten – zumindest während der Vegetationsperiode, wenn die Pflanze im Garten, auf dem Balkon oder der Terrasse gedeiht.

Überwinterung

Es existieren zahlreiche Kulturanleitungen für das Sibirische Herzgespann, welche die Pflanze als frosthart beschreiben. Dies ist erfahrungsgemäß aber nur dann der Fall, wenn der Frost von kurzer Dauer ist und die Temperaturen nicht tief in den Minusbereich fallen. Andernfalls erfriert die Pflanze und stirbt ab, weshalb Marihuanilla eigentlich nur sehr begrenzt winter- bzw. frosthart ist.

Wenn die Pflanze in Regionen mit frostigen Wintern kultiviert wird, muss sie zur Überwinterung an einen hellen, aber kühl temperierten Platz (5–10 °C) in der Wohnung (auch Wintergarten, Garage usw.) gebracht werden. Zuvor muss die Pflanze entweder behutsam ausgegraben und in einen großen Kübel gepflanzt werden, oder aber sie wird zwecks einfacher Überwinterung von Anfang an in Blumentöpfen kultiviert, so dass man diese nur rechtzeitig ins frostfreie Haus zu stellen braucht. In diesem Fall empfiehlt es sich, die Stängel der Pflanze etwas zurückzuschneiden.

Krankheiten und Schädlinge

In Einzelfällen – meist jedoch dann, wenn die Standortbedingungen ungünstig sind – werden die Blätter der Pflanze vom Echten Mehltau (*Erysiphaceae*) befallen. Erkannt und bestimmt werden kann diese Pilzerkrankung anhand des weißen, pelzigen und schimmelähnlichen Belags auf der Blattoberseite.

Mythologie und Ritual

Ein ritueller Gebrauch des Sibirischen Herzgespanns ist aus Indien bekannt. Dort werden die Blüten in einigen Regionen, etwa im nordöstlichen Assam, zeremoniell im Rahmen von *Pujas* (Andachts-, Opfer- und Verehrungsritualen) eingesetzt. In Mexiko wird die Pflanze gelegentlich auch im Zuge magischer Handlungen verwendet.

Wirkung und Psychoaktivität

Genau wie beim Verwandten *Leonotis leonurus* wird die Wirkung von Marihuanilla in der Literatur häufig mit der von Cannabis verglichen. Tatsächlich verfügt *L. sibiricus* aber nur über ein sehr leichtes bis subtiles Wirkverhalten, das sich in entspannenden und leicht euphorisierenden Effekten äußert; ich würde die Wirkung daher am ehesten mit der der Passionsblume vergleichen.

Wie intensiv sich die psychoaktiven Effekte im Einzelfall letztlich zeigen, hängt stark von der eingenommenen Dosis sowie der Sensibilität des Konsumenten ab. Etwas anders verhält es sich, wenn die getrockneten Marihuanilla-Blätter mit anderen psychoaktiven Gewächsen kombiniert eingenommen werden, etwa mit Damiana (*Turnera diffusa*), Hanf (*Cannabis*) oder

Inhaltsstoffe
Die Pflanze enthält Leonurin, Leonurinin, Leonuridin, Stachydrin und weitere Alkaloide. Wirksamkeitsbestimmend sind daneben möglicherweise die Diterpene Leosibiricin, Leosiberin und Isoleosiberin. Ferner wurden in der Pflanze Bitter- und Gerbstoffe, Flavonglykoside, Rosmarin- und Syringasäure und andere identifiziert.

Getrocknetes Leonurus-sibiricus-Kraut

Kanna (*Sceletium tortuosum*), was zu einer gegenseitigen und als synergistisch beschriebenen Wirkpotenzierung führt.

Auf der körperlichen Ebene wirken Zubereitungen aus dieser Pflanze antimykotisch, diuretisch, entgiftend, leicht abschwellend (äußerlich aufgetragen) sowie kreislauf- und uterusanregend, was auch ihr phytotherapeutisches Potenzial begründet.

Zubereitungsformen

Phyto-Inhalation Wer Marihuanilla nicht rauchen möchte, der kann es auch vaporisieren. Die dafür erforderliche Temperatureinstellung beläuft sich auf 175 °C. Eine Phyto-Inhalation mit *L. sibiricus* ist nicht nur lungenfreundlicher, sie ermöglicht es außerdem, deutlich mehr Pflanzenmaterial zu inhalieren und dadurch eine stärkere Wirkintensität zu erreichen.

Räucherwerk Eine Verwendung als Räucherwerk ist für diese Pflanze zwar eher untypisch, aber dennoch kann es sinnvoll sein, die getrockneten Blätter oder das während der Blütezeit gesammelte und getrocknete oberirdische Kraut, entspannend und harmonisierend wirkenden Räuchermixturen beizufügen. Das von *L. sibiricus* ausgehende Aroma ist jedoch nicht besonders angenehm, weshalb sich eine Kombination mit weiteren Räucherstoffen empfiehlt.

Rauchware Das Rauchen der Blätter ist die geläufigste Art der Wirkstoffzufuhr. Allerdings schmeckt der Rauch ziemlich unangenehm und kratzt beim Inhalieren außerdem etwas im Hals. Als psychoaktive Dosis, die beim Rauchen erforderlich ist, um die gewünschte Entspannung zu induzieren, werden 2–4 g benötigt. Meist werden die Blätter daher in synergistischer Kombination mit anderen Rauchpflanzen verwendet.

Tee Das Kraut wird mit kochendem Wasser übergossen und nach 10 Minuten abgeseiht. Die für psychoaktive Zwecke erforderliche Dosis beläuft sich – abhängig vom Körpergewicht und anderen Faktoren – auf 5–10 g des Krautmaterials. Für eine medizinische Anwendung reichen möglicherweise geringere Dosierungen. Da ein purer Marihuanilla-Tee sehr bitter schmeckt, kann er mit Kamillenblüten und anderen Teekräutern verfeinert werden.

Medizinische Indikationen
Bei *Leonurus sibiricus* handelt es sich um ein uraltes chinesisches Heilkraut, das nicht nur in der TCM, sondern auch in der nordamerikanischen und mexikanisches Ethnomedizin bekannt ist, etwa zur Behandlung von Frauenleiden (Menstruationsstörungen, Nachgeburtsblutungen, Unfruchtbarkeit und weitere), Potenzstörungen und als entwässerndes Diuretikum; äußerlich als Wundheilmittel bei Gewebeschäden und Verletzungen.

⚠️ Während der Schwangerschaft sollte in Anbetracht der uterusanregenden Wirkeigenschaften auf die Einnahme von *L. sibiricus* verzichtet werden.

Lobelia inflata

Lobelia inflata Linné
Indianertabak

Gattung .... *Lobelia* Linné (Lobelien)
Familie .... Campanulaceae Jussieu (Glockenblumengewächse)

Von den über 300 gesicherten *Lobelia*-Arten ist vor allem die Spezies *Lobelia inflata* als Ritualpflanze von Bedeutung, ferner auch *Lobelia tupa*. Die anderen Lobelien werden traditionell als Medizinal- sowie häufiger als Zierpflanzen kultiviert.

Im Schamanengarten ist *Lobelia inflata* neben dem ethnobotanisch noch relevanteren Tabak (*Nicotiana* spp.) eines der wichtigsten Rauchkräuter; von der indigenen Bevölkerung Nordamerikas wird es seit Urzeiten als solches verwendet, daher der Trivialname Indianertabak. Lobelienkraut ist ein elementarer Bestandteil der traditionellen indianischen Rauchmischung *Kinnickinnick*, die in das Calumet (Friedenspfeife) gestopft und auf rituelle Weise geraucht wird.

Die Anzucht von *L. inflata* im eigenen Garten ist nicht schwierig und sollte auch dem Anfänger gelingen, vorausgesetzt, er beachtet die grundlegenden Pflegehinweise. Die Anzucht anderer *Lobelia*-Arten als Gartenzierde ist ebenfalls sehr zu empfehlen. Spezies wie *Lobelia erinus* (Männertreu) gehören in der Regel zum festen Sortiment jedes Blumenladens.

Trivialnamen
Aufgeblasene Lobelie, Indianertabak, Indianischer Tabak, Kleine Lobelie, Asthma weed, Indian tobacco, Pukeweed (»Kotzkraut«), Wild tobacco (engl.)

Weitere für die Gartenkultur geeignete *Lobelia*-Arten
Lobelia anceps L. F. Sumpflobelie ◆ *Lobelia cardinalis* Linné Kardinals-Lobelie ◆ *Lobelia dortmanna* Linné Wasser-Lobelie (für die Teichkultur geeignet) ◆ *Lobelia erinus* Linné Blaue Lobelie, Männertreu ◆ *Lobelia polyphylla* Hooker & Arnott ◆ *Lobelia pubescens* Aiton ◆ *Lobelia syphilitica* Linné Große Lobelie ◆ *Lobelia tupa* Linné Teufelstabak

Insgesamt umfasst die Gattung über 300 gesicherte Arten.

Botanik

Lobelia inflata ist eine einjährige, krautige Pflanze mit einer Wuchshöhe von maximal 1 m. In Mitteleuropa erreicht der Indianertabak meist nur eine Höhe von etwa 50 cm. Die elliptischen Blätter sitzen wechselständig an kurzen Stielen, haben eine raue Oberfläche und einen gezähnten Rand. Die endständig, in traubigen Blütenständen sitzenden monosymmetrischen Blüten sind violett, rosa oder blassblau, entwickeln eine Größe von etwa 8 mm und erscheinen im Zeitraum von Juli bis September. Aus den Blüten wiederum entwickeln sich die aufgeblähten, bauchigen Blütenbecher (*Hypanthium*), die der Pflanze ihren Namen gegeben haben. *Inflata* heißt aufgeblasen. Die Ernte des Krauts erfolgt im Herbst, anschließend wird es zum Trocknen kopfüber und vor Feuchte und direkter Sonnenbestrahlung geschützt aufgehängt.

Vorkommen

Die Heimat der meisten *Lobelia*-Arten liegt in tropischen oder subtropischen Gefilden. Die Spezies *Lobelia inflata* hingegen stammt ursprünglich aus Nordamerika, allerdings ist sie in Wildform inzwischen auch in Südamerika anzutreffen, so zum Beispiel in Chile. In Europa, in weiten Teilen Russlands und in Indien werden der Indianertabak und andere Spezies der *Lobelia*-Gattung als Zierpflanzen in Gärten und Parks kultiviert.

Inhaltsstoffe

Im getrockneten Kraut wurde eine Vielzahl unterschiedlicher (Piperidin-)Alkaloide nachgewiesen, wovon der Nikotinantagonist Lobelin das Wichtigste ist. Nebenalkaloide sind zum Beispiel Isolobenin, Lobelanidin und Lobelanin. Der Alkaloidgehalt liegt in kultivierten Exemplaren häufig um ein Vielfaches höher als in Wildpflanzen.

Lobelia-inflata-*Samen*

Pflegeanleitung

Die Vermehrung des Indianertabaks erfolgt durch Saatgut, das über den ethnobotanischen Fachhandel problemlos zu beziehen ist. Es wird ab Februar oder März zunächst auf der warmen Fensterbank vorgezogen. Werden die Samen ab Mai direkt ins Beet oder den Kübel gestreut, braucht die Pflanze deutlich länger zum Ausbilden ihrer Blüten, und die Blütezeit fällt vergleichsweise sehr viel kürzer aus.

Vermehrung durch Aussaat (generativ)

Bevor die Samen auf das Anzuchtsubstrat gestreut werden, empfiehlt es sich, sie zwecks Erhöhung der Keimfähigkei zunächst einer Stratifikation (Kältebehandlung zur Keimungsanregung) zu unterziehen. Dazu legt man die Samenkörner beispielsweise in feuchte Watte und bewahrt sie für mindestens einen Monat bei 2–5 °C im Kühlschrank auf. Erst danach werden die Samenkörner auf das Substrat gestreut.

Als Behältnisse eignen sich Topfplatten, Saatschalen oder Töpfe, die entweder in einem Zimmergewächshaus stehen oder mit einer dünnen Plastiktüte überstülpt werden. Das Saatgut ist lichtkeimend und darf deshalb nur leicht angedrückt und nicht mit dem Substrat überdeckt werden. Bei einer konstanten Substratfeuchte, viel Licht und Temperaturen von 18–25 °C keimen die Samen innerhalb von 1–3 Wochen. Sobald die Keimlinge Wurzeln gebildet haben, werden sie pikiert und in kleine Töpfe gepflanzt. Nach dem letzten Frost ab Mai – in warmen Regionen auch früher – kommen die Jungpflanzen schließlich ins Beet oder in große Pflanzkübel. Alternativ kann man das Saatgut im Herbst in Kübel oder Saatschalen aussäen, die man dann den Winter über auf die Terrasse oder den Balkon stellt. Auf diese Weise übernimmt die Natur die Stratifikation und die Keimlinge zeigen sich im folgenden Frühjahr.

Standort und Pflegemaßnahmen

Am besten gedeiht der Indianertabak an einem vollsonnigen bis halbschattigen Standort in frischer, mit Kompost angereicherter Gartenerde. Damit sich zu keinem Zeitpunkt Staunässe bildet, die erst zur Bildung von Wurzelfäulnis und dann zum Absterben der Pflanze führt, muss der Boden außerdem locker und durchlässig sein. Für die Topfkultur ist handelsübliche oder selbstgemischte Blumenerde absolut ausreichend. Die Erde soll stets feucht, jedoch nicht nass sein – vor allem in heißen und trockenen Sommerperioden. Welken die Blätter, ist das ein Hinweis auf einen zu trockenen Boden. Außerdem dankt es die Pflanze, wenn sie in regelmäßigen Abständen mit Wasser eingesprüht wird. Eine Düngung ist nur dann erforderlich, wenn der Boden bzw. das Substrat nicht ausreichend Nährstoffe hat. Dann kann der Gärtner auf einen organischen NPK-Dünger (NPK = Stickstoff, Phosphor und Kalium) zurückgreifen.

Krankheiten und Schädlinge

Wenn die Pflanze im Gartengewächshaus oder im warmen und lichten Wintergarten kultiviert wird, ist mit Schädlingen, insbesondere mit Spinnmilben, zu rechnen. Wie man sie effektiv und ohne Schaden für die Umwelt beseitigen kann, wird im Kapitel *Schädlingsbefall (S. XX)* ausführlich erklärt. Wird die Pflanze hingegen draußen kultiviert – etwa im Beet oder in Kübeln –, ist sie relativ unanfällig gegen dieses Ungeziefer.

Was ist Kinnickinnick?

Kinnickinnick (das Gemischte) bezeichnet rituelle indianische Rauchmischungen, die bei Zeremonien, zur Visionssuche, bei Stammesratstreffen, zur Herbeiführung von Regen, während des Pow Wow oder um (Friedens-)Verträge bindend zu machen, in der Friedenspfeife geraucht werden. Etymologisch stammt der Begriff aus den Algonkin-Sprachen. Als Synonyme werden häufig die Begriffe Heiliger Tabak, Indianertabak oder *Native Herb* (engl.) gebraucht. Abhängig vom jeweiligen Stamm, der beabsichtigten Wirkung und vom Anlass kann die Zusammensetzung des Kinnickinnick ganz unterschiedlich sein. Beliebte Additive (Zusätze) sind z.B. Bärentraube (*Arctostaphylos uva-ursi*, »Kinnickinnick«), Berglorbeer (*Kalmia latifolia*, Calico), Essigbaum (*Rhus glabra*, Smooth Sumac), Hartriegelarten (*Cornus* spp., Dogwood), Lobelie (*Lobelia inflata*), Schneeball (*Viburnum acerifolium*, Haw), Silberraute (*Artemisia ludoviciana*), Spindelbaum (*Euonymus atropurpurea*, Waahoo), Stechapfel (*Datura* spp., Jimsonweed), Traubenkirsche (*Prunus serotina*) und Zucker-Birke (*Betula lenta*, Sweet Birch).

Mythologie und Ritual

Eine magisch-rituelle Verwendung erfuhr der Indianertabak zum einen als Rauchkraut im Rahmen indianischer Zeremonien, zum anderen als rituelles Schutz- und Liebesmittel. Bei einigen indigenen Völkern Nordamerikas war es zum Abwenden eines aufziehenden Unwetters außerdem üblich, diesem etwas Lobelienpulver entgegenzuwerfen.

Wirkung und Psychoaktivität

Nach einer gerauchten oder geräucherten Applikation wirkt Indianertabak auswurffördernd, entkrampfend, nervenberuhigend und schleimlösend – daher die traditionelle Verwendung als Asthma- und Hustenmittel. Daneben zeigt der inhalierte Rauch des Lobelienkrauts mild euphorisierende, konzentrationsfördernde, stimulierende und gleichzeitig beruhigende Effekte. In niedrigen Dosierungen als Tee eingenommen, wirkt Lobelienkraut harn- und schweißtreibend sowie mild stimulierend und gleichzeitig beruhigend. Bei stärkeren Dosierungen ruft das gerauchte oder innerlich eingenommene Lobelienkraut meist Übelkeit, Erbrechen, Kreislaufprobleme und Kopfschmerzen hervor, was den Einsatz als Brech- und Nikotinentwöhnungsmittel erklärt.

Noch höhere Dosierungen sind gefährlich und können im Extremfall eine Atemlähmung bewirken. Im schlimmsten Fall kann es nach einer Überdosierung zu lebensbedrohlichen Komplikationen kommen. Wenn Lobelienkraut geraucht wird, sind tödliche Überdosierungen jedoch sehr unwahrscheinlich. Denn bevor es dazu kommt, hat sich der Konsument meist schon mehrfach erbrochen, wodurch das Schlimmste verhindert wird. In der Literatur wird als maximale, innerlich eingenommene Einzeldosis 0,1 g angegeben, als maximale Tagesdosis 0,3 g.

Zubereitungsformen

Phyto-Inhalation Eine niedrig dosierte Phyto-Inhalation mit *Lobelia inflata* eignet sich in erster Linie zur Therapie von Atemwegserkrankungen. Zu Genusszwecken kann das Vaporisieren dieser unangenehm schmeckenden Heilpflanze nicht empfohlen werden. Die einzustellende und für die Verdampfung des Lobelins erforderliche Temperatur beträgt 130 °C.

Räucherwerk Geräuchertes Lobelienkraut wirkt geistklärend, es bereinigt und harmonisiert die Energien und kann ähnlich rituell eingesetzt werden wie Tabak (*Nicotiana* spp.) oder Beifuß (*Artemisia* spp.). Das Aroma des Lobelienrauchs ist jedoch nicht sehr angenehm. Als Räucherwerk wird es daher am besten in Mixturen mit wohlriechenden Kräutern angewendet.

Rauchware Die traditionell geläufigste Form der Einnahme ist das Rauchen. Dazu wird Lobelienkraut pur oder in Kombination mit anderen Rauchpflanzen (siehe Kinnickinnick) in eine Pfeife gestopft oder in eine Zigarette gedreht. Der Geruch des getrockneten Lobelienkrauts erinnert an den von Tabak, geschmacklich unterscheiden sich diese beiden Rauchpflanzen aber enorm. Gerauchtes Lobelienkraut schmeckt scharf.

Tee Zur Herstellung eines Teeaufgusses werden das Kraut und die Blätter verwendet. Damit die unangenehmen Nebenwirkungen im Zaum gehalten werden, sollten nur niedrige Dosierungen eingenommen werden. ¼ Teelöffel des getrockneten Krauts pro Tasse, das man mit kochendem Wasser übergießt und 10 Minuten ziehen lässt, ist für eine milde Stimulation ausreichend.

Medizinische Indikationen

Die indianische Ethnomedizin kennt den Einsatz von *L. inflata* zur Behandlung von Asthma, Bronchitis und krampfartigen Hustenanfällen. Dazu wird das getrocknete Kraut geraucht oder geräuchert. Innerlich eingenommen, etwa als Tee, hilft die Pflanze bei Atemwegserkrankungen allerdings nicht.

Daneben wurde das Auskauen des Indianertabaks traditionell als Brechmittel empfohlen und um sich das Rauchen abzugewöhnen. Seltener wurden die getrockneten Blätter zur äußerlichen Behandlung von rheumatischen Erkrankungen, Verletzungen oder Wunden eingesetzt.

In der Homöopathie wird *L. inflata* in geringer Potenz zur Linderung von Übelkeit eingesetzt, was im Sinne des Ähnlichkeitsprinzips leicht nachvollzogen werden kann. Schließlich wirken hohe Dosen bei gesunden Personen genau entgegengesetzt, nämlich übelkeits- und brechreizauslösend.

Lophophora williamsii

Lophophora williamsii
(Lemaire ex Salm-Dyck) J.M. Coulter
Peyote

Gattung .... *Lophophora* J. M. Coulter
Familie .... Cactaceae Jussieu (Kakteengewächse)

Der Peyote führt das Ich zu seinen wahren Quellen zurück. Wenn man einen solchen visionären Zustand erfahren hat, ist es ausgeschlossen, dass man wie zuvor die Lüge mit der Wahrheit verwechselt. Artaud 1975: 28

Der Peyote zählt zu den ältesten und bedeutungsvollsten mittel- und nordamerikanischen Zeremonialpflanzen. Für die mexikanischen Huicholen symbolisiert der Peyote-Kaktus die spirituelle Quelle und das Zentrum des Universums. Zentraler Wirkstoff ist das psychedelische Phenethylamin Meskalin, das dem Anwender eine visionäre Schau ermöglicht, die im Idealfall zu tiefgreifenden Einsichten und Erkenntnissen führt.

Die Anzucht des Peyote ist zwar nicht besonders schwierig, allerdings wächst er sehr langsam. Es dauert mehrere Jahre, bis er groß genug ist, um verwendet werden zu können. Der ebenfalls meskalinhaltige San-Pedro-Kaktus wächst sehr viel schneller, weshalb er häufiger angebaut wird. Wer Peyote kultiviert, tut dies in erster Linie aus ethnobotanischem Interesse und weniger in der Absicht, diesen heiligen Kaktus als Psychedelikum einzusetzen.

INFO Meskalinkakteen unterliegen in Deutschland nicht der Illegalität. Illegal wird eine Kakteenzubereitung erst dann, wenn sie für eine Verwendung an Mensch oder Tier vorgesehen ist. Eine Kultivierung des Peyote als Zierpflanze ist also bedenkenlos möglich.

Synonyme
Anhalonium lewinii, Anhalonium williamsii, Echinocactus lewinii, Echinocactus williamsii, Lophophora echinata, Lophophora lewinii, Mammillaria lewinii, Mammillaria williamsii

Trivialnamen
Peyotekaktus, Peyotlkaktus, Rauschgiftkaktus, Schnapskopf, Azee, Hicori, Hikuli, Kamba, Raiz diabolica (span.), Divine herb, Dumpling cactus, Medicine of god, Mescal, Mezcal buttons (engl.), Peyotl (aztek.) und viele mehr.

Weitere ethnobotanisch relevante Lophophora-Arten
Lophophora diffusa (Croizat) Bravo Peyote de Querétaro (span.)

Botanik

Der Peyote ist ein kugelförmiger und fleischiger Kaktus mit einer bläulichgrünen bis grauen Farbe. Nur im Jungstadium hat er kleine und unscheinbare Dornen. Sobald der Kaktus älter wird, bilden sich diese meist vollständig zurück. Insgesamt hat der Kaktus 5–13 Rippen. Auf ihnen wachsen in Büscheln die feinen, pinselartigen, weißgelben Haare. Die hellrosafarbigen, trichterförmigen Blüten wachsen in der Mitte des Peyotekopfes. Sie erscheinen irgendwann zwischen März und September, haben einen Durchmesser von etwa 2 cm und verblühen bereits nach wenigen Tagen. Bei den Früchten handelt es sich um kleine, kegelförmige rosafarbene Beeren, in denen die winzigen, runden, schwarzen und rauen Samenkörner gebildet werden.

Vorkommen

Hauptverbreitungsgebiete des Peyote-Kaktus sind die Wüstenregionen von Mexiko und Texas. Aufgrund der hohen Nachfrage ist der Peyote inzwischen in freier Natur sehr rar geworden und vom Aussterben bedroht.

Lophophora-*Keimlinge (oben: im Alter von 2 Wochen)*

Lophophora-*Blüte*

Pflegeanleitung

Angezogen wird Peyote durch Saatgut, das in der Regel zum festen Sortiment ethnobotanischer Fachhändler gehört. Einige Shops und Kakteengärtnereien verkaufen auch den vorgezogenen Kaktus. Der Preis orientiert sich grundsätzlich an der Größe bzw. am Lebensalter der Pflanze.

Vermehrung durch Aussaat (generativ)

Die winzigen, lichtkeimenden Peyotesamen werden auf handelsübliche oder selbstgemischte Kakteenerde gestreut und leicht angedrückt. Als Anzuchtbehältnisse sind Saatschalen optimal, alternativ funktionieren auch Schüsseln oder Eimer. Wenn die Erde mit einem Pflanzenbesprüher konstant feucht gehalten wird, es hell ist und die Anzuchtbehältnisse zur Erhöhung der Luftfeuchtigkeit in ein Zimmergewächshaus gestellt bzw. mit einem Glasbehälter oder einer dünnen Plastiktüte überstülpt werden, sollten die ersten Keimlinge nach 1 – max. 3 Wochen zu sehen sein. Peyote wächst sehr langsam, daher kann er ohne Probleme noch für einige Wochen geschützt unter dem Behälter weiter wachsen. Dieser wird zwar zwischendurch abgenommen, damit sich die Kakteen an frische Luft gewöhnen können, dann aber wieder aufgesetzt. Erst nach 2–3 Monaten werden Glasbehälter oder Plastiktüte ganz entfernt. Die kleinen Keimlinge werden dann vorsichtig pikiert und in Töpfe gepflanzt.

Standort und Pflegemaßnahmen

Die mit durchlässiger, mineralischer Kakteenerde befüllten Peyote-Kübel können ab Mitte Mai an einen warmen und sonnigen Standort ins Freiland gestellt werden; alternativ ist es möglich, den Kaktus als Zimmerpflanze zu pflegen. Peyote hat einen mäßigen Wasserbedarf und darf niemals Staunässe ausgesetzt werden, sonst droht eine Wurzelfäulnis. Daher ist es ratsam (aber kein Muss), den Kaktus ausschließlich von unten zu gießen: Die Untersetzer werden mit Wasser aufgefüllt, damit das Wurzelwerk so viel Flüssigkeit aufsaugen kann, wie die Pflanze benötigt. Übriggebliebenes Wasser muss umgehend abgeschüttet werden. Die Wasserzufuhr sollte immer dann erfolgen, wenn das Substrat fast (!) vollständig trocken ist. Wenn das Substrat nicht genügend Nährstoffe aufweist, kann man einmal monatlich einen biologischen Kakteendünger (stickstoffarm!) in mäßiger Konzentration ins Gießwasser geben. Nach einer Wachstumszeit von rund 5 Jahren hat der Peyote möglicherweise eine Größe erreicht, die ihn für den oralen Verzehr geeignet macht.

Überwinterung

Ab Oktober oder November bringt man den frostempfindlichen Kaktus wieder ins Haus an einen mäßig hellen Ort. Während der Überwinterungs-/Ruhephase brauchen Pflanzen, die bereits 2 oder 3 Jahre alt sind, überhaupt nicht gegossen zu werden. Nur wenn im Winter keine Wasserzufuhr erfolgt, bildet Peyote seine schönen Blüten aus. Ganz junge Pflanzen können im Winter einmal wöchentlich sparsam gegossen werden, damit sie schneller wachsen. Die Idealtemperatur in dieser Zeitperiode beläuft sich auf 5–15 °C.

Krankheiten und Schädlinge

Eine häufige Krankheit des Peyote-Kaktus ist Wurzelfäulnis. Diese läßt sich verhindern, indem man genaustens darauf achtet, dass sich im Substrat nicht zuviel Feuchtigkeit ansammelt, vor allem in den Sommermonaten, wenn die Topfpflanze draußen steht. Ein Alarmsignal für Wasserüberschuss ist, wenn der Kaktus einen weichen und leicht eindrückbaren Körper aufweist. Gesunde Peyotes sind straff und fest. Potenzielle Schädlinge sind Spinnmilben (*Tetranychidae*) sowie diverse Läuse-Arten.

Ein älterer Lophophora-Kaktus

> *Lophophora williamsii*

Peyote als Ritualpflanze

Großvater Peyote vereinigt uns alle in Liebe, doch zuerst muss er uns trennen, uns von der Außenwelt abschneiden, uns dazu bringen, in unser Inneres zu schauen. LAME DEER/ERDOES 1979: 247F.

Der rituell-schamanische Gebrauch des psychoaktiven Peyotekaktus ist uralt und reicht weit in die vorspanische Zeit zurück. Bereits die Inkas und Azteken wussten um die besondere Wirkung des Kaktus und nutzten ihn in rituellen Settings als heilsames Entheogen, zur Austreibung oder Abwehr gefährlicher Dämonen, zum Diagnostizieren von Krankheiten, zur visionären Divination oder zur Verbindung mit den Pflanzendevas.

Besonders bei den Tarahumara und den Huicholen in Mexiko ist der rituelle Peyote-Gebrauch von großer Bedeutung, einerseits als wichtiges schamanisches Werkzeug und andererseits als bewusstseinsveränderndes Genussmittel bei Stammesfesten. »*Bei den großen Peyotefesten* (hikuri neira) *nehmen alle Huichol, ob jung oder alt, sogar Greise, Kleinkinder und Schwangere, den heiligen Kaktus ein.*« (RÄTSCH 2012: 330)

Während die Tarahumara die Peyoteköpfe traditionell in ihrer Heimat sammeln bzw. sammelten – der Peyotekult ist dort in den letzten Jahrzehnten stark rückläufig –, gehen die Huicholen einmal im Jahr auf eine große spirituelle Pilgerreise. Sie reisen bisweilen Strecken von über 500 Kilometern, um den begehrten Kaktus zu finden oder, wie sie selbst sagen, ihn zu jagen; tatsächlich weist das rituelle Sammeln der Kakteen viele Gemeinsamkeiten mit einer Jagd auf. Symbolisch steht Peyote in diesem Kontext für den »blauen Hirsch der Schöpfung«, den die Huicholen mit kleinem Pfeil und Bogen »erlegen«. Das erjagte »Fleisch« wird, nachdem sich alle Teilnehmer einer gründlichen Reinigung unterzogen haben, gemeinsam verzehrt. Im Idealfall – was durch die Begleitung eines oder mehrerer Schamanen meist gewährleistet ist – erhält jeder Teilnehmer einen Einblick in die unsichtbare Wirklichkeit des Geistes, sieht möglicherweise den Ursprung aller Dinge und erfährt seine eigene Göttlichkeit, aber auch, wie alles mit allem in unmittelbarer Verbindung steht.

Inhaltsstoffe

Insgesamt wurden im Peyotekaktus über 50 verschiedene Alkaloide identifiziert, wobei der Alkaloidgehalt im frischen Kaktus bei durchschnittlich 0,4 % liegt. Psychoaktives Hauptalkaloid ist das Phenethylamin Meskalin (3,4,5-Trimethoxyphenethylamin), das Arthur Heffter 1896 als erster aus dem Kaktus isolierte. Daneben ist eine Vielzahl an weiteren Substanzen enthalten, so zum Beispiel Tyramin, Hordenin, Candicin, Dopamin, Epinin, Anhalimin, Anhalidin, Lophophorin, Pellotin und N-Methylmescalin.

Dr. Louis Lewin, ein Pharmakologe aus Berlin, brachte den Peyote als erster für wissenschaftliche Studien nach Europa und bewies 1888 die Existenz von Alkaloiden in dem Kaktus. Zu seinen Ehren wurde der bis dahin *Echinocactus williamsii* genannte Peyote in *Anhalonium lewinii* umbenannt.

Rituelles Fadenbild der Huichol

INFO Der visionäre Bewusstseinszustand, der durch die Einnahme der Peyotebuttons herbeigeführt wird, ist nach indianischem Verständnis eine sehr wichtige Medizin für die Seele und den Körper eines Menschen, eine Art Allheilmittel. Deshalb ist jede Peyotezeremonie immer auch ein Heilritual.

Nächtliches Peyote-Ritual in einem Tipi

Als spirituelles Sakrament wird der Peyote-Kaktus außerdem in den Gottesdiensten (Peyote-Meetings) der Native American Church verwendet. Insgesamt sind heute über 50 verschiedene amerikanische Ethnien bekannt, die sich dieser Glaubensgemeinschaft – die organisierte Spiritualität mit indianischer Mystik und Elementen aus dem Christentum verbindet – zugehörig fühlen.

Historische Aufnahme eines Peyote-Trommlers

Ablauf eines Peyote-Rituals

Kurz zusammengefasst, verläuft ein Peyote-Meeting, das stets als Kreisritual in einem Tipi und ausschließlich in der Nacht abgehalten wird, auf folgende Weise:

1. Gründliches Reinigen des Ritualplatzes sowie der Teilnehmer mit Tabakrauch (*Nicotiana tabacum*) und anderem Räucherwerk (zum Beispiel *Juniperus virginiana* o. *Artemisia* spp.).
2. Der Medizinmann – in diesem Kontext auch *Roadman* genannt – spricht Gebete, singt reinigende und heilsame Lieder und liest eventuell aus spirituellen Texten vor.
3. Der Medizinmann verteilt die Peyotebuttons an die Zeremonienteilnehmer.
4. Einnahme der Peyotebuttons in andächtigem Schweigen.
5. Sobald die Wirkung eingesetzt hat, werden Peyotestab (Talking Stick), Rassel und Trommel im Uhrzeigersinn herumgereicht.
6. Jeder Teilnehmer hat die Möglichkeit – sobald er an der Reihe ist –, seine eigenen Peyotelieder zu singen oder sich anderweitig mitzuteilen. Die anderen Teilnehmer hören ihm dabei zu.
7. Insgesamt gibt es mehrere Runden. Zwischendurch wird geräuchert, Wasser getrunken sowie gegebenfalls nachdosiert.

Symbolisch stellt das Tipi das gesamte Universum dar. Das Feuer, das in der Mitte des Zeltes brennt und von den Teilnehmern kreisförmig umschlossen wird, ist heilig und muss die ganze Nacht über mit Holz versorgt werden. Vor dem Feuer befindet sich ein halbmondförmiger Altar mit den Ritualgegenständen. Der Peyotestab steht für die Verbindung zwischen den Menschen und dem Großen Geist sowie zwischen Himmel und Erde; das Rasseln ist ein Gebet an den Schöpfer, und die geschlagene Trommelrhythmik wird als der (kosmische) Herzschlag gedeutet. Zwischen Altar und Feuer wird üblicherweise ein lebendiger alter Peyotekaktus platziert, der achtungsvoll mit »Chief« oder »Grandfather« angesprochen und als Inkarnation des Großen Geistes verehrt wird.

Exkurs: Meskalin in der Psychotherapie

Zu Beginn des 20. Jahrhunderts interessierten sich vor allem die Psychotherapie und Psychoanalyse für Meskalin. Der Heidelberger Psychiatrieprofessor und Meskalinforscher Kurt Beringer griff im Jahr 1920 die Idee auf, das Rauschverhalten und die »Rauschgestaltung« unter Meskalin-Einwirkung zu untersuchen. Beringer hatte als klinischer Psychiater mit Nervenkranken zu tun, die ihre Meskalinerfahrungen für wissenschaftliche Zwecke nicht zufriedenstellend beschreiben konnten. Deshalb wurde die Studie an geistig gesunden Probanden vorgenommen, die gezielt Meskalindosen erhielten. Die Erlebnisse der Probanden wurden präzise dokumentiert. 1927 veröffentlichte Beringer dann sein Werk *Der Meskalinrausch – seine Geschichte und Erscheinungsweise*, bis heute weltweit das Standardwerk zum Thema. Im selben Jahr veröffentlichte der französische Psychologe Alexandre Rouhier die letzte offizielle versuchspersonenbasierte Studie zur Wirkungsweise des Peyote unter dem Titel *Le Peyotl*.

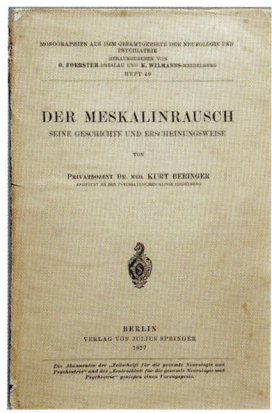

Titelblatt des Meskalin-Klassikers von Kurt Beringer

In den 1950er Jahren entwickelte Abram Hoffer am kanadischen Hollywood Hospital die »Psychedelic Therapy«, eine psychedelische Alkohol-Entwöhnungstherapie, die eine starke Meskalinerfahrung in das Therapiegeschehen einband. Auf diese Weise verschaffte man dem Patienten ein mystisches Offenbarungserlebnis, durch das sich die Persönlichkeitsstruktur des Probanden gänzlich neu definieren ließ.

In England schufen 1954 die Psychiater Sandison, Spencer und Whitelaw die auf der Freudschen Psychoanalyse basierende »Psycholytische Therapie« (griech. *lysis* = Auflösung). Die Patienten erhielten über einen sechs Monate bis zwei Jahre dauernden Zeitraum Halluzinogene wie Meskalin in mittleren Dosierungen und verarbeiteten die Erfahrungen dann mittels Malerei und Gespräch sowie anderen, vorwiegend gruppenorientierten Aktivitäten.

Wirkung und Psychoaktivität

Primär beruht der psychoaktive Wirkkomplex des Peyote auf dem enthaltenen Meskalin. Dieses verfügt über große strukturelle Ähnlichkeiten zu den körpereigenen Neurotransmittern Noradrenalin und Serotonin, so dass die Substanz unter anderem als sogenannter Partialagonist wirkt und die Serotonin-Rezeptoren aktiviert. Die Wirkung reinen Meskalins verläuft signifikant anders als die des Peyote, was an den zahlreichen anderen Inhaltsstoffen des Kaktusgewächses liegt.

Die Wirkung der Buttons beginnt in der Regel 45 Minuten nach der Einnahme; allerdings kann sich der Wirkeintritt ohne weiteres bis zu 2 Stunden hinauszögern. Konsumenten fühlen sich anfänglich oft sehr schlapp, möglicherweise auch richtig krank und schlecht. Ebenso verspüren sie nach der Einnahme häufig Übelkeit und müssen sich erbrechen. Die Indianer betrachten dieses Phänomen als vorgezogenen Kater und als wichtigen Prozess der inneren Reinigung.

Die anfängliche Übelkeit lässt sich reduzieren, indem die Buttons nicht auf einmal gegessen werden, sondern aufgeteilt in 3 Dosen im Abstand von je 30 Minuten. Mit dem Einsetzen der psychedelischen Wirkung schwindet die

Visionäre Kunst der Huichol

Medizinische Indikationen
Der ausgequetschte Saft des Kaktus wird gegen Infektionen und zur allgemeinen Heilung auf Wunden aufgetragen. Peyote wird außerdem angewendet gegen Arthritis, Asthma, Augenkrankheiten, Blindheit, Diabetes, Erkältungen, Farbenblindheit, Fieber, Gastrointestinal-Beschwerden, Geschlechtskrankheiten, Influenza, Lungenentzündung, Nervosität, Ohrenleiden, Quetschungen, Schmerzen, Schwindsucht, Schlaflosigkeit, Schlangen- und Skorpionbisse, Tuberkulose, Wunden und Pflanzenvergiftungen (z.B. mit dem Toloache-Stechapfel *Datura innoxia*).

Außerdem wird der Kaktus als Haartonikum, Analgetikum gegen Geburtswehen und andere Schmerzen, Appetit- und Durstzügler, Muntermacher, Relaxans, Rheumatikum, Spasmolytikum, Brechmittel, Herzstimulans und Narkotikum gebraucht. *Lophophora* unterstützt die Entwöhnung vom Alkohol.

In der Homöopathie wird Peyote (*Anhalonium*, HAB) in verschiedenen Potenzen als Globuli oder flüssige Dilution verabreicht, beispielsweise zur Therapie von Depressionen, Kopfschmerzen, Schlafstörungen, psychischen Unruhezuständen und psychiatrischen Krankheitsbildern.

Übelkeit üblicherweise wieder, woraufhin sich der Körper nicht mehr krank anfühlt, sondern sehr energetisch und leicht.

Was der Anwender auf einem starken Meskalin-Trip, auf der Reise durch die verborgenen Welten seines inneren Kosmos, erlebt und in Erfahrung bringt, ist wie bei allen Psychedelika stark abhängig von Set und Setting. Bei einer schamanischen Grundhaltung erhalten Anwender oftmals tiefgreifende Informationen über ihr eigenes Selbst, ihren kosmischen Plan oder die Struktur des holographischen Universums: Alles ist eins und alles ist in allem enthalten. Die Sinne werden extrem geschärft, alles erscheint in leuchtenden Farben und von einem göttlichen Schleier umhüllt.

Nebenwirkungen, die nach dem Verzehr der Peyotebuttons auftreten können, sind Übelkeit, Schweißausbrüche, Zittern sowie leichte Kieferverkrampfungen. Die Wirkdauer liegt bei 6–10 Stunden.

Die eingenommene Dosierung kann, abhängig von individuellen oder rituellen Begebenheiten sowie vom Wirkstoffgehalt der Kakteen, stark variieren. So werden mancherorts 4, anderenorts 40 Buttons gegessen. Als Orientierungshilfe lässt sich festhalten, dass es im Fall von Meskalin für eine psychedelische Erfahrung 5 mg pro Kilogramm Körpergewicht braucht. Das sind bei einer 70 kg schweren Person 350 mg Meskalin. Und 350 mg Meskalin sind wiederum ungefähr in 15–30 g des Trockenmaterials enthalten. Niedrige Dosierungen, die unterhalb der psychedelischen Schwelle liegen, rufen beim Anwender eine starke Stimulierung hervor, die traditionell zur Leistungssteigerung genutzt wird, auch zur sexuellen.

Lophophora williamsii

Zubereitungsformen

Kapsel Nachdem die Buttons in Scheiben geschnitten, vollständig getrocknet und pulverisiert wurden, wird das Kaktuspulver zu je einem Gramm in Zellulosekapseln gefüllt und geschluckt.

Oraler Verzehr der Buttons Traditionell werden die frischen oder getrockneten Buttons üblicherweise einfach gut zerkaut und geschluckt. Aufgrund des extrem bitteren Geschmacks zieht sich dabei jedoch alles zusammen, und es bedarf großer Anstrengung, ohne Würgen und Erbrechen alles hinunterzuschlucken. Einigen Personen hilft Limonensaft oder ähnliches zur Geschmacksneutralisierung.

Getrocknete Peyote-Buttons

Räucher- und Rauchmischungen Vereinzelt wurde der getrocknete Peyote auch in Räucher- oder Rauchmischungen verwendet. Geraucht wirkt Peyote zwar nur subtil und keineswegs psychedelisch, er kann aber zum Beispiel in Kombination mit Hanfprodukten das typische High-Gefühl spürbar intensivieren.

Teeaufguss Für einen Peyote-Tee werden die frischen oder getrockneten Buttons einfach in Wasser aufgekocht. Die Kochzeit variiert je nach der gewünschten Stärke. Je länger die Buttons im Wasser kochen, desto intensiver die Wirkung des Tees. Mindestens sollten sie aber 15–30 Minuten im Wasser verbleiben. Auch wenn das Trinken von Peyote den meisten Personen leichter fällt als das Essen, schmeckt ein Tee in der Regel genauso unangenehm.

Tinktur (tinctura de peyotl) Nach traditioneller Rezeptur braucht es hierfür 50 g Peyotepulver. Dieses wird zunächst mit etwas Wasser angefeuchtet und danach mit 100 ml hochprozentigem Alkohol (zum Beispiel Ethanol) aufgegossen. Nach 2–3 Tagen wird die Flüssigkeit gefiltert, etwa durch einen Kaffeefilter oder ein Stofftuch. Übrig bleibt ein flüssiges Extrakt. 15–30 Tropfen gelten als medizinische Dosis.

Kreuztoleranz zu anderen Psychedelika

Personen, die psychedelische Ritualpflanzen visionär oder anderweitig nutzen, sollten wissen, dass Meskalin kreuztolerant zu LSD und Psilocybin/Psilocin ist (obwohl Meskalin ein Phenylethylamin ist und LSD und die Pilzwirkstoffe Tryptaminderivate sind). Das heißt, dass Meskalin nicht durch LSD oder Psilocybin ersetzt werden kann, sobald die Wirkung schwächer geworden ist.

⚠️ Achtung! Die kombinierte Einnahme von Phenethylaminen – wie Meskalin – und Alkohol kann mit sehr unangenehmen Nebenwirkungen verbunden sein.

Mandragora officinarum

Mandragora officinarum Linné
Gemeine Alraune

Gattung .... *Mandragora* Linné (Alraunen)
Familie .... Solanaceae Jussieu (Nachtschattengewächse)

Fast alles, was der Mensch ersehnt, kann ihm die Alraun verschaffen: hieb-, stich- und kugelfest machen, unsichtbar werden lassen, Orte unterirdischer Schätze anzeigen, Geldstücke vermehren und sämtliche Krankheiten fernhalten oder beseitigen. Scherf 2007:74

Zweifelsohne gehört die Alraune zu den mythen- und legendenträchtigsten Rausch- und Ritualpflanzen im ganzen Schamanengarten, wird sie doch unter anderem als die »Königin der Zauberkräuter« (Rätsch 2012: 345) bezeichnet. Nicht nur als altertümliche und mittelalterliche Zauberpflanze spielt die *Mandragora* eine herausragende Rolle, auch ihre Verwendung als Heilpflanze wurde ethnopharmakologisch gut dokumentiert.

Mandragora-Wurzel

Die Anzucht der Alraune im eigenen Garten ist im Gegensatz zu vielen anderen Ritualpflanzen recht anspruchsvoll, aber dennoch möglich. Die Berücksichtigung der Anzucht- und Pflegehinweise, etwas Geduld, ein grüner Daumen und eine gute Portion Dankbarkeit und Liebe für den Alraunendeva sind zentrale Voraussetzungen, die für das Gelingen der *Mandragora*-Kultur im eigenen Garten erforderlich sind.

Trivialnamen
Alraun, Alraunmännchen, Alraunwurzel, Dollwurz, Drachenpuppe, Erdmännlein, Folterknechtwurzel, Galgenmännlein, Hausväterchen, Heinzelmännlein, Liebeswurzel, Mandrake (engl.), Menschenwurzel, Springwurz und viele mehr.

Weitere Mandragora-Arten
Mandragora autumnalis Spreng. Herbstblühende Alraune • *Mandragora caulescens* Clarke Himalaya-Alraune • *Mandragora turcomanica* Mizgireva Turkmenische Alraune

Vorkommen

Verbreitet ist die Alraune im südlichen Europa von Portugal bis Griechenland. Daneben kommt sie in den Ländern des Nahen Ostens, in Nordafrika sowie im Himalayaraum vor. Meistens gedeiht die Pflanze auf trockenen und steinigen Hängen. Allerdings ist sie besonders in Europa in Wildform nur sehr selten zu finden.

Für die Gartenkultur in Mitteleuropa sind *M. officinarum* sowie *M. autumnalis* gleichermaßen geeignet. Der zentrale Unterschied zwischen diesen beiden heute häufig als synonym betrachteten Spezies ist ihre Blütezeit: Die Gemeine Alraune blüht von März bis Mai, die Herbstblühende Alraune von September bis November.

Botanik

Mandragora officinarum ist eine mehrjährige, stammlose Pflanze mit einer Wuchshöhe von bis zu 35 cm und glänzend grünen, länglichen, eiförmigen und gezähnten Blättern. Charakteristisch für die Alraune ist ihre fleischige Wurzel, die unter optimalen Pflegebedingungen eine Länge von bis zu 1 m erreichen kann. Manchmal erinnert sie in ihrer Form an eine Menschengestalt; daher kommen auch die vielen darauf hinweisenden volkstümlichen

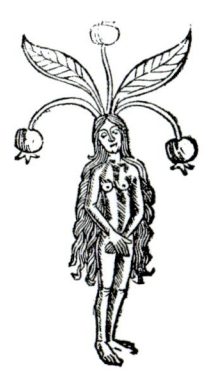
Darstellung der Mandragora-Wurzel als Frauengestalt

Mandragora-Früchte

Trivialnamen. Die glockenförmigen und grünweißen Blüten erscheinen bei der Spezies *M. officinarum* im Frühjahr, bei *M. autumnalis* hingegen im Herbst. Aus ihnen entwickeln sich später die gelborangen Blüten. Die saftigen, zunächst grünen und später gelborangefarbigen Früchte der Alraune sind ungefähr 5 cm lang und verströmen zum Zeitpunkt der Vollreife einen sehr angenehmen Duft. Nach der Reife verändert sich der Geruch der Früchte stark und wird unangenehm. Die Samen der Alraune befinden sich in den ausgereiften Früchten und sehen denen des Bilsenkrauts täuschend ähnlich. Im Winter zieht sich die Alraune komplett ins Erdreich zurück. Während dieser Zeit ist nichts von ihr an der Erdoberfläche sichtbar.

Pflegeanleitung

Vermehrt wird die Alraune grundsätzlich generativ durch Aussäen der Samenkörner. Diese gehören zum festen Sortiment gut sortierter ethnobotanischer Saatguthändler.

Vermehrung durch Aussaat (generativ)

Zur Vorkultur der Alraune haben sich durchlässige Topfplatten bewährt, die einfach in handelsübliche Pikierschalen hineingesteckt werden können. Als Anzuchtsubstrat empfiehlt sich eine Mischung aus fein gesiebter Komposterde und Sand. Man kann aber auch auf handelsübliche Anzuchterde zurückgreifen. Nachdem die Erde-Sand-Mischung in die Topfplatten gefüllt wurde, können die stratifizierten Samen (Dunkelkeimer) etwa 1 cm tief in das Substrat gesetzt und die Topfplatte an einen hellen Platz gestellt werden (zum Beispiel eine lichte Fensterbank). Im weiteren Verlauf sollte man die Anzuchterde durch regelmäßiges Besprühen (nicht gießen) konstant feucht halten. Die Verwendung einer Gießkanne birgt bei der Vorkultur nicht nur das Risiko, dass die Samen wieder ausgeschwemmt werden, sondern auch, dass das Substrat versehentlich zu nass wird. Ist dies der Fall, erhöht sich das Schimmelrisiko um ein Vielfaches, und das Projekt Alraunen-Kultur droht bereits zu Beginn zu scheitern.

Die Keimung der Samen erfolgt sehr unregelmäßig. Die ersten Keimlinge zeigen sich bei Temperaturen um die 20 °C meist nach 3–4 Wochen, andere hingegen brauchen 2–3 Monate. Geduldig abwarten zu können, ist bei der Alraunenkultur daher eine wichtige gärtnerische Grundvoraussetzung. Sobald die Keimlinge eine Größe von 2–4 cm erreicht haben, werden sie pikiert und ins Beet oder in hohe Kübel gepflanzt.

Alraunenkeimlinge sind extrem sensibel. Sie reagieren auf alles Mögliche mit einer Veränderung des Wuchsverhaltens. Beispielsweise bekommt ihnen lauter, disharmonischer Heavy-Metal-Sound offensichtlich überhaupt nicht gut; eine leise und liebevoll gesummte Melodie hingegen gefällt ihnen prima. Genauso verhält es sich mit Gedanken: Wird die Alraune in einer Wohnung vorgezogen, in der viel gestritten wird und viele negative Gedanken ausgesendet werden, wächst sie weniger gut als in einer Wohnung, in der eine harmonische Atmosphäre vorherrscht und wo viel geliebt und gesungen wird.

Mandragora in Topfkultur

Am häufigsten wird die Alraune in schmalen und hohen Töpfen kultiviert. Hoch muss der verwendete Kübel deshalb sein, damit sich die besondere Wurzel der Alraune ungestört und ungehindert entwickeln kann. Der Kübel sollte nicht aus Plastik, sondern im Idealfall aus Ton sein. Letzterer ist atmungsaktiv, was für ein gutes Wachstum der Alraunenwurzel besonders förderlich ist.

Stratifikation der Samen
Sowohl die Samen von *M. officinarum* als auch die von *M. autumnalis* benötigen eine Kälteperiode (Stratifikation), um die Keimung anzuregen. Daher müssen sie, nachdem sie zunächst über einen Zeitraum von 24 Stunden in Wasser eingeweicht bzw. vorgequollen wurden, für 1–2 Monate im Kühlschrank aufbewahrt werden, beispielsweise in einem stets feuchten Taschentuch oder eingelegt in etwas Substrat. Erst danach kann der Gärtner mit der Anzucht beginnen.
Möchte man die Stratifikation von der Natur erledigen lassen, erfolgt die Aussaat im Herbst. Hierzu werden die Anzuchttöpfe den Winter über an eine kalte, aber geschützte Stelle auf den Balkon oder die Terrasse gestellt.

Mandragora officinarum

Blühende Mandragora

Inhaltsstoffe

Die Alraunwurzel enthält Atropin und Scopolamin als Hauptalkaloide, daneben Apoatropin, Cuskhygrin, Hyoscyamin, Mandragorin und Solandrin. Ferner wurden in der Wurzel die beiden Cumarine Scopolin und Scopoletin sowie Sitosterol und Zucker nachgewiesen. Die Blätter enthalten ebenfalls die psychoaktiven Tropanalkaloide, allerdings ist die Wirkstoffkonzentration in der Wurzel am höchsten.

Wichtig: Einmal angewachsen, möchte die Alraune nicht mehr umgetopft werden. Auch ein Standortwechsel im selben Topf kann ihr nachhaltig die Laune verderben. Daher müssen ihr Kübel und ihr Standort von Anfang so gewählt werden, dass die Alraune ein Leben lang damit zufrieden ist.

Mandragora in Beetkultur

Ab Mai können die jungen Alraunpflanzen an einen vor viel Regen geschützten Standort ins Beet gepflanzt werden. Der Boden muss locker und durchlässig sein. Ist er zu lehmig, sollte der Gärtner etwas Sand untermischen. Ebenfalls ist bei einer Beetkultur darauf zu achten, dass der Bereich um die Alraunpflanze regelmäßig gejätet wird, so dass diese nicht von Beikräutern überwuchert werden kann.

Es ist völlig normal, dass der oberirdische Teil der Pflanze im ersten Jahr sehr klein bleibt, was daran liegt, dass sie sich am Anfang ausschließlich auf das Wachstum der Wurzeln konzentriert. Erst nach etwa einem Jahr wächst die Pflanze verstärkt oberirdisch.

Standort und Pflegemaßnahmen

Zum optimalen Gedeihen benötigen Alraunen einen lockeren, nährstoffreichen und trockenen Boden. Gut geeignet ist zum Beispiel eine selbsthergestellte Mischung aus fein gesiebter Komposterde und Sand. Als Standort sollte ein lichtes Fleckchen ausgewählt werden, wobei sich *M. autumnalis* gerne auch mit einem eher halbschattigen Standort zufrieden gibt. Bei der Wasserversorgung gilt: lieber ein wenig zu trocken als zu nass. Es reicht, wenn die Alraune zweimal pro Woche mäßig gegossen wird. Eine Zufuhr von Dünger – etwa ein organischer NPK-Dünger – sollte maximal alle 3 Wochen und erst ab einem Alter von 6 Monaten erfolgen, nicht früher.

Überwinterung

Da die Alraune nur begrenzt winterhart ist, braucht man bei einer Kultur im mitteleuropäischen Raum zur erfolgreichen Überwinterung einen Winterschutz. Beispielsweise etwas angehäuftes Laub, das vor Eintritt des Winters auf die oberirdisch nicht sichtbaren Pflanzen gelegt wird. Eine sehr sparsame Wasserzufuhr ist in dieser Zeit nur dann nötig, wenn die Pflanze in Kübeln kultiviert wird. Die Zufuhr von Nährstoffen kann in dieser Zeit vollständig eingestellt werden.

Historische Darstellung von Mandragora officinarum

Mythologie und Ritual

Vermutlich wurde die Mandragora bereits im Altertum im Rahmen von Orakel- und erotischen Liebesritualen verwendet. Möglicherweise sind mit den goldenen Äpfeln der Aphrodite die Alraunfrüchte gemeint, welche genau wie die sagenumwobene Wurzel noch heute vielerorts als aphrodisierendes Mittel dienen.

Die Wurzel der Alraune galt schon immer als magisches Glückssymbol. Ein aus ihr geschnitzter Talisman soll zum Beispiel Geld, Liebe und Gesundheit bringen. Vorsicht nur, wenn die Wurzel ausgegraben wird! Dem alten Volks- und Aberglauben nach handelt es sich dabei um eine gefährliche, ja sogar todbringende Angelegenheit. Die Römer pflegten die Pflanze deshalb an einen Hund zu binden, der sie samt Wurzel herauszog. Die alten Griechen zogen einen sakralen (Schutz-)Kreis um die Pflanze, der ein sicheres Ausgraben der Wurzel ermöglichen sollte. Um das Ausgraben der Alraunwurzel ranken sich viele weitere Mythen, die darauf hinweisen, dass es sich beim Alraunendeva um ein sehr mächtiges Wesen handelt – auch wenn vom behutsamen Ausgraben der Wurzel für demütige, dankbare (und am besten Handschuhe tragende) Gärtnerinnen und Gärtner sicher keine ernsthafte Gefahr ausgeht.

Dass die Alraune auch von den Germanen rituell genutzt wurde – etwa bei magischen Handlungen oder Liebesritualen – kann zwar angenommen werden, wurde jedoch nie eindeutig bestätigt. Genauso wahrscheinlich, aber ebenfalls rein spekulativ ist die Vermutung, dass die Alraunwurzel im Mittelalter gelegentlich den psychoaktiven Hexensalben beigefügt wurde – gelegentlich deshalb, weil die Alraune schon damals sehr selten und folglich höchst kostbar war – schon Paracelsus warnte vor dem Betrug mit gefälschten Alraunwurzeln.

In okkultistischen Ritualen wurde und wird die Alraunwurzel gelegentlich als magisches, unter dem Einfluss des Mondes stehendes Räucherwerk eingesetzt.

Wirkung und Psychoaktivität

Wie bei anderen atropin- und scopolaminhaltigen Nachtschattengewächsen kommt es nach dem Konsum der Alraune zu einer Hemmung des Parasympathikus sowie des endogenen Neurotransmitters Acetylcholin. Atropin und Scopolamin ähneln in ihrer chemischen Struktur den beiden endogenen Neurotransmittern Adrenalin und Noradrenalin, so dass sie an ihren Rezeptoren andocken und für eine verstärkte Freisetzung dieser Botenmoleküle sorgen.

Gering dosiert wirkt eine Zubereitung aus der Alraune beruhigend, enthemmend, entspannend, leicht berauschend und stark aphrodisierend. Bei höheren Dosierungen kommt es zu narkotisierenden und halluzinogenen Effekten, die nach einer unsachgemäßen Anwendung nicht selten in Wahnvorstellungen münden – typisch Nachtschattengewächs. Zudem kommt es zu starker Mundtrockenheit, Übelkeit, einer auffälligen Gesichtsrötung sowie einer enormen Vergrößerung der Pupillen. Überdosierungen mit der Alraune sind gefährlich und können im schlimmsten Fall zum Tode durch Atemlähmung führen. Scopolamin wirkt ab einer Menge von etwa 14 mg letal.

Alraunen-Hund

Medizinische Indikationen
Die Alraune gehört zu den ältesten europäischen Heilpflanzen und wurde bereits zur Zeit der Antike bei einer Vielzahl von Krankheiten empfohlen, etwa bei Abszessen, Arthritis, Augenentzündungen, Ausfluss, Depressionen, Entzündungen, Geburtskomplikationen, Gelenkschmerzen, Geschwülsten, Hysterie, Impotenz, Kopf-, Leber- und Magenschmerzen, Schlaflosigkeit, Schlangenbissen, Wurmbefall, Zahnschmerzen und vielen weiteren Symptomen.

Besonders geschätzt wird bei der Alraune seit jeher die aphrodisierende, betäubende und schmerzstillende Wirkung. In der Homöopathie finden Wurzel-Zubereitungen bei Depressionen, Magen- und Leberbeschwerden sowie Kopfschmerzen Anwendung. Schulmedizinisch wird die Pflanze nicht genutzt.

Zubereitungsformen

Da der Wirkstoffgehalt stark schwanken kann, ist bei der Alraune – wie bei den anderen psychoaktiven Nachtschattengewächsen – größte Vorsicht angezeigt. Ein leichtsinniger Gebrauch kann schwerwiegende Folgen haben.

Räucherwerk Geräuchert werden die getrockneten Blätter oder die zerkleinerten Wurzelstücke. Letztgenannte erzeugen beim Räuchern ein unangenehmes und modriges Aroma, so dass es sich empfiehlt, diese mit wohlriechenden Baumharzen zu mischen. Eine *Mandragora*-Räucherung eignet sich hervorragend als Unterstützung beim Verlassen der Alltagswirklichkeiten, etwa für Astralreisen oder zur Kontaktaufnahme mit Ahnen oder Naturwesen. Daneben kann die Alraune in der Darreichung eines Räucherwerks als Hilfsmittel zur Stimulierung oder Öffnung des Sakral-Chakras (*Svādhisthāna*) eingesetzt werden.

Rauchware Die getrockneten Blätter der Alraune können pur oder in Mixtur mit weiteren Rauchpflanzen in eine Zigarette gedreht und geraucht werden. Die subtile, aber deutlich zu spürende psychoaktive Wirkung zeigt sich beim Rauchen primär durch aphrodisierende und enthemmende Effekte.

Schnaps Hierzu werden die alkaloidreichen Wurzelstücke in hochprozentigem Alkohol eingelegt. Wie beim Alraunen-Wein werden die Stücke nicht abgesiebt, sondern sie bleiben so lange im Schnaps, bis er getrunken wird.

Tinktur Da die in der Alraune enthaltenen Alkaloide sich in Wasser gut vom Ausgangsmaterial lösen, kann zur Gewinnung einer potenten Tinktur ein wässriger Gesamtauszug verwendet werden. Alternativ kann eine Alraunen-Tinktur mit Alkohol hergestellt werden.

Alraunen-Rezepte nach Christian Rätsch (2012: 347 f.)

Alraunen-Bier »Ein Alraunenbier wird genau wie Bilsenkrautbier gebraut. Dabei werden 50 Gramm der getrockneten Wurzel auf 20 Liter Flüssigkeit gerechnet. Um das Alraunenbier geschmacklich zu verbessern, kann man dem Gebräu Zimtstangen und/oder Safran (*Crocus sativus*) zusetzen. ½–1 Liter Alraunenbier haben sehr deutliche Wirkungen. Vorsicht bei der Dosierung!«

Alraunen-Wein »Ich benutze zur Herstellung eines Mandragoraweins eine Handvoll (etwa 23 Gramm) zerkleinerte Alraunenwurzel (*Mandragora Radix* conc.), die in eine Flasche Retsina (0,7 Liter) gegeben wird. Das Gemisch lässt man eine Woche stehen. Es wird nicht abgeseiht, die Wurzelstücke verbleiben im Wein, bis er getrunken wird. [...] Die Dosis liegt bei einem Likörglas (40–60 Milliliter Wein).«

Aphrodisischer Liebestrank Zutaten: 1 Flasche Weißwein, 28 g Vanilleschoten (*Vanilla planiflora*), 28 g Zimtstangen (*Cinnamomum verum*), 28 g Rhabarbarwurzel (*Rheum officinale*), 28 g Alraunenwurzel (*Mandragora officinarum*)
»Alle Zutaten werden grob zerkleinert und für zwei Wochen mit dem Wein angesetzt. Möglichst täglich einmal schütteln. Dann wird die Flüssigkeit durch ein Sieb abgegossen und eventuell mit etwas Johanniskraut (*Hypericum perforatum*) oder Safran (*Crocus sativa*) gefärbt; auch Süßen mit Honig (am besten in Verbindung mit Gelee Royale) ist möglich. Die Dosierung muss man selbst herausfinden.«

Mandragora, *Gemälde von Fred Weidmann*

Nicotiana tabacum

Nicotiana spp.   Tabak

Gattung .... *Nicotiana* LINNÉ (Tabak)
Familie .... Solanaceae JUSSIEU (Nachtschattengewächse)

Wo der Tabak wächst, kann kein Hass gedeihen. SPRICHWORT AUS KUBA

Da der Tabak über eine äußerst potente Heil- und Schutzkraft verfügt, gehören Arten dieser Gattung zu den wichtigsten und mächtigsten schamanisch verwendeten Ritualpflanzen. Im Schamanengarten sollte dem Tabak deshalb ein fester Platz reserviert werden – zumal die Tabakkultur, trotz der ursprünglich tropischen Heimat dieser Pflanze, auch in Mitteleuropa leicht gelingen kann. Rauchtabak wird auch in vielen deutschen Regionen großflächig für kommerzielle Zwecke angebaut, etwa in Baden-Württemberg, Bayern, Niedersachsen, Rheinland-Pfalz und Sachsen.

Von den vielen unterschiedlichen Tabak-Arten werden als traditionelle Rauchkräuter vor allem die beiden Spezies *Nicotiana tabacum* und *Nicotiana rustica* kultiviert, auf die sich die vorliegende Kulturanleitung primär bezieht. Davon abgesehen lohnt aber auch die Anzucht der anderen Spezies, von denen einige ebenfalls von ethnobotanischer Relevanz sind, beispielsweise die beiden Arten *N. glauca* und *N. quadrivalvis*.

Rechtslage
Die Tabakkultur im eigenen Garten ist nicht illegal. Selbstproduzierten Tabak zu verkaufen, ist verboten. Wird der Tabak jedoch ausschließlich für den Eigengebrauch kultiviert, braucht man juristisch nichts zu befürchten. Zur Menge der Tabakpflanzen im eigenen Garten existieren keine klar definierten Richtlinien. Die Zollbehörden gehen allerdings meist davon aus, dass bei einer Tabakkultur von über 100 Pflanzen gewerbliche Absichten vorliegen.

Ethnobotanisch relevante *Nicotiana*-Arten und ihre Trivialnamen
Nicotiana glauca GRAHAM Blaugrüner Tabak, Baumtabak ♦ *Nicotiana langsdorffi* WEINM. Grüner Ziertabak ♦ *Nicotiana obtusifolia* MARTENS & GALEOTTI Wüsten-Tabak, Desert tobacco (engl.) ♦ *Nicotiana palmeri* A. GRAY ♦ *Nicotiana quadrivalvis* PURSH Indianischer Tabak ♦ *Nicotiana rustica* LINNÉ Bauerntabak, Rundblatt-Tabak ♦ *Nicotiana sylvestris* SPEG. & COMES Wilder Tabak ♦ *Nicotiana tabacum* LINNÉ Echter Tabak, Virginia-Tabak ♦ *Nicotiana undulata* RUIZ & PAV. Yaquitabak ♦ *Nicotiana x* - Ziertabak
Insgesamt umfasst die Gattung über 75 gesicherte Arten.

Botanik am Beispiel von *Nicotiana tabacum*

Der Echte Tabak ist einjährig und erreicht in der Kultur eine Wuchshöhe von 60 bis 300 cm. Die grünen Blätter sind länglich, spitz zulaufend, von elliptischer Form, mit kleinen Härchen versehen und erreichen eine Länge von etwa 30 cm. Die hübschen, mehrfach verzweigten und in Rispen stehenden Blüten sind trichterförmig und verfügen über insgesamt fünf Kelchzipfel. Meist ist der Flor rosa bis rötlich (bei *N. rustica* ist er gelb), er kann aber auch von weißer, gelber oder grüner Farbe sein. Blütezeit ist von Juli bis September. Danach entwickeln sich die kapselförmigen Früchte. Diese sind sehr schmal, eiförmig und haben eine Länge von ungefähr 2 cm. In ihnen entwickelt sich das kugelförmige, winzig kleine Saatgut. In einer Kapsel befinden sich bis zu 200 Samenkörner.

Vorkommen

Die meisten Arten der Gattung stammen ursprünglich aus Mittel- und Südamerika. Andere Arten haben ihre botanische Heimat in Australien, Ozeanien und in Nordamerika. Für kommerzielle Zwecke sowie als Zierpflanze wird Tabak – im Besonderen die beiden Arten *N. rustica* und *N. tabacum* – auch außerhalb seiner natürlichen Verbreitungsgebiete kultiviert, etwa in Brasilien, China, Nordamerika, der Türkei sowie in Europa.

Blüten des Baumtabaks
Nicotiana glauca

Nicotiana-tabacum-*Jungpflanze*

Pflegeanleitung

Die Vermehrung der Tabakpflanze geschieht durch Aussaat der Samenkörner, die preisgünstig über das gut sortierte Gartengeschäft oder den ethnobotanischen Fachhandel bezogen werden können.

Vermehrung durch Aussaat (generativ)

Obwohl die Samen theoretisch nach dem letzten Frost direkt im Freiland ausgesät werden können, ist es im Sinne einer längeren Vegetationszeit besser (schließlich sind die meisten als Rauchpflanzen kultivierten Tabak-Arten nur einjährig), diese ab März in einer mit Anzuchterde befüllten Saatschale im Haus vorzuziehen, etwa auf einer warmen und hellen Fensterbank. Die Samen sind lichtkeimend und werden deshalb nur oberflächlich auf das Substrat gestreut. Gegossen wird während der Vorkultur grundsätzlich mit einer Sprühflasche, immer wenn die oberste Substratschicht trocken ist.

Die ersten Keimlinge zeigen sich bei Temperaturen ab 15–20 °C bereits nach einer Woche, und sobald diese stabil genug sind und eine Größe von mindestens 1 cm erreicht haben, können sie pikiert und in kleine Töpfe (Ø 12 cm) gepflanzt werden. Darin verbleiben die Pflanzen für weitere zwei Monate. In dieser Zeit sind viel Wärme und Licht für die jungen Keimlinge wichtig; allerdings sollten sie keiner direkten Sonnenbestrahlung ausgesetzt werden. Darauf können sie anfangs sehr empfindlich reagieren. Ab Mitte Mai werden die vorgezogenen Tabakpflanzen bei einer optimalen Größe von etwa 10 cm und mit 4–6 Blättern schließlich ins Beet oder in große 20-l-Kübel gepflanzt.

Standort und Pflegemaßnahmen

Tabakpflanzen benötigen einen sonnigen Standort, Temperaturen zwischen 15 und 30 °C sowie einen lockeren, durchlässigen und nährstoffreichen Boden. Die Pflanzen danken es einem, wenn man vor dem Auspflanzen reichlich gesiebte Komposterde in den Boden einarbeitet. Bei einer Beetkultur ist es außerdem wichtig, ungefähr 2 Wochen nach dem Auspflanzen der Setzlinge den Bereich um die Pflanze regelmäßig mit einer Hacke aufzulockern – zumindest am Anfang, bis die Pflanze eine Größe von etwa 30 cm erreicht hat. Für den Fall, dass die Pflanze in die Höhe schießt, wird am Stängel einfach etwas Erde angehäuft, so bekommt die Pflanze wieder einen stabilen Halt. Bei einer großflächigen Tabakkultur mit mehreren Pflanzen muss der Reihen- und Pflanzenabstand mindestens je 50 cm betragen. Bei geringeren Abständen kann es passieren, dass sich die Pflanzen beim Wachsen in die Quere kommen oder sich gegenseitig beschatten – beides ist ungünstig.

Tabak hat einen recht hohen Wasserbedarf und muss täglich gegossen werden. Staunässe muss man allerdings unbedingt verhindern, denn die mag die Pflanze genauso wenig wie anhaltende Trockenheit. Eine Beigabe von Bio-Dünger ist nur dann notwendig, wenn keine frische Komposterde vorhanden ist, die als Nährstofflieferant normalerweise völlig ausreicht.

Die im Juli erscheinenden Blüten sollten, wenn eine Nutzung der Blätter als Rauchware oder Räucherwerk beabsichtigt wird und man die Pflanze nicht als ethnobotanische Zierpflanze anbaut, unmittelbar nach ihrem Erscheinen abgeknipst werden, genau wie die sich kurz darauf bildenden Seitentriebe. Auf diese Weise entwickelt die Pflanze einen dicken Haupttrieb und steckt ihre Energie in die Ausbildung schöner und großer Tabakblätter.

Zum Trocknen aufgehängte Tabakblätter

Ernte, Trocknung und Fermentation der Tabakblätter

Im Durchschnitt sind die Tabakblätter 70 Tage nach der Auspflanzung ins Freiland erntereif. Die Tabakblatternte erfolgt stufenweise, von unten nach oben, und erstreckt sich über einen Zeitraum von etwa 6 Wochen. Man beginnt mit der zweiten Blattschicht, die, sobald die Blätter gelbbraune Ränder bekommen und eine Länge von 25 cm erreicht haben, vorsichtig abgeknipst wird. (Die »Grumpen«, also die erste bzw. unterste Blattschicht, werden nicht mitgeerntet.) So geht es weiter, bis auch die obersten Blätter reif sind und geerntet werden können. Die »Sandblätter« (zweite Blattschicht) enthalten nur wenig Nikotin, dafür viel ätherisches Öl und Harz. Sie eignen sich besonders als Außenblatt für Zigarren oder *Mapacho*-Sticks. Zu Rauchzwecken greift man aufgrund des höheren Nikotingehalts auf das Haupt- sowie das Obergut zurück.

Getrocknet werden die geernteten Tabakblätter üblicherweise an einer Leine aufgehängt an einem trockenen und luftigen Ort (Garage, Dachboden, Schuppen, Vordach). Die feuchten Blätter sollten sich nicht berühren, sonst droht ein Bakterien- oder Schimmelbefall, was die Blätter unbrauchbar machen würde. Sobald die Blätter trocken sind und eine bräunliche Farbe angenommen haben (nach ungefähr 7 Wochen), kann man die Blätter von der Leine nehmen. Seltener werden Tabakblätter auch unter der Sonne oder am Feuer getrocknet.

Für die Fermentation, die zwar aufwändig, aber sinnvoll ist, wenn die Blätter als Rauchware eingesetzt werden sollen, werden die Blätter zu Büscheln gebunden und an einem feuchten und warmen Ort stapelweise übereinandergelegt. Im Inneren des Stapels entsteht eine Temperatur von bis zu 50 °C, die zur Gärung und dadurch zu einem Eiweiß- und Nikotinabbau führt. Zur Schimmelprävention werden die Tabakbündel mehrmals täglich umgeschichtet. Bis zur gewünschten Qualitätsstufe erstreckt sich der Fermentationsprozess über mehrere Monate, in Einzelfällen sogar über Jahre. Alternativ ist es möglich – besonders wenn nur kleine Mengen geerntet und getrocknet wurden –, die noch etwas Restfeuchte enthaltenden Blätter gebündelt in Gefrierbeutel zu packen und verschlossen auf die Heizung zu legen. Der Beutel muss täglich geöffnet und durchgeschüttelt werden. Mit dieser Methode ist die Fermentierung bereits nach einem, maximal nach zwei Monaten abgeschlossen.

Überwinterung

Bei den einjährigen Pflanzen *N. tabacum* und *N. rustica* erübrigt sich die Frage nach einer Überwinterung. Ausdauernde Arten, etwa *N. glauca* oder *N. sylvestris*, müssen zur Überwinterung in mitteleuropäischen Gefilden ins frostfreie Gewächshaus oder in ein helles, kühl temperiertes Zimmer im Haus gestellt werden – vorausgesetzt, dass sie in Kübeln kultiviert werden.

Krankheiten und Schädlinge

Die meisten Insekten schrecken vor Nikotin zurück. Dennoch gibt es eine Reihe an potenziellen Schädlingen, so z.B. Blattläuse (*Aphidoidea*), Fransenflügler (*Thysanoptera*), Maulwurfsgrille (*Gryllotalpa gryllotalpa*), Saatschnellkäferlarve (*Agriotes lineatus*) sowie Tabakschwärmer (*Manduca sexta*). Krankheiten, die bei ungünstigem Standort und/oder falscher Pflege auftauchen können, sind Blauschimmel (*Peronospora tabacina*), Grauschimmel (*Botrytis cinerea*), Froschaugen (*Cercospora nicotiana*) oder der Tabak-Mosaik-Virus (TMV).

Nicotiana spp.

Inhaltsstoffe

Die wichtigste Substanz der Tabakpflanze ist das psychoaktive Alkaloid Nikotin. Weitere im Tabak enthaltene Stoffe sind Nornikotin, Anabasin und Nicotyrin, ferner wurden im Pflanzenmaterial Amine, Cumarine, Flavonoide, Pyrrolidin sowie Piperidin nachgewiesen. Insgesamt enthält der Tabak über 2500 Inhaltsstoffe.

Erntereifes Tabakblatt

Mythologie und Ritual

Tabak gilt als *die* Schamanenpflanze par excellence und ist als solche vor allem in Mittel- und Südamerika ethnobotanisch relevant. Man kann getrost behaupten, dass von 100 amazonischen Schamanen mindestens 90 mit Tabak arbeiten. Ihnen dient der Tabak als rituelle Opfergabe, als Mittel zur Reinigung und energetischen Harmonisierung, als bewusstseinsveränderndes Psychoaktivum und als geselliges Genussmittel.

Der Tabak ist im südamerikanischen Schamanismus deshalb so wichtig, weil er sich im übertragenen Sinne als magisches Schutzschild eignet – sowohl auf der physischen als auch auf der spirituellen Ebene. Der mächtige Tabakgeist vertreibt nämlich nicht nur Moskitos, sondern auch schädliche Krankheitsgeister, während er gleichzeitig die disharmonisch schwingenden Körperenergien einer kranken Person harmonisiert. Meist raucht der Schamane dazu eine *Mapacho* (Zigarette), mit deren Rauch er den gesamten Körper seines Patienten gründlich einbläst und vollständig einhüllt, vor allem die Körperregionen, in denen der Schamane energetische Unstimmigkeiten erkennt. Traditionell werden dazu sowohl die getrockneten Blätter von *N. tabacum* als auch die von *N. rustica* verwendet. Besonders während der Ayahuasca-Zeremonien raucht, räuchert oder schnupft der Schamane viel Tabak.

Zur Reinigung von Ritualplätzen oder Krankenzimmern wurde und wird der Tabak von vielen indigenen Stämmen als rituelles Räucherwerk verwendet, zum Beispiel von den südamerikanischen Mapuche-Indianern. Die Schamanen dieses Stammes nutzen die Pflanze außerdem als tranceinduzierendes Rauschmittel, indem sie große Mengen der getrockneten Blätter rauchen.

In Peru dienen der aus Tabakblättern gewonnene Presssaft und ein wässriger Auszug (Tabakwasser) gelegentlich als Ayahuasca-Additive, wobei das Nikotin dafür sorgt, dass die visionär-psychedelische Wirkung der Ayahuasca signifikant verstärkt wird. Es heißt, dass der Tabakdeva dem Ayahuascatrinker auf seiner Reise durch die Anderswelt schützend zur Seite steht.

Insgesamt erfahren Tabakblätter im amazonischen Schamanismus acht unterschiedliche Anwendungen: 1. Ayahuasca-Additiv, 2. Balché-Additiv, 3. Rauchware, 4. Räucherwerk, 5. Tabakwasser, 6. Schnupfpulver, 7. äußerliches Auflegen und 8. Klistier.

Bei den nordamerikanischen Lakotas ist das Knüpfen sogenannter Tobacco-Ties im Rahmen der Schwitzhüttenzeremonie von besonderer ritueller Bedeutung. Tobacco-Ties sind kleine mit Tabak gefüllte Stoffbeutel, die hergestellt werden, während das Ritualfeuer die Steine zum Glühen bringt. Jeder Teilnehmer lässt seine Wünsche und Gebete in die Beutel einfließen, dann werden sie an einer Baumwollschnur befestigt und in der Schwitzhütte aufgehängt. So werden die Gebete, die beim Schwitzen von den Teilnehmern ausgesendet werden, in den Tabakbeuteln gespeichert. Nach Verlassen der Schwitzhütte werden die Stoffbeutel im Feuer verbrannt; so können die eingespeicherten Wünsche und Gebete transformieren und ins universelle Bewusstseinsfeld einfließen.

In Indien ist der Tabak manchmal eine Zutat des rituell und hedonistisch genutzten Betelbissens. Weitere rituell genutzte Produkte, denen traditionell

Medizinische Indikationen

Die Volksmedizin der südamerikanischen Ureinwohner empfiehlt Tabaksaft oder -brei zur äußerlichen Anwendung bei Schlangen-, Skorpion- und Insektenbissen.

In Venezuela kennt man die Tabakpflanze, die dort *chimó* genannt wird, außerdem zur Beseitigung von Hungergefühlen sowie zur Behandlung von Grippe, Husten, Magenschmerzen und Zahnweh.

In Indien wird ein Pastengemisch, bestehend aus *N. tabacum, Erythrina stricta* und *Desmodium caudatum,* zur Behandlung von Geschwüren genutzt.

In der Homöopathie wird *Tabacum* zur Therapie von Schwindel, Erbrechen und Übelkeit eingesetzt, also exakt bei jener Symptomatik, die Tabak in höherer Dosis eigentlich hervorruft. Schulmedizinisch erfährt die alte Kulturpflanze derzeit keinen Gebrauch.

Tabak beigefügt wird, sind Bier und Hexensalben. Am bedeutsamsten ist er jedoch als stimulierende Ingredienz rituell genutzter Rauchmischungen, in Nordamerika auch als Zutat der Friedenspfeifenmischung Kinnickinnick.

Wirkung und Psychoaktivität

Neurophysiologisch wirkt das im Tabak enthaltene Nikotin insbesondere dadurch, weil es an den Acetylcholin-, Adrenalin-, Noradrenalin-, Dopamin- und Serotoninrezeptoren anbindet. Daneben werden während des Rauchens verstärkt die körpereigenen Katecholamine ausgeschüttet.

In leichter Dosierung, wie etwa bei einer gerauchten Zigarette, hat Tabak eine anregende, konzentrationsfördernde und stimulierende Wirkung. Auch Hungergefühle werden durch die Einnahme leichter Tabakdosierungen deutlich reduziert. Da Nikotin in höherer Dosierung toxisch wirkt, kommt es allerdings nach der Zufuhr großer Mengen Tabak zu ganz anderen Effekten, etwa zu Übelkeit mit Erbrechen, Schwindelattacken und Durchfall. Bei noch stärkeren Dosierungen, meist jedoch ausschließlich nach oraler Tabakzufuhr, kann der Konsument in ein halluzinatives Delirium fallen, was von einigen geübten Schamanen zwar gewollt ist, aber keinesfalls nachgeahmt werden sollte. Ein solcher Zustand führt unter Umständen zum Tode.

Eine Tabakmenge von etwa 2–4 Zigaretten gilt, oral eingenommen, bei einem Erwachsenen als letale Dosis. Bei Kindern kann bereits die in einer Zigarette enthaltene Menge zum Tode führen. Letztlich hängt die individuell erlebte Tabakwirkung, genau wie die letale Dosis, vom Grad der Gewöhnung und der Toleranzentwicklung ab. Ein chronischer Gebrauch von Tabak birgt ein hohes Risiko für die Gesundheit. Die häufigste unangenehme Nebenwirkung ist Bronchialkatarrh, auch als Raucherhusten bekannt.

INFO Schamanisch angepflanzte Tabakpflanzen verfügen in der Regel über einen deutlich höheren Nikotingehalt als solche, die aus einer kommerziellen Anzucht stammen. Eine Tabakpflanze aus einem Schamanengarten kann schon mal bis zu 15 % Nikotin enthalten, konventionelle Tabakpflanzen enthalten nur etwa 1 %.

Zubereitungsformen

Räucherwerk Die getrockneten Blätter eignen sich nicht bloß zum Rauchen, sie können auch hervorragend als reinigendes Räucherwerk verwendet werden. Dazu werden die frischen Blätter auf traditionelle Art und Weise zu einem Räucherbündel gewickelt. Dieses wird mit einem dünnen Faden zugeschnürt, getrocknet und gleichzeitig fermentiert; dann kann es als sogenannter Mapacho-Stick geräuchert werden. Jedoch muss darauf geachtet werden, dass das Bündel während des Trocknungsprozesses nicht zu schimmeln beginnt.

Rauchware Tabak ist wohl die einzige ursprüngliche psychoaktiv wirksame Ritualpflanze, die heutzutage weltweit legal erhältlich ist, etwa in Form von Zigaretten, Zigarettentabak und Zigarren. Hergestellt wird Zigarettentabak, indem die Blätter langsam im Feuchten getrocknet und fermentiert werden. Zigarrentabak hingegen wird an der Luft, Kautabak über dem Feuer und Türkischer Tabak in der Sonne getrocknet. Durch die während des Trocknungsvorgangs einsetzende Fermentation entwickelt sich das gewünschte Aroma.

Schnupfpulver Ein Schnupfpulver aus Tabak, so wie es die Schamanen in Amazonien herstellen, besteht aus einem Gemisch der grün getrockneten und zu feinem Pulver gemahlenen Tabakblätter und der Pflanzenasche des wilden Kakaos (*Theobroma subincanum*). Vereinzelt wird dieser Schnupfmischung noch etwas Cocapulver (*Erythroxylum coca*) und/oder eine Prise Chili (*Capsicum* spp.) zugesetzt.

Zigaretten-Drehtabak

Nuphar lutea

Nuphar lutea (Linné) Smith
Gelbe Teichrose

Gattung .... *Nuphar* Smith (Teichrosen)
Familie .... Nymphaeaceae Salisbury (Seerosengewächse)

Verfügt der Schamanengarten über einen Naturteich, dann sind Schwimmpflanzen aus der Familie der Seerosengewächse – wie beispielsweise die in Europa heimische Art *Nuphar lutea* – eine kulturträchtige und sehr dekorative Teichbestückung. Die etymologische Herkunft des Namens »Nuphar« deutet auf die Attribute Schönheit und Weiblichkeit hin. Der Beiname *lutea* (von lat. *luteum*) bedeutet »gelb«.

Die Teichrose ist wesentlich flexibler als andere Seerosengewächse. So kann sie beispielsweise auch in schattigen Teichen und in Gewässern mit sanften Wasserströmungen hervorragend gedeihen, was bei Seerosen, die es vollsonnig und möglichst wasserstill mögen, bekanntlich nicht funktioniert.

Ethnobotanisch relevant ist unter den Nuphar-Arten vor allem *Nuphar lutea*, ferner auch *Nuphar japonica*. Die anderen Spezies werden in erster Linie als reizvolle Teichzierde kultiviert.

INFO Da die Pflanze wie alle Seerosengewächse in Deutschland unter Naturschutz steht, darf man Pflanzenteile nicht von Wildpflanzen ernten, sondern nur im eigenen Garten von den selbst kultivierten Pflanzen. Betäubungsmittelrechtlichen Bestimmungen ist die Pflanze nicht unterstellt. Teichrosen dürfen legal aufgezogen, geerntet und für rituelle, medizinische oder psychoaktive Zwecke eingesetzt werden.

Trivialnamen
Andere Seerose, Gelbe Seerose, Gelbe Wasserlilie, Gelber Mummel, Mummel, Seeblume, Seekandel, Teichrose, Brandy Bottle, Yellow Waterlily (engl.)

Weitere ethnobotanisch relevante *Nuphar*-Arten
Nuphar japonica DC. Japanische Teichrose
Insgesamt umfasst die Gattung der Teichrosen acht gesicherte Arten, unterteilt in zwei Sektionen:
1. Astylus Padgett *Nuphar advena* (Aiton) W. T. Aiton Amerikanische Teichrose ◆ *Nuphar polysepala* Engelmann Indianer-Teichrose ◆ *Nuphar sagittifolia* (Walter) Pursh Pfeilblättrige Teichrose ◆ *Nuphar variegata* Durand Stierkopf-Teichrose
2. Nuphar Smith *Nuphar japonica* DC. Japanische Teichrose ◆ *Nuphar lutea* Smith Gelbe Teichrose ◆ *Nuphar microphylla* (Persoon) Fernald ◆ *Nuphar pumila* (Timm) DC. Kleine Teichrose

Vorkommen

 Ein natürliches Vorkommen findet sich nicht nur in Europa, sondern auch in weiten Teilen von Asien, Nordafrika und Nordamerika. Präferiert gedeiht die Teichrose in stehenden und nährstoffreichen Gewässern, seltener in langsam fließenden Kanälen.

Botanik

Nuphar lutea ist eine mehrjährige und frostharte Wasserpflanze. Ihre kräftige und fest im Teich- oder Seeboden verankerte Wurzel hat einen Durchmesser von 3–8 cm. Die ovalen, gestielten sowie nieren- bis herzförmigen Blätter der Pflanze können bis circa 50 cm groß werden und schwimmen dank ihrer wachsartigen Außenschicht auf der Wasseroberfläche – vorausgesetzt, der Teichrose steht genügend Platz zur Verfügung. Wird sie von anderen Wasserpflanzen in ihrem Wachstum eingeschränkt, dann treibt sie ihre Blätter zunächst unter Wasser aus. Sobald der Pflanzenstau im Teich aber beseitigt wurde, schiebt die Teichrose ihr Blattwerk umgehend nach oben. Die gelben Blüten der Teichrose haben einen intensiven Geruch und erreichen einen Durchmesser von 3–10 cm. Sie sitzen endständig auf etwa 50 cm langen

Nuphar-lutea-*Frucht*

Einpflanzen der Topfballen

Da die Verkaufstöpfe der Wurzelballen für eine dauerhafte Pflanzung meist ungeeignet sind, greift man zum Einpflanzen auf Teichkörbe zurück. Die Teichrose kann auch ohne Teichkorb gedeihen; ihr Wuchs lässt sich allerdings leichter mit einem Korb kontrollieren, der etwas größer sein sollte als der Wurzelballen, so dass man noch mit Teicherde, gebrochenem Tongranulat oder kalkfreiem Kies auffüllen kann. Handelsübliche Blumenerde mit ihrem meist hohen Nährstoffgehalt sollte man nicht verwenden, da zusätzliche Nährstoffzufuhr für rasanten Algenwuchs im Gartenteich sorgen kann. Bei der *Nuphar*-Kultur benötigt man keinen Dünger; die Teichrose wächst oft auch ohne Nährstoffbeigaben sehr schnell.

Der mit dem Topfballen befüllte Teichkorb wird an einer tiefen Stelle im Teich versenkt. Auf 2 m² Teichoberfläche sollte maximal eine Teichrose kommen, sonst kann es bei der Blütenbildung große Schwierigkeiten geben. Für größere *Nuphar-lutea*-Kulturen braucht es unbedingt einen Teich mit großer Fläche. Wer die Teichrose in einem kleinen Teich kultivieren möchte, greift besser auf die kleinere Spezies *Nuphar pumila* zurück.

Nuphar-lutea-*Blüte*

Blütenstielen und ragen in den Monaten von Juni bis September deutlich über die Wasseroberfläche hinaus. Die Früchte der Teichrose, die sich aus den verwelkten Blüten entwickeln, haben einen Durchmesser von 2 cm. In ihnen reift das eiförmige, etwa 0,5 cm große, mit einer Schleimschicht umhüllte und schwimmfähige Saatgut heran.

Pflegeanleitung

Der einfachste Weg, *Nuphar lutea* im Garten oder Teich zu kultivieren, ist die vegetative Vermehrung durch eine Trennung des Wurzelstocks im Frühjahr. Die einzelnen Teile werden dann einfach wieder in den Teichboden gesetzt. Bei erstmaliger Kultivierung greift man am besten auf gekaufte Topfballen zurück. Eine generative Vermehrung ist zwar theoretisch möglich, jedoch viel aufwendiger und komplizierter. Daher werden in Gartenfachgeschäften häufiger die Wurzel-Topfballen der Gelben Teichrose verkauft als ihre Samen.

Vermehrung durch Aussaat (generativ)

Der aufwendigste Weg der Vermehrung ist die Anzucht von im Handel erstandenem oder selbst geerntetem Saatgut. Zunächst bedarf es einer Stratifikation der Samen, da diese nicht nur licht-, sondern auch kaltkeimend sind. In Einzelfällen keimen sie allerdings auch ohne Kältebehandlung, jedoch wird ihre Keimfähigkeit durch Stratifikation deutlich erhöht. Dazu gibt man die Samen in ein feuchtes Taschentuch (oder anderen Zellstoff) und bewahrt diese während 6–8 Wochen im Kühlschrank auf.

Für die Keimung eignet sich eine mit stets feucht gehaltener Teicherde befüllte Pikierschale, die mit einer Plastikfolie überspannt oder ins Zimmergewächshaus gestellt wird. Die Keimdauer beträgt bei Temperaturen von 20–25 °C zwischen 2–3 Wochen, in Einzelfällen auch länger. Sobald die Keimlinge ihre ersten Schwimmblätter entwickelt haben, werden sie pikiert und einzeln in kleine Kübel gepflanzt. Diese wiederum stellt man in größere Behältnisse (Schalen o.ä.), die soweit mit Wasser aufgefüllt werden, dass die Keimlinge ungefähr 1–2 cm unter Wasser stehen. Es dauert nicht lange, und die kleinen zarten Blätter werden sich an der Oberfläche zeigen. Nach 1 bis maximal 2 Monaten sollte das Wurzelwerk das Substrat vollständig durchwoben haben. Dann kann die junge Teichrose in den Gartenteich gepflanzt werden (siehe auch *Einpflanzen der Topfballen*).

Standort und Pflegemaßnahmen

Im Gegensatz zu verwandten Seerosengewächsen braucht die Gelbe Teichrose nicht zwingend einen Standort in der vollen Sonne. Sie begnügt sich auch mit halbschattigen Plätzen. Wichtig ist nur, dass die Wassertiefe mindestens 1 m beträgt, maximal 2,5 m. Einmal erfolgreich angewachsen, ist die Teichrose, was ihre Pflege betrifft, extrem anspruchslos und anfängersicher.

Die oberirdischen Schwimmblätter beginnen, im Herbst zu welken, dann sterben sie ab und lösen sich von der Pflanze. Damit sie nicht untergehen und auf den Teichboden sinken, müssen sie umgehend aus dem Teich gefischt werden. Alternativ können die Blätter, schon während sie welken, abgeknipst und auf den Kompost gebracht werden.

Überwinterung

Im Gegensatz zu den meisten anderen Seerosengewächsen ist die Gelbe Teichrose vollkommen frosthart (da in unseren Gefilden einheimisch) und kann daher ohne Schwierigkeiten im Teich überwintern.

Krankheiten und Schädlinge
Potenzielle Schädlinge, die in der Regel unkompliziert beseitigt werden können – zumindest dann, wenn sie frühzeitig erkannt werden – sind Blattläuse (*Rhopalosiphum*), Schnecken und der Seerosenblattkäfer (*Galerucella nymphae*). Letzterer ist an den charakteristischen Fresslöchern auf den Blättern zu erkennen. Zur Beseitigung der Schädlinge dürfen keine toxischen Insektizide eingesetzt werden, denn dadurch wird das gesamte ökologische Gartensystem gestört.

Mythologie und Ritual
Im Gegensatz zu anderen Seerosengewächsen kommt *Nuphar lutea* offenbar keine besondere Relevanz als Ritualpflanze zu. Das Einzige, worüber spekuliert werden kann, ist ein psychoaktiver Gebrauch im Rahmen damaliger Hexenkulte, etwa als Hexensalben-Additiv. Gesicherte Überlieferungen über eine rituelle Teichrosen-Anwendung fehlen allerdings.

Wirkung und Psychoaktivität
Das psychoaktive Wirkspektrum, welches durch das Rauchen oder Vaporisieren der getrockneten Blätter, Blüten oder Knospen induziert wird, reicht von leicht aphrodisierend, aufheiternd, entspannend, euphorisierend bis hin zu stimulierend und sinnesanregend. Häufig verspürt man während der insgesamt eher milden, aber deutlich spürbaren Wirkung warme und wohlig angenehme Körpergefühle.

Als Räucherwerk angewendet hat *Nuphar lutea* angstlösende, harmonisierende, geistklärende und reinigende Wirkqualitäten. Diese können dabei helfen, sich von wiederkehrenden, belastenden und schädlichen Anhaftungen oder destruktiven Gewohnheiten zu lösen.

Unangenehme Nebenwirkungen sind, zumindest wenn Teile der Pflanze geraucht oder geräuchert werden, keine bekannt. Bei Überdosierungen kann es allerdings zu Bluthochdruck, Durchfall, Kopfschmerzen und Lähmungserscheinungen kommen.

Zubereitungsformen
Mazerat Ein kalt angesetzter Rotweinauszug aus der gemörserten Wurzel ist die traditionell übliche Form der Zubereitung. Ältere Literaturquellen beschreiben die Wirkung eines solchen Mazerats als opiumähnlich sowie als stark anaphrodisierend, was im Zölibat lebende Mönche und Nonnen sich angeblich gelegentlich zunutze machten.

Phyto-Inhalation Die Wirkstoffe der Teichrose verdampfen bei Temperaturen zwischen 100 und 125 °C. Gewöhnlich wirkt das Vaporisieren der Pflanze, was die Psychoaktivität betrifft, signifikant stärker als das Rauchen oder Räuchern.

Räucherwerk Für eine Räucherung können alle Pflanzenteile der Teichrose verwendet werden, pur oder in Kombination mit sonstigen Räucherpflanzen oder -harzen.

Rauchware Die Blütenblätter, Knospen, Schwimmblätter und Früchte – die wesentlich einfacher zu ernten sind als das Rhizom – können, nachdem sie an der Luft gründlich getrocknet wurden, geraucht werden. Dazu werden sie pur oder mit anderen Rauchpflanzen in eine Pfeife gestopft oder in eine Zigarette gedreht. Die Blütenblätter haben beim Rauchen einen fruchtigen, an Bananenblätter erinnernden Geschmack.

Inhaltsstoffe
Als Hauptalkaloid, das primär in der Wurzel, aber auch in allen anderen Pflanzenteilen enthalten ist, wurde Desoxynupharidin identifiziert. Nebenalkaloide sind Nupharin und β-Nupharidin. Weitere Inhaltsstoffe sind unter anderem Gerbsäure, Dextrose und Metarabinsäure. Die chemische Zusammensetzung ist bei *N. lutea* und *N. japonicus* nahezu identisch.

Medizinische Indikationen
In der traditionellen europäischen Volksmedizin sind Zubereitungen aus der Pflanze u.a. zur Behandlung von Darmstörungen, Frauenkrankheiten, Herzschwäche und zur Unterdrückung sexuellen Verlangens (Anaphrodisiakum) bekannt, ferner bei Hautirritationen, Atemwegserkrankungen und schwachen Gliedern. Die Spezies *N. japonica* wird ethnomedizinisch außerdem als Beruhigungs- und als Schlafmittel eingesetzt.

In der Homöopathie wird *Nuphar luteum* zur Therapie männlicher Geschlechtskrankheiten, Potenz- und Libidostörungen empfohlen.

Nymphaea caerulea

Nymphaea spp. Seerosen

Gattung .... *Nymphaea* LINNÉ (Seerosen)
Familie .... Nymphaeaceae SALISBURY (Seerosengewächse)

Nicht umsonst gelten die Blüten der Seerose als metaphorisch-symbolisches Sinnbild für Spiritualität und Weisheit. Denn zweifelsohne haben die fraktal anmutenden Blütenstände etwas Magisches an sich, das Gärtner und Gärtnerinnen sogleich erfahren können, wenn sie sich dem Pflanzengeist meditativ öffnen. In Anbetracht des Zaubers, der die Seerose spürbar umhüllt, verwundert es nicht, dass bestimmte Arten dieser psychoaktiven Pflanzenfamilie seit langem als Inspirationsquelle für Heiler, Künstler und Dichter dienen.

Unter den über 50 Seerosen-Arten ist die im Nildelta heimische Spezies *Nymphaea caerulea* ethnobotanisch besonders wichtig, zum einen als symbolträchtige Ritualpflanze der alten Ägypter, zum anderen als traditionelles Heil- und aphrodisierendes Berauschungsmittel. Ihre Anzucht kann im mitteleuropäischen Schamanengarten leicht gelingen, wenn man ihre sehr begrenzte Frost- bzw. Winterhärte berücksichtigt. Unter den Seerosen ist als weitere Art auch die Mexikanische Seerose (*Nymphaea ampla*) als Ritual- und auch als Rauschpflanze bedeutend – möglicherweise auch in der Darreichung als traditionelles Balché-Additiv. Daneben existieren einige Spezies, die als Heilpflanzen genutzt wurden, wie *Nymphaea alba*, *Nymphaea lotus* oder *Nymphaea odorata*. Die anderen Arten werden primär als Teichzierde kultiviert.

Ethnobotanisch relevante Seerosen-Arten und ihre Trivialnamen
Nymphaea alba LINNÉ Weiße Seerose, Weiße Wasserlilie • *Nymphaea ampla* (SALISBURY) DC. Mexikanische Seerose • *Nymphaea caerulea* SAVIGNY Ägyptischer Lotus, Blaue Lotusblume, Blaue Seerose, Blaue Wasserlilie, Blauer Lotus • *Nymphaea lotus* LINNÉ Tigerlotus • *Nymphaea nouchali* BURM F. Stern-Seerose • *Nymphaea odorata* AITON Wohlriechende Seerose

Insgesamt gehören zur Gattung der Seerosen über 50 Arten, eingeteilt in zwei Gruppen (**Apocarpiae** und **Syncarpiae**) und fünf Untergattungen. Die als Ritualpflanze enorm wichtige Spezies *Nelumbo nucifera* (Indischer Lotus) wird nicht den Seerosengewächsen zugeordnet, sondern der Familie der Lotosgewächse (**Nelumbonaceae**).

Botanik

Seerosen sind ausdauernde und begrenzt frostharte Schwimmpflanzen, die im Boden von Teichen, Seen und anderen Gewässern wurzeln. Aufgrund ihrer langstieligen, meist herzförmigen, bis zu 30 cm langen Laubblätter sowie der charakteristischen, aromatisch duftenden Blütenstände können sie gut botanisch bestimmt werden. Abhängig von der Art können Form und Farbe der Blüten deutlich voneinander abweichen, jedoch verfügen alle Spezies über Kelch-, Blüten-, Staub- und Fruchtblätter. *Nymphaea alba* hat weiße Blüten, genau wie die ähnlich aussehende Art *Nymphaea ampla*. Die Blüten von *Nymphaea caerulea* sind blau bis rosaviolett. Sie öffnen sich am Morgen und schließen sich wieder am frühen Abend. Die Blütezeit dauert von Juni bis September.

Vorkommen

Arten der Gattung *Nymphaea* können weltweit auf allen Kontinenten gefunden werden. *Nymphaea alba* hat ihre ursprüngliche Heimat in Europa, sie ist allerdings auch in weiten Teilen Nordafrikas und Russlands verbreitet. Die

Nymphaea-alba-*Blüte*

beiden Arten *Nymphaea ampla* und *Nymphaea mexicana* stammen aus Mexiko, während die als Ritualpflanze bedeutsamste Seerosen-Art *Nymphaea caerulea* ihren Ursprung in Ägypten hat; allerdings ist sie inzwischen auch in vielen Ländern des tropischen Afrika, in Westasien sowie stellenweise auch in Südamerika eingebürgert.

Nymphaea-nouchali-*Blüten*

Inhaltsstoffe

Die genaue chemische Zusammensetzung der Seerose ist noch nicht eindeutig geklärt. Sehr wahrscheinlich sind die Inhaltsstoffe von *Nymphaea caerulea* analog zu jenen der Gelben Teichrose (*Nuphar lutea*), was bedeutet, dass die Pflanze unter anderem diverse Nupharin-Alkaloide enthält. Gemäß einiger Literaturangaben wurde in der Art *Nymphaea ampla* außerdem die Substanz Aporphin nachgewiesen – ein Alkaloid, das sich von der chemischen Struktur her vom Opiat Apomorphin nur durch das Fehlen zweier Hydroxylgruppen unterscheidet.

Nymphaea-alba-*Frucht*

Nymphaea-caerulea-*Blüte*

Pflegeanleitung

Genau wie die Gelbe Teichrose (*Nuphar lutea*) werden die Blaue Lotusblume oder andere Seerosengewächse am einfachsten über eine Teilung der Rhizome oder durch Wurzelableger vermehrt. Zur Anzucht der Blauen Lotusblume verwendet man in der Regel ihre Samen, die im ethnobotanischen Fachhandel problemlos erworben werden können. Gekaufte Jungpflanzen oder Wurzel-Topfballen dieser Spezies werden – im Gegensatz zu *Nuphar lutea* und vielen anderen Seerosengewächsen (z.B. *Nymphaea alba*) – in Gartenmärkten normalerweise nicht angeboten. Wer sich explizit für eine Anzucht von *Nymphaea caerulea* interessiert, wird bei der ersten Kultur vermutlich nicht darum herumkommen, die Pflanze aus Saatgut zu vermehren.

Vermehrung durch Wurzelteilung (vegetativ)

Der einfachste Weg der Vermehrung ist eine Teilung des Wurzelstocks, die am besten im Mai oder Juni durchgeführt wird. Dazu nimmt man die Seerose vollständig aus dem Teich, befreit die Wurzeln von Teicherde und teilt sie mit einer scharfen Klinge. Darauf achten, dass jedes Rhizomstück über mindestens einen frischen Trieb (»Auge«) verfügt! Zum Schluss werden die geteilten Wurzelstücke wieder in den Teichboden zurückgesetzt. Man kann die Wurzel auch in einen mit Teicherde befüllten Pflanzkorb setzen und ihn dann auf dem Teichgrund zu versenken. Dadurch wird nicht nur die nächste Wurzelteilung, sondern auch die Überwinterung vereinfacht.

Vermehrung durch Aussaat (generativ)

Etwas komplizierter, aber dennoch machbar ist eine Anzucht der Blauen Lotusblume über gekauftes Saatgut. Es braucht im Gegensatz zu *Nuphar lutea* nicht vorab stratifiziert zu werden. Allerdings ist es ratsam, die Samen vor der Aussaat 2–3 Tage in lauwarmem Wasser vorzuquellen. Im Anschluss werden die Samen in kleine Töpfe gesät, entweder auf fein gesiebte Anzucht- oder spezielle Seerosen-Erde. Damit die Samen später nicht wegschwimmen, müssen sie sich einige Millimeter tief im Substrat befinden oder mit einer dünnen Schicht Kies überdeckt werden.

Danach werden die Saattöpfe in einer großen Schale, einem Eimer, Mörtelkübel oder einer Wanne platziert und mit Wasser aufgefüllt, bis die Töpfe fast vollständig unter Wasser stehen. Bei vollsonnigem Standort und Temperaturen von 18–25 °C zeigen sich nach 2–4 Wochen die ersten Keimlinge. Um diese noch etwas zu stärken, bevor man sie schließlich in den Teich setzt, sollte man den Wasserpegel nach dem Auflaufen des Saatguts noch etwas anheben. Sobald sie die ersten Blattpaare ausgebildet haben, können die jungen Seerosen pikiert und einzeln in Teichkörbe gepflanzt werden. Ab Mai, sobald die Frostperiode vorüber ist, kommen die bepflanzten Körbe in den Teich.

Standort und Pflegemaßnahmen

Die grundsätzlich sehr pflegeleichte Blaue Lotusblume benötigt für ein gesundes Wachstum im Teich unbedingt einen Platz in der vollen Sonne und eine warme Wassertemperatur, am besten mindestens 18 °C. Die optimale Wassertiefe beträgt 50–100 cm.

Eine Zufuhr von Dünger ist normalerweise nicht nötig, zumal jede Nährstoffzugabe ins Teichwasser einen starken Einfluss auf die Bildung und Ausbreitung von Algen hat; ebenso ist es ratsam, im Herbst die welkenden Schwimmblätter zu entfernen, bevor sie auf den Teichgrund sinken und sich in algenförderndes Nährmaterial umwandeln.

Überwinterung

Nymphaea caerulea ist in Mitteleuropa nicht winterhart. Daher muss sie vor Eintritt der Frostperiode aus dem Teich genommen und zur Überwinterung an einen frostfreien, ungeheizten Platz gestellt werden. Ideal sind ein mit Wasser befüllter Mörtelkübel (90–120 l) und Temperaturen von 5–15 °C. Wenn die Pflanze etwas älter ist und ein dickes, knolliges Rhizom ausgebildet wurde, kann sie auch im Teich überwintern, vorausgesetzt, dass dieser nicht vollständig einfriert – was bei einer Teichtiefe von mindestens 50 cm in Mitteleuropa aber nur selten vorkommt.

Krankheiten und Schädlinge

Zu den Schädlingen der Seerose, die bei optimalen Standortbedingungen in einem ökologisch funktionierenden Garten aufgrund vorhandener Fraßfeinde (Nützlinge) nur sehr selten zum Problem werden, gehören zum Beispiel Blattläuse (*Rhopalosiphum nymphaea*), Schnecken (z.B. *Lymnaea stagnalis*), der Seerosenblattkäfer (*Galerucella nymphae*), der Seerosenzünsler (*Nymphula nymphaeata*) und Zuckmücken (*Cricotopus*). Bemerkt man einen Schädlingsbefall, sollte man erst einmal versuchen, die ungebetenen Gäste auf konventionelle Weise zu beseitigen. Bei stärkerem Befall müssen die betroffenen Blätter entfernt und entsorgt werden (nicht auf dem Kompost!)

Krankheitsbilder, die meist unmittelbar auf ungünstige Kulturbedingungen und Pflegefehler zurückgehen, sind z.B. die Blattfleckenkrankheit (*Colletotrichum*), Knollenfäulnis (*Gloeosporium*) oder Stängelfäulnis (*Phytophtora*). Leidet die Seerose unter einer dieser Krankheiten, dann müssen die entsprechenden Pflanzenteile umgehend entfernt werden, sonst können auch die gesunden Pflanzen erkranken. Dass man außerdem für eine artgerechte Veränderung der Kulturbedingungen sorgen muss, versteht sich von selbst.

Mythologie und Ritual

Es gibt nicht viele Pflanzen, die über eine so starke spirituelle Symbolik verfügen wie die Seerose. Arten dieser Gattung stehen für Weisheit und ein reines, unverfälschtes Bewusstsein, was bei genauer Betrachtung der Pflanze leicht nachvollziehbar ist. Schließlich wird sie im dunklen Schlamm geboren und windet sich dann langsam durch das trübe Wasser nach oben, um ihre schönen Blüten über der Wasseroberfläche schweben zu lassen – eine Metapher für den Aufstieg und die Erweiterung menschlichen Bewusstseins aus der Dunkelheit des Egos in das kosmische Licht der All-Einheit.

Im alten Ägypten gehörte die Blaue Lotusblume, wie auch der Tigerlotus, zu den wichtigsten Ritualpflanzen, deren kulturelle, kosmologische, mythologische, spirituelle und symbolische Bedeutung heute kaum mehr nachvollzogen und erfasst werden kann. Man weiß jedoch, dass die Pflanze – die

Altägyptische Darstellung des Blauen Lotus (Grab des Sennefer)

Rechteckiger Fischteich mit Enten, bepflanzt mit Lotus, Dattelpalmen und Obstbäumen, Fresko vom Grab des Nebamun, Theben, 18. Dynastie, ca. 1380 v.Chr.

Medizinische Indikationen
Die Blätter der Seerosen-Blüten (*Nymphaea caerulea*) werden in der ägyptischen Ethnomedizin zur Behandlung von Harnwegs-, Leber- und Nierenerkrankungen eingesetzt. Die europäische Volksheilkunde kennt die getrockneten Blüten der Weißen Seerose (*Nymphaea alba*) zur innerlichen Einnahme bei Magen- und Darmerkrankungen, äußerlich angewendet zur Behandlung von übermäßigem Weißfluss (*Fluor albus*) und Gonorrhoe (»Tripper«).

übrigens auch im Ägyptischen Totenbuch erwähnt ist – damals als rituelle Grabbeigabe diente und sehr wahrscheinlich das erleuchtete Bewusstsein des Verstorbenen symbolisierte. Einige Wissenschaftler spekulieren, dass Zubereitungen aus der Pflanze, etwa ein Wein-Mazerat, als rituelles Werkzeug zur Einleitung ekstatischer Bewusstseinszustände verwendet worden sein könnten – möglicherweise in synergistischer Kombination mit der Alraune (*Mandragora officinarum*) und dem Schlafmohn (*Papaver somniferum*). *Nymphaea* wurde zudem vermutlich als schmerzlinderndes Heil- sowie als aphrodisierend und euphorisierend wirkendes Rauschmittel verwendet.

Dass die Verehrung der Seerose als Sakralpflanze allerdings noch sehr viel weiter zurückreicht, zeigt ein Blick in die ägyptischen Schöpfungsmythen. Es soll sich beim Blauen Lotus um die allererste Pflanze handeln, die aus dem ursprünglichen »Wasser des Chaos« hinauswuchs. Als sich ihre schönen Blüten an der Wasseroberfläche öffneten, kletterte aus ihnen ein junger Sonnengott heraus. Seine lichtvolle Aura verbannte die ewige Finsternis, und seine Gedanken riefen alles Leben auf der Erde ins Dasein; der in der Seerosenblüte geborene Sonnengott ist also nach altägyptischer Vorstellung die Quelle allen Lebens.

Wirkung und Psychoaktivität

Die psychoaktive Wirkung ist abhängig von Dosis, Set und Setting und der eigenen Sensibilität, aber auch davon, in welcher Form die Wirkstoffe appliziert werden. Erfahrungsgemäß wirken ein Dekokt oder ein alkoholischer Auszug deutlich stärker als Rauchen oder Vaporisieren – zumindest bei den meisten Personen, die mit der Seerose experimentiert haben. Einige Psychonauten schwärmen beispielsweise von einem Seerosen-Joint in Verbindung mit einem Gläschen gutem Schnaps. Die Wirkung des Alkohols scheint die Psychoaktivität der Seerose enorm zu verstärken.

Geraucht wirken die getrockneten Blüten der Blauen Lotusblume nur subtil psychoaktiv, bestenfalls leicht aphrodisierend, beruhigend, entspannend, euphorisierend, geistklärend und sinnesschärfend. Als Räucherwerk wirken die Blüten kaum psychoaktiv, dafür aber sehr stark auf der energetischen Ebene. Sie stimulieren die oberen Chakren und sind daher wunderbar für die Meditation oder Rituale mit transformativem Charakter geeignet. Außerdem haben sie beschützende und harmonisierende Wirkqualitäten.

Bei der Einnahme als Abkochung sind die psychoaktiven Effekte bereits wesentlich ausgeprägter als beim Rauchen. Am intensivsten wirken die Blütenblätter erfahrungsgemäß dann, wenn sie vor Einnahme mindestens einen Tag in Alkohol mazeriert werden. Auf diese Weise eingenommen, hat *Nymphaea caerulea* eine sedierende, bisweilen sogar hypnotische und narkotisierende Wirkung. Daneben kann es möglicherweise zu leichten, aber spürbaren akustischen wie optischen Wahrnehmungsveränderungen kommen – und eventuell zu anfänglicher Übelkeit. Die Wirkdauer beträgt 1,5–3 Stunden.

Dosierungsangaben können nicht verallgemeinert werden, sondern lediglich als Richtwerte dienen. Beim Rauchen beläuft sich die Dosis pro Joint oder Pfeife üblicherweise auf 2–3 g des getrockneten Blütenmaterials. Wird ein Aufguss konsumiert, dann sind pro Person 3–15 g nötig. Gleiches gilt für ein Wein- oder Schnaps-Mazerat, wobei man jedoch vorsichtig vorgehen und sich langsam an die individuell benötigte Dosierung herantasten sollte.

Zubereitungsformen

Für psychoaktive oder rituelle Absichten bedient man sich üblicherweise der Spezies *Nymphaea caerulea*.

Mazerat Ein Wein- oder Schnaps-Mazerat wird hergestellt, indem zerkleinerte Blütenblätter von *Nymphaea caerulea* über einen Zeitraum von 1–4 Tagen in einem qualitativ hochwertigen Alkoholikum eingelegt werden. Es gilt: Je länger die Blüten eingelegt werden, desto stärker ist die Wirkung. Das Mengenverhältnis orientiert sich an der gewünschten Wirkung, üblicherweise kommen auf 250 ml Alkohol 5–10 g Lotusblüten. Bereits wenige Schlucke induzieren mild spürbare Wirkeffekte.

Phyto-Inhalation Der Blaue Lotus eignet sich hervorragend zum Vaporisieren. Die erforderliche Temperatur liegt bei 100–125 °C.

Getrockneter Blauer Lotus

Rauchware Die getrockneten Blütenblätter, Knospen, Schwimmblätter oder pulverisierten Rhizomstückchen haben beim Rauchen meist eine sehr bittere Geschmacksnote und werden daher sinnvollerweise mit anderen Rauchkräutern kombiniert. Geraucht entfaltet Nymphaea keine großartigen Effekte, sondern dient als Additiv zu Rauchmischungen.

Räucherware Zum Räuchern verwendet man üblicherweise die getrockneten Blütenblätter Diese werden einfach auf glühende Kohle gelegt, worauf ein gewöhnungsbedürftiger, aber leicht zu inhalierender Rauch aufsteigt.

Aufguss/Dekokt Ein Aufguss bzw. eine Abkochung (Dekokt) wird entweder aus getrockneten Blütenblättern, den Knospen oder aus getrockneten und zerkleinerten Wurzelstücken zubereitet. Für eine medizinische Anwendung werden 1–2 g benötigt, für psychoaktive Zwecke mindestens 5 g. Das Pflanzenmaterial wird mit kochendem Wasser übergossen, dann lässt man es etwa 5–10 Minuten ziehen und seiht es anschließend ab.

Papaver somniferum

Papaver somniferum Linné
Schlafmohn

Gattung .... *Papaver* Linné (Mohn)
Familie .... Papaveraceae Jussieu (Mohngewächse)

Es wird ihnen bekommen, und der gute Schamane wird in ihren Träumen lächeln, so dass auch sie nicht traurig sind. Lupa 2013

Der heutzutage zu Unrecht etwas in Verruf geratene Blaue Schlafmohn ist nicht nur als rituell und rekreational genutztes Rauschmittel von ethnobotanischer Bedeutung. Seit langer Zeit wird die Pflanze auch als wertvolle Heilpflanze kultiviert. Unter Einbezug von gesichertem Forschungswissen kann man heute ohne weiteres behaupten, dass der Blaue Schlafmohn, neben dem Hanf und anderen, zu den ältesten Kulturpflanzen der Menschheit gehört und außerdem die wichtigste Heilpflanze in der gesamten Pharmaziegeschichte ist. Nicht zuletzt wird der Schlafmohn seit jeher auch wegen seiner sehr schmackhaften, ernährungsphysiologisch hochwertigen Samen angebaut.

Unter den gesicherten *Papaver*-Arten ist der Blaue Schlafmohn definitiv die Spezies mit der kulturhistorisch größten Relevanz, mit deutlichem Abstand vor den anderen Mohnarten, die zwar kein Morphin, Codein oder andere Opiumalkaloide enthalten, aber dennoch als Heilpflanze oder rituelles Räucherwerk eingesetzt werden können, so zum Beispiel der heimische Klatschmohn (*Papaver rhoeas*). Ihrer Farbenpracht wegen liegt es nahe, diverse Mohnarten auch als Gartenzierden zu kultivieren, etwa die mehrjährige Spezies *Papaver orientale*, die zum festen Sortiment eines jeden größeren Blumenhandels gehört.

Trivialnamen
Blaumohn, Echter Mohn, Feldmohn, Gartenmohn, Lichtschuppen, Magsomkraut, Manblaume, Mohn, Ölmohn, Opiumpflanze, Pflanze der Freude, Speisemohn, Wirtschaftsmohn, *Opium poppy* (engl.) und viele mehr

Weitere für die Gartenkultur geeignete Papaver-Arten
Papaver alpinum Linné Alpenmohn, Zwergmohn • *Papaver bracteatum* Lindley Armenischer Mohn, Arznei-Mohn • *Papaver croceum* Ledebour Altaischer Mohn, Sibirischer Mohn • *Papaver nudicaule* Linné Islandmohn, Nacktstängeliger Mohn • *Papaver orientale* Linné Gartenmohn, Feuermohn, Türkischer Mohn • *Papaver rhoeas* Linné Klatschmohn, Klatschrose

Insgesamt umfasst die Gattung *Papaver* etwa 80 botanisch gesicherte Arten, eingeteilt in elf Sektionen. Die ebenfalls ethnobotanisch wichtigen Mohngewächse (**Papaveraceae**) *Argemone mexicana* (Mexikanischer Stachelmohn), *Eschscholzia californica* (Kalifornischer Goldmohn) und *Fumaria officinalis* (Erdrauch) gehören nicht zur *Papaver*-Gattung.

Rechtlicher Hinweis zur Schlafmohn-Kultur
Der Schlafmohn-Anbau ist in Deutschland genehmigungspflichtig. In Österreich und der Schweiz hingegen ist er legal, sofern die Pflanze nicht zu Rauschzwecken weiterverarbeitet wird. Ein paar Schlafmohnpflanzen, als Gartenzierde kultiviert, werden in Deutschland in der Regel geduldet, wächst die Pflanze doch in zahlreichen traditionellen Bauerngärten.

Vorkommen

Die Heimat des Schlafmohns liegt im Mittelmeerraum sowie in Kleinasien. Als Kulturpflanze findet man *Papaver somniferum* heutzutage jedoch weltweit, vereinzelt auch in Wildform, etwa in Deutschland, der Schweiz und Österreich. Für pharmazeutische Zwecke oder die (illegale) Opium- und Heroinproduktion wird die Pflanze in Afghanistan, China, Indien, Iran, Laos, Mexiko, Myanmar, Österreich, Pakistan, Tasmanien, Thailand sowie der Türkei in großflächigen Plantagen kultiviert.

Papaver-somniferum-Blüte

Samenkapsel von Papaver somniferum.

Papaver-orientale-Blüten

Botanik

Der Schlafmohn ist einjährig; er besitzt eine charakteristische Pfahlwurzel sowie eiförmige, mehr oder minder gezähnte, graubläuliche bis grüne Blätter. Die Wuchshöhe der Pflanze reicht von 30 bis 150 cm. Der Stängel des Schlafmohns ist aufrecht, borstig behaart und nur wenig verzweigt. Die hübsche Blüte erscheint im Juni, hat einen Durchmesser von etwa 5 cm und besitzt insgesamt vier Blütenblätter, deren Färbung ganz unterschiedlich sein kann. Meist ist sie rotviolett, jedoch gibt es auch weiße und fast schwarz blühende Varietäten. Aus der Blüte entwickelt sich die fast kugelförmige, gekrönte, blaugrüne und 2–6 cm lange Fruchtkapsel, in der sich bis zu 2000 der nierenförmigen, winzigen bläulichen Samen befinden. Erntezeit für das Saatgut sind die Monate August und September.

Pflegeanleitung

Die Anzucht des Schlafmohns erfolgt grundsätzlich über das Ausstreuen von Saatgut und kann theoretisch jedem Gärtner gelingen. Die Pflanze stellt im Vergleich zu anderen hier beschriebenen Ritualpflanzen nur sehr wenig Ansprüche. Abhängig von der Sorte können manche Samen aber durchaus zuverlässiger keimen als andere.

Vermehrung durch Aussaat (generativ)

Das selbst geerntete oder gekaufte Saatgut wird im Frühjahr an Ort und Stelle ausgesät, denn die Keimlinge mögen es überhaupt nicht, pikiert zu werden. Die Aussaat kann sowohl direkt ins Beet als auch in hohe Kübel erfolgen. Die lichtkeimenden Samenkörner nur oberflächlich auf das Substrat (Anzucht- oder Blumenerde) streuen und nicht mit Erde überdecken! Bei gleichbleibender Substratfeuchte (nicht Nässe!) und Temperaturen von 15 bis 20 °C keimt das Saatgut innerhalb von 1–2 Wochen.

Standort und Pflegemaßnahmen

Der Schlafmohn braucht einen Standort in der vollen Sonne sowie einen lockeren und nährstoffreichen Humusboden. Im frühen Wachstumsstadium sollte täglich gegossen werden; wenn die Pflanze älter ist, etwa zur Blüte- oder Reifezeit, ist eine Zufuhr kleinerer Wassermengen alle 1–3 Tage in der Regel völlig ausreichend – lieber ein bisschen weniger Wasser als zuviel! Anhaltende (Stau-)Nässe lässt die Pflanzen eingehen. Auf die Beigabe von Dünger kann man vollständig verzichten, wenn der Boden nährstoffreich ist.

Schlafmohn in Beetkultur

Ab April können die Samen an eine vollsonnige Stelle ins vorbereitete Beet gestreut werden. Wenn die auflaufenden Keimlinge zu dicht stehen, muss man sie ausdünnen, sonst behindern sich die Pflanzen gegenseitig beim Wachsen, so dass sie alle klein bleiben. Außerdem sollte man darauf achten, dass heranwachsende Beikräuter die jungen Mohnpflanzen nicht überwuchern und schädigen, und ein Auge auf Schnecken haben. Die krustigen Erdbereiche um die Pflanze herum werden zur Förderung des Wuchsverhaltens regelmäßig mit einer Hacke aufgelockert. Der Vorteil einer Beetkultur ist, dass sich die Pflanze in der Regel großzügig selbst aussät und im Folgejahr von selbst wieder erscheint. Der Nachteil ist, dass die Samen im Beet wesentlich unzuverlässiger keimen und häufiger von Insekten oder Vögeln gefressen werden als in geschützt platzierten Kübeln.

Schlafmohn in Topfkultur

Der Schlafmohn benötigt aufgrund seiner langen Pfahlwurzel unbedingt einen hohen und durchlässigen Topf. Das Gießwasser muss zügig abfließen können, so dass es im Kübel zu keiner stauenden Nässe kommt. Als Substrat eignet sich selbstgemischte oder handelsübliche Blumenerde. Aufgestellt werden die Kübel an einem sonnigen Standort im Garten, auf dem Balkon oder der Terrasse. Im Gegensatz zur Beetkultur müssen in Kübeln kultivierte Schlafmohnpflanzen etwas öfter gegossen werden.

Krankheiten und Schädlinge

Wird der Schlafmohn krank und leidet beispielsweise an Mohnbrand oder Wurzelfäulnis, dann ist das meist das Resultat eines falschen Standortes und/oder unsachgemäßer Pflege. Das heißt: Der Boden ist nicht locker, sondern fest und dicht; der pH-Wert der Erde liegt im sauren Bereich; die Pflanze wurde überdüngt; die Luftfeuchtigkeit ist zu hoch oder die Pflanze steht zu schattig. Schädlinge, die den Schlafmohn möglicherweise befallen, sind Blattläuse (*Aphidoidea*), Falscher Mehltau (*Peronosporaceae*) und Schnecken (*Gastropoda*). Mit den bekannten, ab Seite XX beschriebenen Methoden lassen sich diese meist auf natürliche und biologische Weise beseitigen. Auf giftige Insektizide oder Fungizide sollte man zum Wohle Pachamamas verzichten.

Ernte der Samen

Die Samen sind reif, wenn sich kleine Löcher auf dem Deckel der Samenkapsel bilden. Kleine Mengen können geerntet werden, indem der Deckel vorsichtig entnommen und die Samen mit den Fingern aus dem Inneren der Kapsel genommen werden. Bei größeren Erntemengen werden die Stängel in einer Länge von rund 25 cm abgeschnitten, zu einem Bund zusammengefasst und über einem Auffangbehältnis fest ausgeschüttelt.

Mythologie und Ritual

Der rituelle Gebrauch des Schlafmohns bzw. des Opiums in Form eines heiligen Räucherwerks ist uralt und wurde bereits im alten Griechenland dokumentiert. Der Schlafmohn wurde etwa im Zuge von Liebes- und Fruchtbarkeitsritualen verwendet oder als Opfergabe für die Götter – besonders für die Liebes- und Fruchtbarkeitsgöttin Demeter. Daneben galt der Schlafmohn als Pflanze der Aphrodite (Göttin der Liebe) sowie des Hypnos (Gott des Schlafes), des Morpheus (Gott des Traums) und des Thanatos (Gott des Todes).

Auch bei unseren germanischen Ahnen fungierte der Schlafmohn als Ritualpflanze. Ein Acker, auf dem Schlafmohn angepflanzt wurde, war unseren Vorfahren heilig und wurde auch Odinsacker genannt, weil der Schamanengott Odin auf einem Schlafmohnacker seine heilsamen Wunder vollbracht haben soll.

Zur Indizierung von Trancezuständen wird Opium in Indien bis heute rituell genutzt, etwa von Fakiren, Sadhus, Schamanen und vereinzelt auch von Yogis. Es verwundert kaum, dass der Schlafmohn in Indien Shiva geweiht ist, dem Gott der Ekstase, der Rauschdrogen und des kosmischen Tanzes. Ebenfalls wegen der trancebegünstigenden Wirkung wird Opium in Nordthailand von einigen Schamanen gelegentlich vor Heilzeremonien geraucht. »*In diesem Zustand können sie in den Himmel reisen und dort für den Kranken wirken.*« (Rätsch 2012: 407). Opium wurde außerdem für tantrische Liebesrituale benutzt, etwa in Form der sogenannten orientalischen Fröhlichkeitspillen.

Ähnlich wie in Indien, nämlich zur Meditation sowie in mystischen Ritualen, wurde Opium von den Mitgliedern islamischer Sufi-Orden verwendet.

Herstellung von Rohopium

Nach traditionellem Vorgehen werden die unreifen Kapseln mit speziellen Werkzeugen angeritzt – am besten am frühen Abend und eine Woche nach dem Abfallen der Blütenblätter. Am Folgetag wird der ausgetretene und bräunlich verfärbte Milchsaft gesammelt und zu Fladen gepresst.

Eine Kapsel ergibt einen Rohopiumertrag von 20–50 mg. Während des Trocknungs- und Reifungsprozesses entwickelt sich das Rohopium zu einer dunkelbraunen, festen und brüchigen Masse, die dunkel und luftdicht gelagert wird.

Zum Rauchen ist Rohopium jedoch ziemlich ungeeignet; es wird mit komplizierten Verfahren zu Rauchopium (Chandu) weiterverarbeitet. Zum Räuchern kann Rohopium aber gut und sinnvoll eingesetzt werden.

Rohopium

Zwei Opiumraucherinnen auf einer alten Postkarte

Inhaltsstoffe

Außer den Wurzeln und Blütenblättern enthalten alle Pflanzenteile einen Milchsaft (Latex), der über 40 sogenannte Opiumalkaloide enthält. Die wichtigsten sind Morphin (3–23%), Papaverin (0,1–2%), Codein (0,1–4%), Narcotin (1–11%) und Thebain (0,1–4%). Alle anderen Alkaloide sind nur in Spuren enthalten. Der charakteristische Geruch des Rohopiums ist durch die enthaltenen Pyrazine begründet.

In den ernährungsphysiologisch wertvollen Samen wurden Öl, Aminosäuren,

Mohnkapsel mit Samen

Kohlenhydrate, Kalzium und Proteine identifiziert, in geringen Mengen auch Alkaloide; ein Drogenschnelltest kann deshalb nach dem Mohnkuchen- oder Mohnbrötchenverzehr positiv auf Opiate anschlagen.

Mohnsamen aus dem Lebensmittelhandel ist definitiv psychoaktiv wirksam, wenn man aus ihm eine Abkochung oder einen Extrakt bereitet. Auf Selbstversuche sollte man jedoch verzichten; da eine Kontrolle über die Inhaltsstoff-Konzentrationen nicht möglich ist. Versuche, das »Legal High« aus dem Supermarkt zu gebrauchen, verliefen häufig bedenklich und gesundheitsschädigend.

Wirkung und Psychoaktivität

Opium breitet über die aktiven und passiven Fähigkeiten Heiterkeit, setzt sie ins Gleichgewicht und gibt dem Gemüt und der moralischen Urteilskraft im allgemeinen eine Art vitaler Wärme. [...] Der gesamte Naturzustand kehrt zurück, in den unser Geist wieder gelangen würde, wenn jede Spur von Schmerz und Leid, welche die Impulse eines ursprünglichen, guten und gerechten Herzens missleitet haben, verwischt worden wäre. DeQuincey 2011: 38

Das aus der Schlafmohnpflanze gewonnene Opium hat eine analgetische, aphrodisierende, euphorisierende, fantasieanregende und narkotisierende Wirkung. Auf der körperlichen Ebene wirkt es atemdepressiv, hustenreizlindernd und verstopfend. Gerauchtes Opium wirkt außerdem leicht psychedelisch und visionär; die Opium-Visionen können sehr erotisierende Inhalte haben. Die Wirkung von gerauchtem bzw. vaporisiertem Opium setzt schnell ein und hält bis zu 8 Stunden an. Gerauchtes Opium beflügelt potenziell eher den Geist, während gegessenes Opium verstärkt auf den Körper wirkt.

Die durch Opium induzierten Effekte beruhen pharmakologisch primär darauf, dass die Wirkstoffe an den Opioidrezeptoren im Gehirn, im peripheren Nervensystem sowie im Rückenmark anbinden. Zu den wichtigsten endogenen Liganden der Opioidrezeptoren zählen die sogenannten Opioidpeptide, beispielsweise Dynorphine, Endorphine und Enkephaline.

Die letale Dosis liegt bei ungefähr 2–3 g Opium. Eine tödlich wirksame Dosis, die in einer Lähmung der Atmung mündet, kann jedoch nicht durch das Rauchen, sondern nur durch Essen oder Injektion hervorgerufen werden. Beim Rauchen kommt es schon bei der kleinsten Überdosierung zu Brechattacken.

Opium heilt alles – außer sich selbst. Altes Sprichwort

Beim Konsum von Opium über einen längeren Zeitraum besteht das Risiko unangenehmer Langzeitschäden sowohl auf der körperlichen als auch auf der psychischen Ebene. Eventuell auftretende Begleiterscheinungen sind Antriebsschwäche, Apathie, Appetitlosigkeit, Depressionen, Gedächtnisstörungen, Gewichtsverlust, Handzittern, Koordinationsstörungen, Kreislaufbeschwerden, Muskelschmerzen sowie je nach persönlicher Konstitution auch psychische und körperliche Abhängigkeit.

Jedoch führt einmaliger Opiumkonsum nicht zwingend zu einer selbstschädigenden Sucht, wie manchmal behauptet wird. Die wesentlichen Faktoren für die Ausprägung einer Abhängigkeit sind immer noch das soziale Umfeld und die seelische Konstitution (Traumata, schwierige Lebenssituationen, mangelnde Liebe etc.).

Zubereitungsformen

Opium ist nicht gleich Opium. Es gibt fünf Qualitätsstufen: 1. Drogistenqualität (für medizinische Zwecke vorgesehenes Rohopium), 2. Verarbeitungsqualität, 3. Rauchopium (*Chandu*), 4. Essopium, 5. Stangenopium. (vgl. PIEPER 1997: 18)

Die häufigsten Verwendungsmethoden sind das Rauchen, das Essen sowie das Trinken einer Tinktur (Laudanum) oder eines Tees. Außerdem wird Opium rektal eingenommen oder als Lösung injiziert. Darüber hinaus eignen sich die Blüten und Samenkapseln als hervorragender aphrodisischer Räucherstoff, genau wie das Opium selbst.

Oraler Verzehr In Form kleiner Kügelchen oder Pillen kann das bitter schmeckende Opium geschluckt werden.

Orientalische Fröhlichkeitspillen (auch *Gandschakini* [Sanskrit], *Hab-i nishad* oder *Madschun* [arabisch] ist eine Sammelbezeichnung für mitunter äußerst potente, psychoaktiv wirksame Kombinationspräparate. Zusammengesetzt sind diese nach traditioneller Rezeptur aus Opium, Daturasamen, Cannabisprodukten und verschiedenen Gewürzen.

Räucherwerk Zum Räuchern können das rohe Opium, das fertig fermentierte *Chandu*, aber auch die Blätter, Blüten und Samenkapseln des Schlafmohns verwendet werden. Beim Räuchern verströmt Opium ein bitter-süßliches Aroma. Aufgrund der aphrodisierenden und entspannenden Wirkung ist die Schlafmohnpflanze besonders für Liebesräucherungen geeignet. Sie kann aber auch gut für die visionäre Traumräucherung genutzt werden. Schmerztherapeutisch eignet sie sich zur Linderung von Zahnschmerzen.

Rauchware (*Chandu* bzw. *Tschandu*) Geraucht wird in der Regel sogenanntes *Chandu*. Dabei handelt es sich um ein speziell für Rauchzwecke hergestelltes Opium. *Chandu* ist schwarz, von weicher Konsistenz und hat einen süßlichen Geruch. Geraucht oder vorsichtig verdampft wird es traditionell mit einer speziellen Opiumpfeife. Pro Pfeife braucht es ein erbsengroßes Opiumkügelchen. Rauchopium wird durch Wiederauflösen des Rohopiums unter Mitwirkung des Schwarzen Gießkannenschimmels (*Aspergillus niger*) in einem komplizierten Fermentationsprozess hergestellt. Auch die Blätter können pur oder in Kombination mit anderen Rauchkräutern geraucht werden.

Teeaufguss (*Poppy tea*) Die frisch geernteten Mohnkapseln werden etwa 20 Minuten lang in Wasser gekocht. Einige Personen kochen zur Geschmacksneutralisierung außerdem ½ Zitrone mit. Nach dem Abseihen ist der Tee fertig. Die Dosis für eine Person liegt, abhängig von der gewünschten Wirkung und der persönlichen Konstitution, bei 3–10 Mohnkapseln. Manche bereiten auch eine Abkochung aus dem Mohnstroh.

Tinktur (*Laudanum*) Diese früher sehr geläufige Arznei und damalige Volksdroge Nr. 1 wurde 1670 vom englischen Mediziner Thomas Sydenham entwickelt; die Erfindung der Opiumtinktur geht hingegen auf Paracelsus zurück. Zusammengesetzt war Laudanum aus Opium, Alkohol und Wasser; zur Geschmacksverbesserung enthielt es meist Gewürznelken, Safran und Zimt.

Weitere Anwendungsbereiche Die ernährungsphysiologisch wertvollen Mohnsamen können gut in der Küche verwendet werden, beispielsweise als Backzutaten. Außerdem wird aus den Samen ein hochwertiges Speiseöl hergestellt.

Medizinische Indikationen

Bereits in der Antike wusste der Mensch um die durchfalllindernde, schlaffördernde und schmerzstillende Wirkung des eingetrockneten Milchsafts (Opium). Volksmedizinisch wurde er zur Behandlung von Albträumen, Augenentzündungen, Cholera, Depressionen, Harnwegsentzündungen, Husten, Kopfschmerzen, Muskelkrämpfen, Nierensteinen, Ruhr, Schlangenbissen, Schließmuskelerkrankungen (Analprolaps) und Zahnschmerzen genutzt.

Im 18. und 19. Jahrhundert war das damals freiverkäufliche Laudanum ähnlich beliebt wie heute Paracetamol oder Ähnliches. Laudanum galt als universell anwendbares Schmerzmittel und Tonikum.

Heute wird Schlafmohn in Form von homöopathischen Globuli zur Behandlung von Durchfall eingesetzt. In der Schulmedizin finden heute nur noch die einzelnen Opiate in Reinform Verwendung, Morphin beispielsweise für die Behandlung starker Schmerzen, Codein als Hustenblocker.

Passiflora edulis

Passiflora spp.   Passionsblumen

Gattung .... *Passiflora* LINNÉ (Passionsblumen)
Familie .... Passifloraceae JUSSIEU EX ROUSSEL (Passionsblumengewächse)

Passionsblumen bereichern jeden Garten nur schon durch ihre zauberhafte Erscheinung. Kein Wunder, dass die dekorativen Blüten im Lauf der Zeit mit einer ganzen Reihe meist religiöser Symboliken aufgeladen wurden. So steht die Pflanze für das Leiden Christi – daher auch der Trivialname Passionsblume –, sie wird aber auch als Sinnbild für Freude, Frieden, Lebenskraft, Wachstum und paradiesische Zustände verstanden. Passionsblumen werden aufgrund ihrer besonderen Heilkraft und milden Psychoaktivität seit prähistorischen Zeiten als beruhigend und entspannend wirkende Heil- sowie vereinzelt auch als rituelle Schamanenpflanzen eingesetzt (zum Beispiel *P. incarnata* und *P. involucrata*); letztere beispielsweise als Additiv für das entheogene Schamanendekokt Ayahuasca. Andere Passiflora-Arten werden als wichtige Nahrungslieferanten geschätzt, so zum Beispiel *P. edulis*, deren äußerst schmackhafte Früchte auch als Maracujas bekannt sind.

Passiflora-edulis-*Blüte*

Für die Anzucht in mitteleuropäischen Gefilden eignen sich am besten die weitgehend winterharten Spezies *P. caerulea* und *P. incarnata*. Für eine Verwendung als psychoaktive Heilpflanze wird meist ausschließlich die zweitgenannte Art genutzt. *P. caerulea* und einige andere Passionsblumen verfügen zwar ebenfalls über Heilqualitäten, werden jedoch in erster Linie als optisch reizvolle Zimmer- oder Gartenpflanzen kultiviert. Daneben eignen sich für eine Anzucht in mitteleuropäischen Gärten die ebenfalls sehr widerstandsfähigen Arten *P. lutea*, *P. tucumanensis* und *P. violacea*. Bei Kultur der frostempfindlichen Exoten dieser Gattung benötigt man unbedingt geschützte und vollsonnige Standorte – am besten ein Gewächshaus – sowie artgerechte Überwinterungsmöglichkeiten.

Ethnobotanisch relevante *Passiflora*-Arten und ihre Trivialnamen
Passiflora caerulea LINNÉ Blaue Passionsblume • *Passiflora edulis* SIMS Maracuja, Purpurgranadilla, Rote Passionsfrucht • *Passiflora incarnata* LINNÉ Echte Passionsblume, Winterharte Passionsblume • *Passiflora involucrata* (MASTERS) A. H. GENTRY Chontay huasca • *Passiflora jorullensis* H.B.K. Coanenepilli • *Passiflora laurifolia* LINNÉ Golden bellapple, Water lemon (engl.) • *Passiflora quadrangularis* LINNÉ Königs-Granadilla, Riesen-Granadilla • *Passiflora rubra* LINNÉ Zombie-Liane, Dutchman's Laudanum (engl.). Insgesamt umfasst die Gattung der Passionsblumen über 500 gesicherte Arten.

Vorkommen

 Die Gattung *Passiflora* hat ihre Heimat in den tropischen Regionen Süd- und Mittelamerikas sowie in Ostindien. Ihre Verbreitungsgebiete erstrecken sich inzwischen aber weit über ihre einstmalige Heimat hinaus, was damit zusammenhängt, dass die Pflanze aufgrund ihrer Heilkraft und gleichzeitigen Schönheit sehr früh vom Menschen verbreitet wurde. Nach Europa kam die Pflanze vermutlich erstmals im 17. Jahrhundert.

Botanik

Passionsblumen sind, bis auf die einjährige Spezies *P. gracilens*, mehrjährige, meist schnell wachsende, rankenbildende Kletterpflanzen mit holzigen, bis zu 6 m langen Stängeln und wechselständig angeordnetem und mehrfach gelapptem Blattwerk. Charakteristisch für Arten dieser Gattung sind die markant leuchtenden Blüten, deren strahlenkranzartige Erscheinung (Größe, Farbe und so weiter) abhängig von der Art ganz unterschiedlich sein kann. So

Passiflora-quadrangularis-*Blüte*

reicht das Farbspektrum von weiß, gelb, rot, orange bis hin zu lila sowie von ein- bis mehrfarbig. Die Blütenfarbe von P. *incarnata* ist beispielsweise meist rosa, sie kann aber auch ro-violett oder weiß sein, die Blütengröße beträgt etwa 8 cm. Die Früchte der Passionsblumen sind eiförmig und erreichen eine Größe von 5–10 cm, meistens sind sie von gelber Farbe. Bei vielen Arten sind die Früchte essbar. Das braunschwarze Saatgut wird im Inneren der Früchte ausgebildet und liegt geschützt in einem weichen, meist gelben oder orangefarbigen Samenmantel von geleeartiger Konsistenz.

Pflegeanleitung

Die Vermehrung der Passionsblume erfolgt durch Aussaat oder Stecklinge. Letztgenannte sind im Gartenhandel allerdings meist nur von P. *caerulea* oder den unzähligen Hybrid-Züchtungen erhältlich, die als Zimmer- oder Zierpflanzen kultiviert werden. Wer P. *incarnata* kultivieren möchte, greift üblicherweise auf das Saatgut zurück.

Passiflora-incarnata-*Samen*

Vermehrung durch Aussaat (generativ)

Bevor die Samen auf das Anzuchtsubstrat gestreut werden, müssen sie unbedingt 2–3 Tage in lauwarmem Wasser vorquellen, damit trockenes und nicht mehr erntefrisches Saatgut wieder aktiviert wird. Einige Gärtner schwören auch auf das Einweichen in Orangensaft. Sobald der Saft zu schimmeln beginnt, werden die Samen ausgesiebt, abgewaschen und für einen weiteren Tag in Wasser eingelegt. Auf diese Weise simuliert man, dass die Frucht zu Boden gefallen ist und der Prozess der Verrottung eingesetzt hat. Bei der Anzucht von P. *incarnata* empfiehlt es sich, das Saatgut nach dem Vorquellen zusätzlich einer zehnwöchigen Stratifikation (Kältebehandlung) zu unterziehen. Dazu hüllt man es in feuchtem Zellstoff ein und legt es in den Kühlschrank. Ideal ist eine Temperatur von 4 °C. Bei den meisten anderen Arten ist eine Stratifikation nicht nötig; sie können nach dem Vorquellen direkt ausgesät werden.

Für die Anzucht wird ein mit Anzuchterde befülltes und an einem warmen Ort (z.B. auf der Heizung) platziertes Zimmergewächshaus verwendet. Wichtig ist, dass man die vorbehandelten Samen mit einer dünnen Sandschicht überdeckt und die Anzuchterde durch Besprühen gleichbleibend feucht hält. Bei Temperaturen von etwa 25 °C beginnen die ersten Samen nach 1–2 Wochen aufzulaufen. Manche Samen benötigen zur Keimung aber 6 Wochen und mehr. Nach dem Auflaufen werden die Keimlinge sofort pikiert und einzeln in kleine, auf der hellen und warmen Fensterbank stehende Töpfe gepflanzt. Die heranwachsenden Jungpflanzen können ab Mai schließlich entweder an einen geschützten Standort ins Freiland oder in große Kübel gepflanzt werden.

INFO Das Anrauen der Samen mit einer feinen Raspel ist nur dann sinnvoll, wenn sie eine sehr harte Schale haben. Ansonsten ist diese Praxis eher kontraproduktiv, da diverse Pilzerkrankungen auf diese Weise leichter ins Sameninnere gelangen.

Vermehrung durch Stecklinge (vegetativ)

Unkomplizierter als eine generative Vermehrung ist die Anzucht der Passionsblume durch Stecklinge, also die unterhalb des Blattknotens geschnittenen Triebspitzen. Nach dem Schnitt sollte man die Schnittstelle mit einem biologischen Bewurzelungspräparat betupfen. Dann werden die unteren Blätter entfernt, und der Steckling wird in einen kleinen (Ø 10 cm), mit einem Sand-Komposterde-Gemisch (50:50) befüllten Topf gepflanzt. Dieser wird nun entweder mit einer Plastiktüte überstülpt oder in ein warmes Zimmergewächshaus gestellt. Der Steckling mag es leicht feucht und hell, verträgt aber keine direkte Sonne. Die Plastiktüte wird entfernt, sobald ein erster Austrieb an der Pflanze sichtbar ist, was bei Temperaturen von rund 20 °C nach spätestens 4 Wochen der Fall sein sollte. Ab April/Mai werden die angewurzelten Stecklinge ins Freiland oder in große Kübel gepflanzt.

Passiflora spp.

Passiflora-caerulea-*Blüte*

Inhaltsstoffe

Wirkungsbestimmende Inhaltsstoffe sind Flavonoide, etwa Benzoflavon, Glykosylflavone, Isovitexin, Swertisin und andere, außerdem ätherisches Öl, Cumarine, freie Aminosäuren, Glycoproteine, Gynocardin und Polysaccharide.

Standort und Pflegemaßnahmen

Um optimal gedeihen zu können, benötigen *Passiflora*-Arten einen nährstoffreichen, mit gesiebter Komposterde vermischten Boden sowie einen warmen und sonnigen Standort. Der Wasserbedarf der Passionsblume ist während der Vegetationsperiode in den heißen Sommermonaten recht hoch; allerdings sollte Staunässe unbedingt verhindert werden. Im Untersetzer angesammeltes Gießwasser muss man daher umgehend abschütten. Bei geringer Luftfeuchtigkeit wird die Pflanze mehrmals täglich mit Wasser eingesprüht.

Da es sich bei den meisten Passionsblumen um schnell wachsende Kletterpflanzen handelt, ist eine Rankhilfe wichtig. Rankgitter oder andere handelsübliche / selbstgebaute Kletterhilfen sind dafür ideal, andernfalls genügen auch 2–3 lange Stöcke oder Bambusstangen.

Pflanzen in Topfkultur müssen häufiger gedüngt werden als solche, die im Beet gedeihen. Topfpflanzen, egal ob sie im Garten oder im Zimmer wachsen, sollten alle zwei Wochen mit einem biologischen NPK-Dünger angereichert werden. Bei der Beetkultur hängt die Düngehäufigkeit davon ab, wie nährstoffreich der Boden ist. Oft genügt es schon, wenn der Gärtner frischen Kompost in die Erde gibt.

Ein Rückschnitt im Frühjahr empfiehlt sich nur bei älteren Exemplaren, nämlich dann, wenn sie zu groß werden. Theoretisch kann die Pflanze auf eine Höhe bzw. Breite von 20 cm zurückgeschnitten werden.

Blätter und Frucht von *Passiflora edulis*.

Überwinterung

Die meisten Arten sind nicht frosthart und müssen zur Überwinterung an einen hellen und kühlen (5–10 °C) Ort ins Haus gestellt werden, im Idealfall in ein sogenanntes Kalthaus. In der Ruheperiode wird nur soviel gegossen, dass der Wurzelballen nicht austrocknet. Auf Dünger kann vollständig verzichtet werden.

Die begrenzt winterharte Spezies *P. incarnata* kann durchaus auch im Freiland überwintern. Die Temperaturen dürfen allerdings nicht unter −15 °C fallen. In den ersten Jahren empfiehlt sich außerdem ein guter Winterschutz, beispielsweise eine dicke Schicht Mulch, damit der Wurzelstock nicht einfriert. Die Pflanze wird dann im Winter oberirdisch komplett absterben, im folgenden Frühjahr aber wieder neu austreiben.

Krankheiten und Schädlinge
Besonders in Zimmerkulturen mit einer trockenen Heizungsluft ist die Pflanze anfällig für Spinnmilben (*Tetranychidae*), selten auch für Schmierläuse (*Pseudococcidae*). Bei Gartenkulturen kann es zeitweise zu einem Blattlaus- (*Aphidoidea*), Ohrwurm- (*Dermaptera*), Thripsen- (*Thysanoptera*) oder Trauermücken-Befall (*Sciaridae*) kommen, der sich durch im Garten lebende Nützlinge aber meist von selbst erledigt. Infolge zu hoher Luftfeuchtigkeit während der Überwinterungsperiode ist ein Befall durch den Mehltaupilz möglich.

Mythologie und Ritual

Über den rituell-schamanischen Gebrauch der Passionsblume liegen nur wenige verlässliche Informationen vor. Die Wurzeln der Art *P. involucrata* werden in einigen amazonischen Regionen als traditioneller Ayahuasca-Zusatz eingesetzt. Der Saft von *P. edulis* (Maracujasaft) ist möglicherweise im Zusammenhang mit dem brasilianischen Jurema-Kult rituell relevant.

Heute wird das Kraut von *P. incarnata* gelegentlich im Rahmen entheogen-psychonautischer Rituale zur Stabilisierung von Psilocybin- oder LSD-Visionen eingesetzt, wozu es in der Regel als Joint geraucht oder seltener als Tee eingenommen wird. Außerdem ist die Passionsblume ein häufiges Additiv der modernen psychedelischen Rauchmischung *Changa*, die auf der pharmakologischen Grundlage von DMT, Beta-Carbolinen und anderen Pflanzenwirkstoffen beim Anwender innerhalb weniger Sekunden eine enorme Bewusstseinserweiterung induziert und deshalb vereinzelt als spirituelle Ritualdroge genutzt wird.

Exkurs: Enthält die Passionsblume MAO-hemmende Harmanalkaloide?
In älterer Literatur und in psychonautischen Kreisen wird im Zusammenhang mit der Passionsblume immer wieder auf MAO-hemmende Harmanalkaloide verwiesen. In einigen Literaturquellen heißt es auch, dass diese Stoffe das psychoaktive Prinzip dieser Pflanze erklären, was nach heutigen Erkenntnissen aber revidiert werden muss.

In ein paar wenigen Arten der Gattung *Passiflora* – beispielsweise in *P. incarnata* und *P. involucrata* – ließ sich Harmin, Harman und Harmalin in geringer Konzentration nachweisen. Diese Spuren reichen aber bei weitem nicht aus, um die Pflanze etwa als Ayahuasca-Analog einzusetzen oder um das Tryptamin DMT oral wirksam zu machen. Umgerechnet auf das benötigte Pflanzenmaterial wären mindestens 200 g Passionsblume nötig. Besser geeignet sind die originäre Ayahuasca-Liane (*Banisteriopsis caapi*) und die Samen der Steppenraute (*Peganum harmala*), von denen für eine MAO-Hemmung bereits 2–3 g völlig ausreichend sind.

Dennoch scheinen die in *P. incarnata* enthaltenen Spuren von MAO-Hemmern auszureichen, um eine durch entheogene Tryptamine hervorgerufene Bewusstseinsveränderung signifikant zu beeinflussen, jedoch weniger als Wirkverstärker, sondern eher im Sinne eines visionären Stabilisators.

Medizinische Indikationen
In der europäischen Pflanzenheilkunde ist in erster Linie *P. incarnata* therapeutisch relevant, im Besonderen als Mittel zur Nervenberuhigung sowie zur Behandlung von Angst- und/oder Einschlafstörungen, leichten Depressionen und vegetativer Dystonie. Nordamerikanische Ethnien verwenden das Kraut als krampflösendes Antispasmodikum und als wassertreibendes Diuretikum.

Andere als Heilpflanzen bekannte und in Mittel- und Südamerika als Beruhigungs- und Schlafmittel eingesetzte Passiflora-Spezies sind zum Beispiel *P. edulis*, *P. laurifolia* und *P. quadrangularis*.

Passiflora-edulis-*Blüte*

Wirkung und Psychoaktivität

Die psychoaktive Wirkung des gerauchten, geräucherten, vaporisierten, als Tee oder anderweitig eingenommenen Passionsblumenkrauts (Blätter und Stängel) reicht von beruhigenden, entspannenden, sedierenden und harmonisierenden bis hin zu aphrodisischen, angstlösenden, antidepressiven, euphorisierenden, geistklärenden, fantasieanregenden und tonisierenden Effekten. Normal dosiert sind diese Wirkeigenschaften aber nur mild ausgeprägt, vergleichbar mit Baldrian oder Hopfen. Die psychoaktive Wirkkomponente der Passionsblume lässt sich wahrscheinlich dadurch pharmakologisch begründen, dass einige der enthaltenen Flavonoidverbindungen an den endogenen GABA-Rezeptoren anbinden.

Auf der physischen Ebene wirkt Passionsblume blutdrucksenkend, blutstillend, entzündungshemmend, krampflösend, schmerzlindernd und schweißtreibend. Als mittlere therapeutische Tagesdosis bei Erwachsenen werden in der Literatur 4–15 g Passionsblumenkraut angegeben.

Zubereitungsformen

Alle Formen der Zubereitung beziehen sich auf die als psychoaktive Heilpflanze am intensivsten erforschte Spezies *P. Incarnata*.

Kapseln Auf eine Kapsel kommen üblicherweise 1–2 g des getrockneten und zu Pulver zermahlenen Passionsblumenkrauts. Für therapeutische Zwecke wird bis zu dreimal täglich eine Kapsel geschluckt.

Phyto-Inhalation Passionsblumenkraut eignet sich hervorragend für den Gebrauch im Vaporizer. Die einzustellende Temperatur beträgt 150 °C.

Getrocknetes Passionsblumenkraut

Räucherwerk Als Räucherwerk angewendet, verströmt das Passionsblumenkraut ein neutrales Aroma. Dabei wirkt es zwar kaum psychoaktiv, zeigt dafür aber auf der energetischen Ebene deutliche Effekte, etwa indem es die Qualitäten des Solarplexus- und des Stirn-Chakra aktiviert. Diese Eigenschaft lässt sich besonders für meditative und intuitive Zwecke nutzen. Es kann allein oder in Kombination geräuchert werden, etwa mit Beifuß (*Artemisia* spp.), Benzoe (*Styrax* spp.), Damiana (*Turnera diffusa*), Hanf (*Cannabis sativa*), Hopfen (*Humulus lupulus*), Kalifornischem Mohn (*Eschscholzia californica*) oder Salbei (*Salvia* spp.) und anderen.

Rauchware Zum Rauchen verwendet man üblicherweise das getrocknete Kraut oder einen Extrakt. Sie können aufgrund des relativ neutral schmeckenden und leicht zu inhalierenden Rauchs zwar pur geraucht werden, die meisten Anwender bevorzugen jedoch eine synergistisch wirkende Kombination mit weiteren Rauchpflanzen.

Teeaufguss Abhängig von der gewünschten Wirkung übergießt man 0,5–4 g des Passionsblumenkrauts mit 125 ml kochendem Wasser, lässt es 10–30 Minuten ziehen und seiht es anschließend ab. Alternativ wird das Kraut für 5 Minuten in Wasser aufgekocht.

Tinktur Für eine Tinktur werden 50 Gramm des Passionsblumenkrauts in ein verschließbares Gefäß gefüllt und mit 150 bis 250 Millilitern hochprozentigem (80 bis 95 Prozent) Alkohol übergossen. Das Behältnis wird verschlossen für 3–5 Wochen an einen dunklen Ort gestellt und täglich einmal kräftig geschüttelt. Danach kann man die Flüssigkeit durch ein feines Sieb oder einen Kaffeefilter schütten und in dunkle Flaschen füllen. Verglichen mit anderen Zubereitungsformen ist eine Tinktur sehr potent, bereits wenige Tropfen sind für eine deutliche Wirkung ausreichend – maximal 30–60 Tropfen.

Phalaris arundinacea

Phalaris arundinacea LINNÉ
Rohrglanzgras

Gattung .... *Phalaris* LINNÉ (Glanzgräser)
Familie .... Poaceae (R. BR.) BARNHART (Süßgräser)

Beim Rohrglanzgras, einer unscheinbaren Pflanze, deren Zuchtformen jedoch optisch sehr reizvoll sein können, handelt es sich nicht um eine schamanische Ritualpflanze im klassischen Sinn. Trotzdem verdient sie einen Platz in diesem Buch, da sie neben *Phragmites australis* zu den wenigen in Europa verbreiteten DMT-Quellen gehört. Aus ihr gewonnene Extrakte werden immer häufiger im Rahmen moderner entheogen-psychonautischer Rituale eingesetzt, auch in Form von Changa, einer neuartigen Rauchmixtur auf der Basis von DMT und MAO-hemmenden Beta-Carbolinen.

Wer die Pflanze im Garten kultivieren möchte, braucht nicht zwingend einen Teich – auch wenn dies von Vorteil ist. Es reicht ein feucht-nasser Platz auf der Wiese; alternativ kann man das Rohrglanzgras in Kübeln kultivieren.

Phalaris arundinacea

Trivialnamen
Bendgras, Glanzgras, Havelmilitz, Pfeifenschilf, Schilfgras, Schniedgras, Seegras, Spanisch Gras, *Gardener´s Garters*, *Reed Canary Grass*, *Ribbon Grass* (engl.) und andere

Weitere für die Gartenkultur geeignete *Phalaris*-Arten
Phalaris aquatica LINNÉ Wasserglanzgras • *Phalaris brachystachys* LINK Gedrungenblütiges Glanzgras • *Phalaris canariensis* LINNÉ Kanarengras. In allen drei genannten Spezies wurden die Tryptaminalkaloide N,N-DMT und/oder 5-MeO-DMT identifiziert. Insgesamt rechnet man etwa 20 gesicherte Arten zur *Phalaris*-Gattung.

Botanik

Phalaris arundinacea ist ein schilfähnliches, winterhartes und mehrjähriges Gras mit einer Wuchshöhe von 0,5–2,5 m. Die Pflanze entwickelt eine sehr starke Bewurzelung mit unterirdisch kriechenden Ausläufern. Aus jedem der Ausläufer bildet sich ein aufrecht und einzeln stehender rohrartiger Halm von glatter, glänzender Beschaffenheit. Die grün-bräunlichen oder grün-weiß gestreiften sowie leicht rauen Blätter haben eine Breite von ungefähr 2 cm und können bis zu 35 cm lang werden. Die straußförmige Blütenrispe entwickelt eine Länge von 25 cm und hat eine hellgrüne oder leicht rotviolette Färbung. Die kurzstieligen Ährchen sind einblütig und etwa 6 cm lang.

Vorkommen

Das Rohrglanzgras ist in Europa, Nordamerika und Asien verbreitet. In gemäßigten Klimaregionen gedeiht es meist auf nassen Wiesen oder am Ufer fließender, nährstoffreicher Gewässer.

Pflegeanleitung

Am einfachsten gelingt die Kultivierung durch vorgezogene und im Handel erstandene Jungpflanzen, die an die gewünschte Stelle im Garten oder in einen Kübel gepflanzt werden. Im Gartenmarkt erworbene Pflanzen könnten möglicherweise kastriert worden sein, was bedeutet, dass in ihnen der Alkaloidgehalt reduziert beziehungsweise weggezüchtet wurde. Die Vermehrung durch Saatgut und die Wurzelteilung sind aber ebenfalls unkompliziert und als absolut anfängersicher einzustufen.

Phalaris arundinacea

Phalaris-arundinacea-*Samen*

Inhaltsstoffe

Außer im Samenmaterial wurden in der ganzen Pflanze die psychoaktiven Tryptaminalkaloide N,N-Dimethyltryptamin (N,N-DMT), 5-Methoxy-N,N-Dimethyltryptamin (5-MeO-DMT), 5-Hydroxy-N,N-Dimethyltryptamin (5-HO-DMT, Bufotenin) und N-Methyltryptamin (MMT) identifiziert, ferner N,N-Dimethyltyramin (Hordenin) und Gramin (= Donaxin). Gramin wird häufig als toxisch eingestuft, was aktuellen Erkenntnissen zufolge jedoch nur auf Nutztiere und nicht auf den Menschen zuzutreffen scheint (vgl. Seite 173 f.). Abhängig von Rasse, Standort, Erntezeit sowie vielen weiteren Einflussfaktoren gestaltet sich die Zusammensetzung der Alkaloide in der Pflanze sehr variabel.

Vermehrung durch Aussaat (generativ)

Zur Anzucht durch Saatgut – die das ganze Jahr über möglich ist – greift man auf eine handelsübliche Pikierschale oder Topfplatte zurück, die mit gleichmäßig angefeuchteter Anzuchterde befüllt und auf einer hellen und warmen Fensterbank platziert wird. Danach wird das Saatgut ausgestreut und mit einer feinen Sandschicht überdeckt. Das Substrat sollte einmal täglich ordentlich besprüht werden, jedoch nur so, dass es vollständig und gleichbleibend feucht ist; nass sollte es nicht sein. Zur Beschleunigung der Keimzeit kann man die Pikierschale in ein Zimmergewächshaus stellen oder in einem Abstand von mehreren Zentimetern mit einer Plastikfolie überstülpen, worauf sich bereits nach einer Woche die ersten Sämlinge zeigen. Diese können sogleich pikiert und einzeln in kleine, mit handelsüblicher oder selbst gemischter Pflanzenerde befüllte Töpfe gepflanzt werden, in denen sie zunächst ihr Wurzelwerk ausbilden. Sobald das Substrat vollständig oder zumindest zu einem großen Teil von den feinen Wurzeln durchwoben wurde, setzt man die Jungpflanzen ans Teichufer, auf eine feuchte Wiese oder in große Kübel mit Untersetzer.

Vermehrung durch Wurzelteilung (vegetativ)

Befindet sich bereits eine *Phalaris*-Staude in erfolgreicher Kultur, dann wird sie im Frühling ganz einfach über eine Teilung des Rhizoms vermehrt. Dazu trennt der Gärtner mit der Hand oder mit Hilfe eines Spatens einen Teil der Wurzel ab und setzt diesen an einer anderen Stelle wieder ein. Wichtig ist, dass das vorbereitete Pflanzloch, wenn es sich nicht in unmittelbarer Nähe eines Gartenteichs befindet, sondern auf der Wiese oder in einem Kübel, vor dem Einpflanzen großzügig gegossen wird. Erfahrungsgemäß ist die Pflanze sehr robust und lebenskräftig.

Standort und Pflegemaßnahmen

Ideal ist ein Standort am sonnigen bis halbschattigen Teichufer. Dort fühlt sich *Phalaris* besonders wohl. Diese Grasart bildet großflächige unterirdische Ausläufer, die man im Garten durch Verwendung von Pflanzgefäßen im Zaum halten kann. Eine regelmäßige Beigabe von Dünger, am besten in Form frisch gesiebter Komposterde, ist nur während der Vegetationsperiode wichtig; in der Ruheperiode von Oktober bis März hingegen bedarf es keiner Nährstoffzufuhr.

Phalaris in Topfkultur

Als Substrat eignet sich selbsthergestellte oder handelsübliche Blumenerde. Ob die Pflanzen einzeln oder zu mehreren eingepflanzt werden, ist von der Größe der Kübel abhängig. Sie sollten durchlässig und mit einem Untersetzer ausgestattet sein, so dass die Pflanze von unten gegossen werden kann. Und zwar immer dann, wenn das Wasser vollständig aufgesogen wurde. Der oberirdische Teil der Pflanze sollte regelmäßig eingesprüht werden. In der Regel wird der Topf auf der Terrasse, dem Balkon oder im Garten platziert; *Phalaris* gedeiht aber auch auf der hellen Fensterbank, wird dann allerdings nicht so groß. Die Frage nach der Überwinterung stellt sich bei der frostharten Spezies *Phalaris arundinacea* nicht.

Krankheiten und Schädlinge

Normalerweise ist *Phalaris* vollkommen krankheits- und schädlingsresistent, so dass man sich bei ihrer Kultur diesbezüglich keine Sorgen zu machen braucht.

Exkurs: Gramin Gastbeitrag von Markus Berger

In einigen pharmakobotanischen Fachbüchern und -artikeln wird vor Gramin gewarnt; es sei toxisch und deshalb gefährlich. In *Enzyklopädie der psychoaktiven Pflanzen* von Christian Rätsch zum Beispiel findet sich folgende relativ furchterregende Notiz: »*Das Gras* [Phalaris arundiancea] *kann (...) hohe Konzentrationen an Gramin, einem sehr toxischen Alkaloid, aufweisen (...)*« (RÄTSCH 2012: 433). Der Autor bezieht sich hier auf einen Artikel des US-amerikanischen *Phalaris*-Experten Johnny Appleseed (APPLESEED 1995). Auch in psychonautischen Kreisen wird vor dem Alkaloid gewarnt, vermutlich wegen einiger Darstellungen aus Amerika (massenweise im Internet zu finden).

Der Wirkstoff Gramin

Gramin ist ein Indolalkylamin oder -alkaloid. Seinen Namen hat der Wirkstoff von der Pflanzenfamilie der **Graminae**, die auch **Poaceae**, Süßgräser, genannt wird. Zu den Süßgras-Gattungen gehören Getreidesorten wie Hafer, Roggen, Weizen, Mais, Gerste, Hafer und Hirse und psychedelische Pflanzen wie *Arundo, Phragmites* oder eben *Phalaris*. Gramin heißt chemisch 3-[Dimethylaminomethy]-indol, ist eine synthetische Vorstufe von Tryptamin (SHULGIN & SHULGIN 1997: 584) und kann sedativ wirken. Die verwandte Substanz Isogramin hat sogar anästhesierende Eigenschaften (SNEADER 1985).

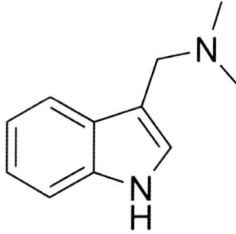

Strukturformel von Gramin

Appleseed berichtet zwar über das gelegentliche Vorkommen von Gramin in *Phalaris arundinacea*, erwähnt aber nicht, dass das Alkaloid hochgiftig sei. Mit Bezug auf genetische Hybridisierungskombinationen unter *Phalaris*-Arten schreibt Appleseed: »*So findet sich Gramin, mit nur einer von 16 möglichen Kombinationen, nur in weniger als 1% aller Fälle.*« (APPLESEED 1995). Der Wirkstoff kommt also, wenigstens in amerikanischen Arten, nicht einmal allzu häufig vor. Gemäß einer neueren Analyse kommen (neben vielen anderen psychoaktiven Wirkstoffen) ebenfalls 7-Methoxy-Gramin und 5,7-Dimethoxy-Gramin in den *Phalaris*-Spezies *arundinacea* und *aquatica* vor (FESTI & SAMORINI 1994). Diese sind jedoch nur im Verbund mit der Gesamtheit aller Substanzen innerhalb der Pflanze relevant.

Wie verhält es sich nun aber mit der tatsächlichen Toxizität des Wirkstoffs? MARTEN et al. publizierten 1973 und 1976 die Giftigkeit des Gramin auf Schafe: »*Größere Mengen Gramin sind giftig und haben auf Schafe, die auf Weideland grasen, nachteilige Effekte.*« (MARTEN et al. 1973, 1976). Das mag auf Tiere, Schafe in diesem Fall, zutreffen. Das Giftpflanzenkompendium allerdings macht folgende Angabe zu dem Alkaloid: »*Dem (...) Gramin (...) kommt keine toxikologische Bedeutung zu. (...) Gramin ist ein harmloses Alkaloid, das unter anderem in der Gerste (...) vorkommt und im Grundstudium der Chemie regelmäßig zur Übung hergestellt wird (...)*« (BÖS 2000).

Die Standard-Giftpflanzenliteratur erwähnt die Substanz kaum. In *Giftpflanzen* von FROHNE et al. wird der Stoff selbst in der Monografie der Poaceae (absichtlich?) übersehen (FROHNE & PFÄNDER 2004). In *Giftpflanzen-Pflanzengifte* von ROTH, DAUNDERER, KORMANNS wird er nur nebenbei als Stressverbindung im Blatt der Gerste, *Hordeum vulgare* (ROTH et al. 1994: 1002) erwähnt. Selbst der Hunnius, das ultimative pharmazeutische Wörterbuch, nennt das Wort Gramin nur in einem Nebensatz unter dem Eintrag *Arundo donax* (HUNNIUS 1998: 136). Auch in dieser psychonautischen Pflanze, die in den Mittelmeerländern

Phalaris-arundinacea-Blüten

Medizinische Indikationen
Eine gesicherte Verwendung in der traditionellen und modernen Pflanzenheilkunde ist nicht bekannt. Möglicherweise wurde die Pflanze in Form eines Wasser-Wein-Mazerates in der Antike bei Blasenleiden empfohlen.

beheimatet und heute überall verbreitet ist (sehr häufig in Spanien oder auch Griechenland, eher selten in Deutschland), finden sich die Psychoaktiva DMT, 5-MeO, Bufotenin, Gramin und andere, ebenso in dem in Deutschland weit verbreiteten *Phragmites australis*.

Die Annahme, dass das Indolalkaloid Gramin hochgiftig sei, relativiert sich bei genauerem Hinsehen und ist im Grunde widerlegt. Man kann im Übrigen davon ausgehen, dass in *Phalaris* spp. keine großen Mengen Gramin vorhanden sind.

Mythologie und Ritual

Ein traditionell-schamanischer Gebrauch des Rohrglanzgrases ist nicht bekannt. Es gibt zwar Berichte darüber, dass ein undefiniertes Gras damals für schamanische Tierverwandlungen genutzt wurde, doch ob es sich dabei um *Phalaris arundinacea* oder eine andere *Phalaris*-Spezies handelt, bleibt unklar. Tryptaminreiche Zubereitungen der Teichpflanze in Verbindung mit Samen der Steppenraute (*Peganum harmala*) oder anderen MAO-hemmenden Pflanzen werden in der Psychonautik, genau wie *Phragmites australis*, als Ayahuasca-Analoge (Anahuasca) gebraucht sowie in Form eines gerauchten Extrakts. Durch die enthaltenen Stoffe, allen voran 5-MeO-DMT sowie N,N-DMT, reist der Anwender nach ausreichend hochdosierter Applikation in andere Wirklichkeiten, in denen er über kosmische Zusammenhänge oder sich selbst, seine Seelengeschichte oder seine Stellung im Universum wichtige Antworten erhält; womöglich trifft er während seiner Reise auf Ahnen, Schutzgeister, Außerirdische oder andere Wesen.

Wirkung und Psychoaktivität

DMT ist Direkte Mystische Transmission. Drastischer Magischer Transport. PINCHBECK 2003

Das Rohrglanzgras ist eine ziemlich potente DMT-Quelle und induziert, etwa wenn es in extrahierter Form geraucht oder in Kombination mit einem MAO-Hemmer kombiniert als Saft getrunken wird, eine oft überwältigende psychedelische Erfahrung: Der Anwender taucht in mehrdimensionale, fraktale Welten ein, voller Mandalas, Spiralen und Symbole, erlebt Begegnungen mit fremden (oder bekannten) Wesen oder Naturgeistern, den Eintritt in den Cydelikspace oder ins göttliche Licht der All-Einheit; er bereist feinstoffliche Städte oder fremde Planeten, hat Zukunftsvisionen oder Einblicke in lange zurückliegende Ereignisse oder wirbelt in rasender Geschwindigkeit auf seiner eigenen spiralförmige DNA-Doppelhelix zurück, bei entsprechender Dosis soweit, bis man an jenem Ort herauskommt, wo alles seinen Ursprung hat.

Da in den meisten Gräsern das Tryptaminalkaloid 5-MeO-DMT in stärkerer Konzentration vorliegt, kann man davon ausgehen, dass die Rauschwirkung eines gerauchten *Phalaris*-Extraktes eher 5-MeO-artige Züge aufweist und nicht so wirkt wie reines N,N-DMT.

Bekannte Nebenwirkungen nach dem Rauchen eines *Phalaris*-Extrakts oder anderer DMT-Extrakte sind ein plötzlicher kurzzeitiger Anstieg des Blutdrucks und der Herzschlagfrequenz (DMT-typische Symptome). Bei unvorbereiteter Einnahme und Nichtbeachtung von Dosis, Set und Setting kann es zu Panik und infolge des Ich-Verlusts auch zu Todesangst kommen, meist dann, wenn sich der Anwender nicht fallen lassen kann.

Zur Kombination 5-MeO-DMT/MAO-Hemmer gibt es – im Gegensatz zur Kombination N,N-DMT/MAO-Hemmer – kontroverse Meinungen (der US-Autor D. M. Turner schreibt gar, dass 5-MeO-DMT selbst ein MAO-Hemmer sei, was nicht zutrifft). Einige sehen diese Kombination als gesundheitlich unbedenklich an, andere warnen davor. Es existieren Berichte über sehr unangenehme Erfahrungen mit vielen körperlichen Nebenwirkungen, die ganz sicher nicht der Nachahmung wert sind. Andere Erfahrungsberichte hingegen klingen positiv, ohne unschöne Episoden, etwa in Jonathan Otts Buch *Pharmacotheon*.

N,N-DMT-Kristalle

Zubereitungsformen

Entsaftung Verwendet wird hierfür ein gewöhnlicher Weizengrasentsafter, in dem der Saft automatisch aufgefangen wird. »*Bereits die kleine Menge eines Teelöffels voll potentem Phalarisgrassaft kombiniert mit drei Gramm Harmalasamen-Tee ergibt ein Ayahuasca-Analog von voller Stärke – und das ist noch nicht einmal halb so ekelhaft zu schlucken, wie manche der traditionellen Gebräue. Man kann auch Harmalaextrakt in Kapselform einnehmen, um jeglichen bitteren Geschmack zu vermeiden. Der Grassaft selber schmeckt einfach nach Grassaft. Die flüssigen Konzentrate können in Flaschen im Kühlschrank aufbewahrt oder in Kühlbehältern eingefroren werden. Oder man trocknet den Saft, um das Pulver zu rauchen, es in Kapselform einzunehmen, oder mit organischen Lösungsmitteln weiter zu extrahieren.*« (DEKORNE 1994/1995: 16)

Extrakt Eine der bis heute seltenen Anleitungen zur Herstellung von *Phalaris*-Extrakt findet sich in Jim DeKornes psychonautischem Standardwerk *Psychedelischer Neo-Schamanismus* (1995); weitere Anleitungen zur *Phalaris*-Extraktion siehe BERGER 2015. Die Idee für die Entsaftungsmethode stammt ebenfalls von DeKorne. Der Wirkstoffgehalt an Tryptaminen unterliegt jedoch starken Schwankungen; zur Verarbeitung sollten nur Pflanzen mit einer bekannten Wirkstoffzusammensetzung genutzt werden. Andernfalls erhält man zwar ein *Phalaris*-Extrakt, aber ob es so zusammengesetzt ist und wirkt, wie der Psychonaut es sich vorgestellt hat, steht dann auf einem anderen Blatt.

INFO Die Herstellung von DMT-Extrakten und anderen DMT-Produkten ist nur in jenen Ländern möglich, wo die Substanz nicht den Bestimmungen der Drogengesetze unterliegt.

Phalaris-Changa Das europäische *Phalaris*-Changa enthält ein Extrakt aus *Phalaris arundinacea*, zerstoßenen Samen oder ein Extrakt der Steppenraute (*Peganum harmala*), Damiana (*Turnera diffusa*) sowie variable Rauchkräuter (BERGER 2015: 103). Geraucht wird es meist in einer kleinen Wasser- oder Handpfeife. Man inhaliert grundsätzlich tiefe Züge und behält den Rauch lange in der Lunge. Die übliche Dosis beträgt 0,1 g pro Changa-Erfahrung.

Räucherwerk Die getrockneten Blätter können hervorragend geräuchert werden. Sie induzieren auf diesem Weg zwar keine nennenswerte psychoaktive Wirkung, wirken energetisch aber stark durch die Aktivierung der oberen Chakren. Fazit: Auch beim Räuchern spürt man – eine bewusste Geisteshaltung vorausgesetzt – das Wirken des DMT-Geistes.

Rauchware Wird eine psychedelische Erfahrung angestrebt, kommt für das Rauchen oder Verdampfen eigentlich nur ein Extrakt in Betracht, denn das getrocknete, unextrahierte Gras zeigt höchstens eine sehr leichte DMT-Wirkung.

Phragmites australis

Phragmites australis
(Cavanilles) Trinius ex Steudel
Gemeines Schilfrohr

Gattung .... *Phragmites* Adanson (Schilfrohre)
Familie .... Poaceae (R. Br.) Barnhart (Süßgräser)

Bei *Phragmites australis* verhält es sich ähnlich wie bei *Phalaris arundinacea*: Über eine Verwendung als schamanisches Entheogen ist trotz der im Wurzelstock nachgewiesenen Tryptamin-Alkaloide nichts bekannt. Dennoch ist das Schilfrohr, das im alten Ägypten zu den wichtigsten Nutzpflanzen gehörte (zum Beispiel für Dachbedeckungen, Instrumente, Matten, Pfeile und mehr), bei manchen Ethnien rituell relevant.

Für die Anzucht im Schamanengarten ist *Phragmites* besonders dann geeignet, wenn ein Teich zur Verfügung steht. Sie fungiert nicht nur als dekorativer Blickfang, aufgrund ihrer wasserreinigenden Eigenschaften kann sie auch als sogenannte Repositionspflanze für Renaturierungsmassnahmen eingesetzt werden. Sie gedeiht zudem auch auf nassen Wiesen und kann in Topfkultur gepflegt werden, auch wenn diese Anzuchtmethode nicht optimal ist.

Trivialnamen
Gemeines Schilfrohr, Ried, Rohr, Schilf, Teichrohr, caña (span.), Common reed, Reedgrass (engl.)

Phragmites-australis-Unterarten
Phragmites australis ssp. *altissimus* (Benth.) Clayton Riesenschilfrohr • *Phragmites australis* ssp. *australis* (Cav.) Trin. Ex Steud. Gemeines Schilfrohr • *Phragmites australis* ssp. *humilis* (De Not.) Kerguelén Zwergschilfrohr

Historische Darstellung von *Phragmites australis*

Botanik

Das Schilfrohr ist ein winterhartes, aufrecht gedeihendes Sumpfgrasgewächs mit einer Wuchshöhe bis zu 4 m. In den Tropen existieren vereinzelt auch Schilfrohrpflanzen, die 10 m hoch wachsen, in Europa ist dies jedoch nicht der Fall. Die Blätter sind dünn und erreichen eine Länge von etwa 50 cm. Die in dichten Rispen stehenden Blüten erscheinen im Zeitraum von Juli bis September. Die Rispenähren sind violett und haben eine Länge von etwa 1 cm. *Phragmites australis* bildet bis zu 10 m lange Wurzelausläufer und verbreitet sich daher rasch und wuchernd. Das Saatgut der Pflanze, das optisch ein wenig an Weizenkörner erinnert, befindet sich unterhalb der Fruchthüllen.

Pflegeanleitung

Für die Anzucht von *Phragmites australis* greift der Gärtner üblicherweise auf vorgezogene, im Gartenmarkt erhältliche Jungpflanzen, auf geteilte Rhizomstücke oder auf Stecklinge zurück. Seltener wird die Pflanze generativ durch Saatgut vermehrt.

Vorkommen

 In Mitteleuropa ist *Phragmites australis* weit verbreitet. Es gedeiht jedoch weltweit und ist fast überall auf der Erde zu finden. Besonders gerne wächst die Pflanze in niedrigen, stehenden und langsam fließenden Gewässern und Moorlandschaften.

Phragmites-australis-*Samen*

Vermehrung durch Jungpflanzen
Vorkultivierte, im Handel erstandene Schilfrohr-Stauden werden aus ihrem Topf herausgenommen und in ein vorbereitetes Loch am Ufer des Gartenteichs oder auf einer nassen Wiese gepflanzt. Als Substrat eignet sich Mutterboden am besten. Schilfrohr neigt bei günstigen Standortbedingungen sehr zum Wuchern. Ist dies unerwünscht, wird die Pflanze zunächst in einen großen und durchlässigen Tontopf gepflanzt und samt diesem dann in Erde. Dadurch kann sie in ihrem Wuchsverhalten deutlich besser kontrolliert und im Zaum gehalten werden.

Vermehrung durch Wurzelteilung (vegetativ)
Befindet sich das Schilfrohr bereits in erfolgreicher Gartenkultur, kann man einen Teil der Pflanze mit einem Spaten ausgraben. Dann zieht man die Wurzeln auseinander und erhält so mehrere Teile. Diese werden dann an einer zuvor bestimmten Stelle wieder eingepflanzt, maximal 5 Pflanzen auf 1 m². Vorsicht: Die Schilfblätter sind extrem scharfkantig und verursachen bei falscher Handhabung tiefe Schnittwunden.

Vermehrung durch Stecklinge (vegetativ)
Die Stecklinge, bei denen es sich um die nichtblühenden Halme handelt, werden im Sommer mit einem scharfen Messer geschnitten. Der Steckling sollte über 3–4 Nodien (Knoten) verfügen. Meist genügt es, wenn er einfach in ein durchlässiges Gefäß mit feucht-nasser Anzuchterde gesteckt wird. Bewurzelungshormone sind nicht erforderlich. Innerhalb weniger Wochen sollten sich ausreichend viele und robuste Wurzeln ausbilden, worauf die Pflanze an ihren dauerhaften Standort gepflanzt wird.

Vermehrung durch Aussaat (generativ)
Die generative Form der Vermehrung ist ganzjährig möglich. Sie gestaltet sich im Vergleich zur Stecklingsvermehrung zeitaufwendiger, ist aber dennoch unkompliziert möglich. Das über den Gartenhandel leicht erhältliche Saatgut wird in eine mit Anzuchterde befüllte Pikierschale gestreut. Da es lichtkeimend ist, braucht man es nicht mit Erde zu überdecken, allenfalls mit einer ganz feinen Schicht Sand als Prävention gegen Schimmelbildung..

Die Pikierschale an einen hellen und warmen Ort stellen und das Substrat durch Besprühen gleichbleibend feucht halten. Sobald sich die ersten kleinen Halme zeigen – bei Zimmertemperatur, viel Licht und einer gleichbleibenden Substratfeuchte meist innerhalb von 1–3 Wochen – werden diese pikiert und einzeln in kleine Töpfe gepflanzt. Darin bleiben sie für 1–2 Monate, bis sie kräftig genug sind, um ins Freiland gepflanzt zu werden.

Standort und Pflegemaßnahmen
Ideal ist ein sonniger Teich, denn in unmittelbarer Nähe von Wasser fühlt sich *Phragmites australis* grundsätzlich am wohlsten, entweder am flachen Teichrand oder im Teich bis zu einer Wassertiefe von 70 cm. Steht kein Teich zur Verfügung, gedeiht das gemeine Schilfrohr auch auf feucht-nassen Wiesen. Trockenheit mag die Pflanze genauso wenig wie saures Wasser.

Wenn die Pflanze einmal erfolgreich angewachsen ist, bedarf es keiner besonderen Pflege mehr. Der Rückschnitt der Halme sollte grundsätzlich im Frühjahr erfolgen, da die Pflanze den kalten Winter über zahlreichen Gartenbewohnern einen überlebenswichtigen Winterschutz bietet.

Auf eine Düngung kann vollständig verzichtet werden. Gedeiht die Pflanze auf einer Wiese, ist es eventuell notwendig, zu Beginn etwas frisch gesiebte Komposterde ins Pflanzloch zu geben; mehr braucht es in aller Regel nicht. Stallmist ist für eine Schilfdüngung absolut ungeeignet, da dieser das Wurzelwerk angreift.

Phragmites australis *am flachen Teichrand*

Da die Pflanze frosthart ist, bedarf es keiner Überwinterung. Auch ein Winterschutz ist nicht erforderlich. Die Pflanze verliert im Winter ihre Blätter und stirbt oberirdisch möglicherweise komplett ab, zu Beginn des Frühjahrs treibt sie aber wieder aus.

Phragmites in Topfkultur

Eine Anzucht im Kübel ist nicht optimal, aber dennoch möglich. Am besten wird die mit einer Wuchshöhe von 1 m eher kleine Unterart des gemeinen Schilfrohrs *P. australis* ssp. *humilis* verwendet. Benötigt wird ein hoher, gelochter und durchlässiger Topf mit einem Durchmesser von mindestens 50 cm. Schließlich benötigt die Pflanze viel Platz für ihre auslaufenden Wurzeln. Als Substrat eignet sich normale, mit etwas Komposterde vermischte Gartenerde. Der Pflegeaufwand bei einer Topfkultur ist vergleichsweise hoch, denn die Erde muss immer feucht bis nass gehalten werden. Permanente Staunässe, einen undurchlässigen Boden, abgestandenes oder saures Wasser mag das Schilfrohr nicht besonders gern, deshalb besser auf Untersetzer verzichten. Besser ist es, wenn mehrmals täglich gegossen wird und das Wasser direkt nach unten abfließen kann.

Krankheiten und Schädlinge

Phragmites australis ist bei guten Wachstumsbedingungen ziemlich krankheits- und schädlingsresistent. Schnecken (*Gastropoda*) können allerdings durchaus über die jungen, frisch ausgesetzten Pflanzen herfallen. Ein um die Pflanze errichteter Schneckenzaun, ausgestreutes Sägemehl oder Kaffeesatz sind natürlich-biologische Mittel, um Schnecken fernzuhalten.

Mythologie und Ritual

Den nordamerikanischen Navajo-Indianern galt das Schilfrohr als heilig. Es war für sie nicht nur rituell bedeutsam – etwa zur Anfertigung von Gebetsstangen –, sondern auch mythologisch: Einst war es diese Pflanze, die das Erdenvolk vor der großen Flut rettete. Menschen und Tiere setzten sich im letzten Augenblick auf die hohlen Schilfstängel, worauf diese gen Himmel wuchsen und so die Erdenbewohner vor dem Ertrinken bewahrten.

Von den nordmexikanischen Seri-Indianern wurde der hohle Stängel als rituelle Tabakpfeife verwendet.

Vereinzelt werden aus der Schilfrohrwurzel gewonnene DMT-Extrakte bei modernen psychonautisch-spirituellen Ritualen als sakrale Entheogene eingesetzt, ähnlich wie *Phalaris arundinacea*.

Wirkung und Psychoaktivität

Die Pflanzenwirkstoffe können als Ayahuasca-analoger Sud in Kombination mit Steppenrauten-Samen (*Peganum harmala*) getrunken oder in Form eines potenten Extraktes geraucht oder vaporisiert werden. Letzteres befördert den Anwender innert kurzer Zeit wie eine psychedelische Rakete in höhere Geisteswelten, sehr häufig in Begleitung spektraler, multidimensionaler Visionen, astraler Begegnungen und kosmischer Einsichten.

Zubereitung

Wurzelsud 20 bis 50 g des frischen oder getrockneten Wurzelstockes (*Radix arundinis vulgaris*) werden 15 Minuten lang ausgekocht und mit etwa 3 g Harmala-Samen versetzt, woraufhin der Sud getrunken werden kann (vgl. RÄTSCH 2012: 435). Hierbei soll es sich um ein sehr potentes Ayahuasca-Analog handeln.

Inhaltsstoffe

Im Wurzelstock des Schilfrohrs sind die Tryptaminalkaloide N,N-Dimethyltryptamin (N,N-DMT), 5-Methoxy-N,N-Dimethyltryptamin (5-MeO-DMT) sowie 5-Hydroxy-dimethyltryptamin (5-HO-DMT, Bufotenin) enthalten. Daneben wurde das potenziell toxische, psychoaktiv aber unwirksame Alkaloid Gramin identifiziert (siehe dazu den Exkurs Gramin auf Seite XX). Die Wirkstoffzusammensetzung der Tryptaminalkaloide kann abhängig von vielerlei Einflussfaktoren stark variieren.

Medizinische Indikationen

In der Volksmedizin der Navajo wird aus den getrockneten und pulverisierten Wurzeln ein medizinisches Brechmittel bereitet. Die europäische und amerikanische Volksmedizin kennen Zubereitungen aus *Phragmites australis* außerdem als wundheilendes Pflanzenpflaster, als wassertreibendes Diuretikum sowie als Mittel zur Behandlung von Husten, Lungenschmerzen und Singultus (Schluckauf).

Physalis alkekengi

Physalis spp.
Blasenkirschen, *Physalis*-Arten

Gattung .... *Physalis* Linné (Blasenkirschen)
Familie .... Solanaceae Jussieu (Nachtschattengewächse)

Im Physalis-Kelch richten sich die Naturgeister häufig eine schöne Wohnstätte ein.
Persönliche Mitteilung eines Pflanzenkundigen

Physalis-Spezies sind für eine Kultur im Schamanengarten bestens geeignet, obwohl ihre ethnobotanische Relevanz als Ritualpflanze als eher gering einzustufen ist. Denn erstens verfügen sie über Heilqualitäten und zweitens eignen sich ihre leckeren Beerenfrüchte als schmackhafte und gesunde Nahrungsmittel. Die psychoaktiv wirksamen Blüten und Kelche der *Physalis* können als Zutat für rituelle Räucher- und Rauchmischungen eingesetzt werden. Kurzum: Die Anzucht von Physalis ist lohnenswert – zumal die meisten Arten bei Berücksichtigung der wichtigen Kulturbedingungen leicht angezogen werden können.

Häufig findet man die Pflanzen im Angebot von Blumenhändlern und die Früchte (Kap-Stachelbeeren) mit ihren psychoaktiven »Lampions« in der Obstabteilung des Supermarkts. Gekaufte Jungpflanzen und *Physalis*-Früchte sind jedoch sehr wahrscheinlich mit chemischen Mitteln behandelt. Wer *Physalis* als Heil-, Nahrungs- oder Rauschpflanze verwenden möchte, der sollte sie also besser durch Aussaat kultivieren. Die Samen von *P. alkekengi* oder *P. peruviana* sind leicht und problemlos zu erhalten.

Physalis-peruviana-*Blüte*

Ethnobotanisch relevante Physalis-Arten und ihre Trivialnamen (Auswahl)
Physalis alkekengi Linné Lampionblume • *Physalis angulate* Linné Mullaca *Physalis grisea* (Waterf.) M. Martinez • *Physalis heterophylla* Nees Clammy ground-cherry (engl.) • *Physalis minima* Linné Native gooseberry (engl.) • *Physalis philadelphica* Lamarck Tomatillo • *Physalis pubecens* Linné Goldie ground cherry (engl.) • *Physalis peruviana* Linné Andenbeere, Kapstachelbeere • *Physalis pruinosa* Linné Ananaskirsche
In der Gattung Physalis werden insgesamt etwa 85 Arten zusammengefasst, eingeteilt in zwölf Sektionen.

Botanik

Physalis-Arten wachsen meist einjährig, seltener ausdauernd und erreichen eine Wuchshöhe von etwa 1 m. Die Form der gestielten und etwa zehn Zentimeter langen Blätter kann abhängig von der Spezies unterschiedlich sein. Meist sind sie herzförmig, oval oder elliptisch, ganzrandig, gelappt oder gezähnt. Häufig sind die Blätter auch mit flaumigen, kleinen Haaren versehen. Die meist glockenförmigen Blüten erscheinen in den Monaten von Juli bis Oktober und sind gelb, lila oder weiß. Merkmal von *Physalis* ist ihr gelborangegefarbiger, laternenförmiger Kelch (Lampion), der im Herbst erscheint und schützend die samentragenden Früchte umschließt (bei der Art *P. peruviana* sind diese essbar und äußerst schmackhaft). Sie sind von orangeroter Farbe und haben einen Durchmesser von 1–3 cm.

Vorkommen

 Die meisten Arten stammen aus Nord-, Süd- und Mittelamerika. Eine Ausnahme bildet die Spezies *P. alkekengi*, die aller Wahrscheinlichkeit nach ursprünglich aus dem chinesischen und/oder europäischen Raum stammt. Als Zierpflanze ist die *Physalis* inzwischen jedoch auch weit außerhalb ihrer natürlichen Heimat verbreitet und kann in zahlreichen Gärten weltweit gefunden und bestaunt werden.

Pflegeanleitung

Wird die Blasenkirsche als Zierpflanze kultiviert, dann erfolgt die Vermehrung meist durch im Handel erstandene Jungpflanzen. Eine Anzucht durch Samen ist jedoch ebenfalls gut möglich und im Besonderen dann zu empfehlen, wenn *Physalis* zum Verzehr oder anderweitigen Einnahme vorgesehen ist. *Physalis* kann sowohl in Topf- als auch in Beetkultur gepflegt werden. Erfahrungsgemäß gedeiht sie besser, wenn sie ausgepflanzt wird; dies sollte man aber von der angepflanzten Spezies abhängig machen. Exotische *Physalis*-Arten, die zur Überwinterung ins Haus gebracht werden müssen, werden sinnvollerweise im Kübel kultiviert; die in Europa heimische Art *P. alkekengi* hingegen kann ins Freiland gepflanzt werden. Ihre oberirdischen Teile sterben im Winter zwar ab, im Frühjahr treibt die Pflanze aber wieder aus.

Reife Physalis-Frucht

Vermehrung durch Jungpflanzen

Vorgezogene Physalis-Pflanzen gehören zum festen Sortiment der meisten Blumenmärkte. Sie werden aus dem Topf herausgenommen und in einen größeren Kübel gesetzt oder nach dem letzten Frost ins Beet gepflanzt.

Vermehrung durch Aussaat (generativ)

Zur Erleichterung des später stattfindenden Pikierens werden idealerweise Topfplatten verwendet; die Samenkörner können natürlich aber auch in gewöhnliche Saatschalen oder kleine Töpfe gesät werden. Da die Samen zur Keimung eine hohe Luftfeuchtigkeit und viel Wärme benötigen, ist es wichtig, dass sie mit einer Plastiktüte oder einem Glasbehältnis überstülpt werden. Ein Mini- oder Zimmergewächshaus, das mindestens so groß ist, dass eine Topfplatte darin Platz findet, ist daher optimal.

Bevor die Samen 0,5 cm tief in das Anzuchtsubstrat gesteckt werden, sollten sie zunächst über einen Zeitraum von 24–48 Stunden in lauwarmem Wasser vorgequollen bzw. eingeweicht werden. Dann zeigen sich die ersten Sämlinge bereits nach 1–2 Wochen; ohne Vorbehandlung dauert es deutlich länger. Die ideale Keimtemperatur beträgt etwa 25 °C.

Die Anzuchterde muss gleichmäßig feucht gehalten werden, darf aber nicht nass sein. Die Anzucht sollte an einem hellen Ort im Haus erfolgen, beispielsweise auf einer hellen und warmen Fensterbank. Da die jungen Pflanzen ohne weiteres zwei Monate brauchen, bis sie robust genug sind, um ausgepflanzt werden zu können, kann man mit der Anzucht bereits Ende Februar oder Anfang März beginnen. Allerdings muss garantiert sein, dass das einfallende Sonnenlicht ausreichend ist, sonst muss man eventuell mit einer Leuchtstoffröhre nachhelfen oder sinnvollerweise wenige Wochen später mit der Anzucht beginnen. Haben die Pflanzen eine Größe von etwa 10 cm erreicht und wirken stabil, werden sie vorsichtig pikiert und einzeln in große Töpfe (15–25 l) oder an einen wind- und regengeschützten Platz ins Freiland gepflanzt.

Standort und Pflegemaßnahmen

Physalis benötigt einen warmen und sonnigen Standort sowie einen durchlässigen Boden. Die recht anspruchslose Pflanze braucht in Beetkultur, wenn der Boden ausreichend Nährstoffe bietet, überhaupt nicht gedüngt zu werden; bei Bedarf kann man ein wenig gesiebte Komposterde in den Boden mischen. Wird für eine Topfkultur auf handelsübliche oder selbstgemischte Blumenerde zurückgegriffen, braucht ebenfalls nicht gedüngt zu werden. Die Pflanze muss an regenfreien Tagen täglich gegossen werden, wobei Staunässe verhindert werden sollte. Das Ausgeizen frischer Triebe sollte man unterlassen, die Blüten entwickeln sich nämlich genau in den Blattachseln.

Überwinterung

P. alkekengi kann an einem geschützten Ort im Garten überwintern. Anders verhält es sich bei *P. peruviana* und anderen Exoten, die entweder nur einjährig oder aber in Kübeln kultiviert werden, so dass sie den Winter über an einem kühlen Ort (5–15 °C) im Haus stehen können. Die Pflanze wird dann wahrscheinlich – abhängig von Licht und Temperatur – ihre Blätter abwerfen und kann danach oberirdisch großzügig zurückgeschnitten werden. Im folgenden Frühjahr wird sie wieder neu austreiben. Während der Ruheperiode reicht es, einmal pro Woche sparsam zu gießen. Nach dem letzten Frost kommen die Kübel wieder an einem sonnigen Platz ins Freiland.

Krankheiten und Schädlinge

Potenzielle Schädlinge, die vor allem bei ungünstigen Standortbedingungen auftreten, beispielsweise bei zuviel Schatten oder einer zu geringen Luftfeuchte während der Ruheperiode, sind Weiße Fliegen (*Trialeurodes vaporariorum*) und Mehltau.

Physalis-Ernte

Geerntet werden die Beeren ab September, bis der erste Frost einsetzt. Wenn die Lampions pergamentartig eingetrocknet sind und eine durchsichtige Beschaffenheit angenommen haben, ist der optimale Erntezeitpunkt.

Mythos und Ritual

Obschon der getrocknete Kelch und die Blüte psychotrope Wirkstoffe enthalten, liegen über einen traditionellen Gebrauch der Pflanze als rituelles Rauch- oder Räuchermittel keine überlieferten Informationen vor. Trotzdem können die besagten Pflanzenteile für solche Zwecke eingesetzt werden. Unabhängig von ihrer Psychoaktivität werden die getrockneten Lampions heutzutage gelegentlich als attraktive Ergänzung für rituelles Blumengesteck verwendet.

Wirkung und Psychoaktivität

Rein physisch wirken *Physalis*-Früchte primär antibiotisch, diuretisch, entzündungshemmend und immunstärkend. Auf der psychoaktiven Ebene kommt es nach dem Verzehr der Beeren zu keinen Effekten, wohl aber nach dem Rauchen der getrockneten Kronblätter und Kelche. Dabei zeigen sich vor allem analgetische, hypnotisierende, narkotisierende und sedierende Effekte – alles in allem zwar eher subtil, aber dennoch deutlich zu spüren.

Als Räucherwerk eingesetzt, wirken die Blüten und Kelche der *Physalis* geistklärend und reinigend. Der aufsteigende *Physalis*-Rauch harmonisiert sowohl die Energiemuster des Körpers als auch jene des Raums.

Zubereitungsformen

Räucherwerk Das Kraut, die getrockneten Blüten und Kelche eignen sich als Zutat für reinigende Räuchermixturen.

Rauchware Geraucht werden entweder die getrockneten Kelche oder die Kronblätter. Da der Geschmack nicht sonderlich angenehm, aber leicht zu inhalieren ist, wird *Physalis* abhängig von persönlichen Präferenzen üblicherweise mit anderen Rauchpflanzen kombiniert.

Inhaltsstoffe

Als Inhaltsstoffe wurden Cumarine (zum Beispiel Scopoletin), Hygrin-Alkaloide, Ixocarpalacton A, Perulactone, Physaline (A, B, C), Physalolacton, Pyrrolidin- und Tropan-Alkaloide sowie Withanolide und andere identifiziert. Die bei vielen Arten essbaren und ernährungsphysiologisch wertvollen Beeren enthalten Vitamine (A, B$_1$, C, E), Eisen, Fettsäuren u.v.m.

Historische Darstellung einer Physalis-Pflanze

Medizinische Indikationen

Ethno- beziehungsweise volksmedizinisch werden die süß-säuerlich schmeckenden *Physalis*-Beeren zur Behandlung von Blasen-, Harnwegs- und Nierenleiden, Durchfall-, Erkältungs- und Fiebererkrankungen, Gicht, rheumatischen Beschwerden und Rückenschmerzen verwendet. In einigen Regionen Afrikas gelten die Blätter der Pflanze als hervorragendes Pflanzen-Pflaster zur provisorischen Erstbehandlung von Wunden und Verletzungen. Außerdem soll *Physalis* die Sehkraft stärken.

Salvia divinorum

Salvia spp.   Salbeiarten

Gattung .... *Salvia* Linné (Salbei)
Familie .... Lamiaceae Linné (Lippenblütler)

Salbeiarten gehören in jeden Garten – als Küchengewürz, als Heil- oder als Ritualpflanze. Für die Anzucht im schamanischen Ritualgarten kommen explizit zwei Spezies in Betracht: zum einen der stark psychedelisch und häufig sehr bizarr wirkende Azteken-Salbei (*Salvia divinorum*) und zum anderen der hervorragend zum reinigenden Räuchern geeignete Weiße Salbei (*Salvia apiana*). Im Folgenden stehen deshalb diese beiden Arten im Zentrum, wenn auch viele andere Salbeiarten ebenfalls von ethnobotanischer Relevanz und für die Gartenkultur hervorragend geeignet sind.

Trivialnamen
Salvia divinorum Aztekensalbei, Blätter der Hirtin, Göttersalbei, Mazatekischer Salbei, Wahrsagesalbei, Zaubersalbei, Diviner's Sage (engl.), Hierba de la pastora (span.) • *Salvia apiana* Indianischer Räuchersalbei, Weißer Salbei

Ethnobotanisch relevante und zur Anzucht geeignete *Salvia*-Arten
Salvia apiana Jepson Weißer Salbei • *Salvia columbariae* Bentham Kalifornische Chia • *Salvia divinorum* Epling & Jativa Azteken-Salbei • *Salvia hispanica* Linné Mexikanische Chia • *Salvia leucophylla* Greene Lilafarbener Salbei • *Salvia mellifera* Greene Schwarzer Salbei • *Salvia officinalis* Linné Echter Salbei, Küchensalbei • *Salvia sclarea* Linné Muskatellersalbei

Die Gattung *Salvia* umfasst etwa tausend gesicherte Arten. Es existieren zahlreiche Spezies, die für eine psychoaktive Nutzung geeignet sind. Die bekanntesten sind *Salvia splendens* (Feuersalbei) und *Salvia sclarea* (Muskatellersalbei).

Botanik

Salvia divinorum ist eine immergrüne, ausdauernde, jedoch frostempfindliche Pflanze mit hell- bis dunkelgrünen, leicht behaarten und lanzettförmigen Blättern, die eine Länge von bis zu 20 Zentimetern erreichen. Die Blütenstände sind von bläulicher, die Kronblätter stets von weißer Farbe. Ein besonderes Bestimmungsmerkmal des Wahrsagesalbeis ist der bis zu 2 cm dicke viereckige Stängel.

Salvia apiana ist begrenzt frosthart und wächst bei optimalen Klimabedingungen zweijährig mit einer Wuchshöhe von etwa 1 m, in Topfkultur jedoch meist kleiner. Die Pflanze trägt zahlreiche Blätter. Diese laufen spitz zu und haben eine weiß-silbrige Behaarung. Die Blüten bilden sich meist erst im zweiten Jahr aus und sind weiß bis hellviolett. Charakteristisch für den Indianischen Räuchersalbei ist das starke, balsamische und unverwechselbare Aroma der Blätter.

Salvia-apiana-Pflanze

Vorkommen

Ihren Ursprung hat *Salvia divinorum* vermutlich im Sierra-Mazateca-Gebirge im Norden des mexikanischen Bundesstaates Oaxaca. Der Weiße Salbei hat seine Heimat in Kalifornien, allerdings ist die Pflanze inzwischen auch in anderen Regionen im Südwesten der USA verbreitet, etwa in Nevada. In wilder Form kann *Salvia apiana* besonders häufig an der Westküste zwischen Santa Barbara und Niederkalifornien (Baja California) gefunden werden.

Der hierzulande als Küchen-, Tee- und Heilpflanze eingesetzte Echte Salbei (*S. officinalis*) stammt ursprünglich aus mediterranen Gebieten.

Pflegeanleitung *Salvia divinorum*

Da die Pflanze wenig bis keine Samen abgibt, erfolgt die Anzucht grundsätzlich durch Stecklinge. Die im Handel angebotenen Stecklinge stammen meist von zwei »Ur-Klonen« ab, nämlich vom »Hofmann-Wasson-Klon« sowie vom im Jahr 1991 durch Brett Blosser bekannt gemachten »Palatable-Klon».

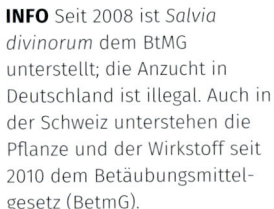

INFO Seit 2008 ist *Salvia divinorum* dem BtMG unterstellt; die Anzucht in Deutschland ist illegal. Auch in der Schweiz unterstehen die Pflanze und der Wirkstoff seit 2010 dem Betäubungsmittelgesetz (BetmG).

Vermehrung durch Stecklinge (vegetativ)

Die Stecklinge können entweder – sofern die Anzucht im eigenen Land gesetzlich erlaubt ist – über niederländische Smartshops bezogen oder aber, wenn sich die Pflanze bereits in Kultur befindet, selbst geschnitten werden. Dafür verwendet man ein scharfes und zuvor desinfiziertes Messer und schneidet mit diesem einen 5–20 cm langen Trieb schräg ab. Die großen Blätter sollten entfernt werden; dann wird der Steckling in ein mit Wasser gefülltes und an der Sonne platziertes Glas gestellt. Dieses Glas wird dann mit einer durchsichtigen Plastiktüte oder einem größeren Glasbehältnis überstülpt, so dass der Steckling einer möglichst hohen Luftfeuchte ausgesetzt wird. Das Wasser muss täglich einmal gewechselt werden. Nach etwa 10 bis 20 Tagen haben sich die ersten kleinen Wurzeln gebildet; sobald sie 1–2 cm lang sind, können sie eingepflanzt werden. Bewurzelungspräparate sind nicht unbedingt nötig, sie beschleunigen jedoch den Prozess der Wurzelbildung um einige Tage und senken das Risiko einer Wurzelfäulnis. Alternativ ist es möglich, den Steckling in einen mit Weidenruten-Tee durchnässten Quelltopf zu stecken. Dabei dient der Weidenruten-Tee als biologisches Bewurzelungspräparat.

Standort und Pflegemaßnahmen *Salvia divinorum*

Da die Pflanze äußerst frost- und kälteempfindlich ist, wird sie in Mitteleuropa ausschließlich als Topfpflanze gepflegt, häufig auch in Innenräumen oder im Gewächshaus. Die Pflanze braucht viel Wasser, gut drainierte und mit Kompost angereicherte Erde, viel Wurzelraum, eine hohe Luftfeuchtigkeit und einen schattigen bis halbschattigen Standort. Sie benötigt außerdem viel Licht, aber keine direkte Sonneneinstrahlung und muss täglich mindestens einmal eingesprüht werden. Ideal für ein gesundes Wachstum sind Temperaturen von 10–25 °C. Färben sich die Blätter braun, ist das ein Hinweis darauf, dass die Luft zu trocken ist. Färben sich die Blätter hingegen rot, leidet die Pflanze unter Nährstoffmangel. Grundsätzlich sollte *Salvia divinorum* alle 3–4 Wochen biologisch gedüngt werden.

Befindet sich die Pflanze in einem Topf, kann sie natürlich über die warmen Sommermonate bei entsprechenden Temperaturen zu den anderen Pflanzen in den Schamanengarten gestellt werden. Wichtig ist, dass sie nach drinnen gebracht wird, sobald es zu kalt wird. Da der Topf grundsätzlich der Pflanze angepasst werden muss, wird im Frühjahr gegebenenfalls umgetopft. Es gilt: Für große Pflanzen braucht es mindestens einen 4-Liter-Kübel.

Salvia-divinorum-*Pflanze*

Überwinterung

Wird die Pflanze als Zimmerpflanze kultiviert, bleibt sie im Winter einfach an Ort und Stelle in der Wohnung. Ansonsten muss sie spätestens im Herbst ins Haus geholt werden. Typisch für die Überwinterungsperiode ist es, dass die Pflanze die im Sommer gewachsenen Blätter abwirft, da sie im Winter zu wenig Licht bekommt. In aller Regel treiben die Pflanzen jedoch im zeitigen Frühjahr, sobald die Tage wieder länger werden, neu aus. Um auf Nummer sicher zu gehen, dass es den Pflanzen gut geht, beleuchten viele Gärtner sie den Winter über mit einer zeitschaltuhrbetriebenen Leuchtstoffröhre.

Krankheiten und Schädlinge

Schädlinge, die *Salvia divinorum* einen großen Schaden zufügen können, sind Spinnmilben (*Tetranychidae*), Blattläuse (*Aphidoidea*), Thripse (*Thysanoptera*) und Trauermücken (*Sciaridae*). Wird die Pflanze im Freien kultiviert, dann fallen ihre Blätter möglicherweise Schnecken zum Opfer.

Ernte und Trocknung der Blätter

Die Ernte der Blätter sollte erst dann erfolgen, wenn die Pflanze mindestens ein Jahr alt ist. Sie werden am Blattstiel abgeschnitten und zum Trocknen auf Zeitungspapier oder einen Teller gelegt. Alternativ werden die Blätter in dünne Streifen geschnitten und übereinander geschichtet ausgelegt. Wichtig ist, dass die Blattstreifen täglich mindestens einmal umgedreht und durchgemischt werden, ansonsten droht Schimmelgefahr, und die Blätter werden unbrauchbar. Am schnellsten trocknen sie im Ofen bei 65–70 °C. Der Trocknungsprozess ist abgeschlossen, wenn sich die Blätter zwischen den Fingern zerbröseln lassen. Gelagert werden sie in einem dunklen und luftdichten Glas an einem kühlen Ort.

Inhaltsstoffe

Salvia divinorum Hauptwirkstoff ist das Diterpen Salvinorin A. Daneben sind Salvinorin B sowie weitere Salvinorine (C–J) und andere Inhaltsstoffe enthalten.

Pflegeanleitung *Salvia apiana*

Meist verwenden Gärtnerinnen und Gärtner im ethnobotanischen Fachhandel erstandenes Saatgut zur Kultur des Weißen Salbeis; es ist aber auch eine vegetative Vermehrung durch Stecklinge möglich. Die Pflanze wird meist in Topfkultur gepflegt, sie gedeiht aber auch hervorragend im durchlässigen Blumen- oder Kräuterbeet. Allerdings ist *Salvia apiana* nur bedingt winterhart; in Mitteleuropa wird sie also besser in Kübeln kultiviert, denn so kann man die aromatischen Blätter auch im Folgejahr noch ernten.

In der Literatur wird *S. apiana* gelegentlich fälschlicherweise Steppenbeifuß, Präriebeifuß oder Sage genannt. Hierbei handelt es sich jedoch nicht um den Weißen Salbei oder eine andere Salbei-Art, sondern um die Beifuß-Spezies *Artemisia tridentata*. Diese ist zwar ebenfalls von ethnobotanischer Relevanz und gehört genauso zur nordamerikanisch-indianischen Räucherkultur wie *Salvia apiana*, steht botanisch gesehen mit dieser aber in keinem Verwandtschaftsverhältnis.

Anzucht durch Stecklinge (vegetativ)

Für eine vegetative Vermehrung werden junge Triebe im Sommer mit einem scharfen Messer vom Haupttrieb geschnitten. Danach wird der Steckling entweder 1–2 Tage in ein Glas mit Wasser, einen mit Weidenruten-Tee gegossenen Quelltopf oder einen kleinen Topf mit Anzuchterde gesteckt, stets feuchtgehalten und an einen hellen und warmen Ort gestellt. Zur Beschleunigung der Wurzelbildung ist es ratsam, den Steckling mit einem durchsichtigen Glas- oder Plastikgefäß zu überdecken, etwa wie einer halbierten PET-Flasche. Nach wenigen Tagen, maximal nach 2 Wochen, sollten bereits kleine Wurzeln zu erkennen sein. Sobald diese eine Länge von 2–3 cm erreicht haben, können die Stecklinge in große Töpfe gepflanzt werden, in denen sie dann so lange bleiben, bis sie nach zwei Jahren absterben.

Anzucht durch Aussaat (generativ)

Bevor die Samen Anfang April ausgestreut werden, sollte man sie zunächst mehrere Stunden in lauwarmem Wasser vorquellen lassen. Danach werden sie einzeln in eine mit Anzuchterde befüllte Topfplatte gesät. Dadurch wird das spätere Pikieren deutlich erleichtert. Bei einer konstanten Substratfeuchte, Helligkeit und Temperaturen von 20 °C oder mehr zeigen sich nach 1–3 Wochen die Sämlinge. Wenn sie 2–3 Wochen alt sind und die ersten Blattpaare gebildet haben, können sie pikiert und in große Kübel gepflanzt werden, nach den Eisheiligen theoretisch auch ins Beet. Zum Pikieren kann man einen gewöhnlichen Teelöffel verwenden, muss dabei jedoch darauf achten, dass die Wurzel der empfindlichen Keimlinge vollständig von Substrat umhüllt ist und nicht freiliegt. Das Pflanzloch wird schon vor dem Einpflanzen gründlich bewässert.

Salvia-apiana-*Keimling*

Salvia-apiana-*Jungpflanze*

Inhaltsstoffe *Salvia apiana*
Die Blätter enthalten ätherisches Öl, das unter anderem aus 1,8-Cineol und Thujon zusammengesetzt ist, sowie Bitter- und Gerbstoffe, Eiweiß, Harz, Flavonoide und Mineralstoffe.

Medizinische Indikationen
Salvia divinorum
Die mazatekische Volksmedizin kennt nicht-psychoaktive Zubereitungen aus *Salvia divinorum* zur Anwendung bei Kopfschmerzen, Rheuma, Harnröhrenerkrankungen sowie bei Problemen mit dem Stuhlgang.

Standort und Pflegemaßnahmen *Salvia apiana*

Ich kultiviere den Salbei in 15-Liter-Kübeln aus Ton, die mit einem Gemisch aus Komposterde, Lehm und Sand (50 : 25 : 25) befüllt sind. Die Pflanze gedeiht erfahrungsgemäß aber auch in handelsüblicher Blumenerde. Als Standort empfiehlt sich ein vollsonniger Platz im Garten, auf dem Balkon oder der Terrasse. *Salvia apiana* hat einen mäßigen Wasserbedarf und verträgt keine Staunässe. Daher muss der Kübel unbedingt durchlässig sein, im Beet braucht es daher einen lockeren Boden mit einem pH-Wert zwischen 6 und 8. Gelegentliches Düngen oder eine Zufuhr von organischem Langzeitdünger am Anfang ist zwar nicht zwingend erforderlich, lässt die Pflanze aber schneller und kräftiger wachsen.

Hat man sich für eine Anzucht im Beet entschieden, muss die Pflanze aller Wahrscheinlichkeit nach ausgegraben und zum Überwintern an eine frostfreie Stelle gebracht werden, ansonsten wird sie in den meisten mitteleuropäischen Regionen den Winter nicht überleben.

Überwinterung
Die Überwinterung des Weißen Salbeis erfolgt an einem kühlen und hellen Ort im Haus bei Temperaturen zwischen 10 und 15 °C. In dieser Zeit darf nur sparsam gegossen werden, gerade mal so viel, dass der Wurzelballen nicht austrocknet.

Krankheiten und Schädlinge
Offenbar ist *Salvia apiana* äußerst resistent gegen Krankheiten und Schädlinge, vorausgesetzt, er hat gute Wachstumsbedingungen und im Sommer einen vollsonnigen Standort inmitten seiner »Kollegen«.

Mythologie und Ritual *Salvia divinorum*

Die Wahrsagesalbei kann in gewisser Weise als Ersatz-Entheogen der mexikanischen Curanderos (schamanischen Heiler) bezeichnet werden, die bei Divinationsritualen dann verwendet wurde, wenn akute »Pilzarmut« herrschte. Normalerweise verwenden die mazatekischen Schamanen im Rahmen ihrer Zeremonien nämlich in erster Linie Psilocybin-Pilze (*Psilocybe aztecorum* und andere). Nur wenige bevorzugen für ihre Arbeit *Salvia*, sofern sie die Wahl haben. Doch wenn der Azteken-Salbei angewendet wird, dann auf sehr ähnliche, Weise wie die Pilze. So wird er meist in absoluter Dunkelheit und Stille eingenommen. Aufgrund der kürzeren Wirkung dauern *Salvia*-Rituale jedoch selten länger als zwei Stunden. Sie werden dann beendet, wenn der Schamane mittels seiner Visionen die Krankheitsursache oder ein anderes gegenwärtiges Problem seines Patienten erkannt hat.

Internationale Bekanntheit erlangte diese schamanische Ritualpflanze erst in den 1960er Jahren durch R. Gordon Wasson, Anita und Albert Hofmann und die legendäre Curandera Maria Sabina. Sie erzählte, dass *Salvia* neben Psilocybin-Pilzen ihr mächtigster Verbündeter sei, sagte aber auch, dass die Pilze um ein Vielfaches mehr Kraft besäßen. Maria Sabina hatte allerdings aus den Blättern einen Tee gekocht, der vergleichsweise deutlich schwächer wirkt als ein gekauter Priem oder gar ein gerauchter Extrakt.

Salvinorin-A-Kristalle

Wirkung und Psychoaktivität *Salvia divinorum*

S. divinorum ist eine außergewöhnliche Visionspflanze mit einem völlig eigenen Wirkprofil. Besonders interessant ist, dass die Pflanze keine Alkaloide, sondern Diterpene enthält; allen voran Salvinorin A, das als selektiver Agonist des k-Opioid-Rezeptors in gerauchter Form bereits ab einer Dosierung von ungefähr 200 μg zu wirken beginnt. Das bedeutet, dass der Wirkstoff etwa so potent ist wie LSD. Der *Salvia*-Rausch unterscheidet sich jedoch stark von solchen, die beispielsweise durch DMT, LSD, Psilocybin und die anderen klassischen Psychedelika hervorgerufen werden.

Das Erfahrungsspektrum eines *Salvia*-Trips reicht von euphorisierend, verwirrend, halluzinogen, dissoziativ bis hin zu entheogen, dem Gewahrwerden göttlicher Schöpferkraft im eigenen Bewusstsein. Richtig angewendet induziert *Salvia* einen introspektiven, tiefgehenden Bewusstseinszustand, der von einigen zur Meditation oder zur Visionssuche genutzt wird. Bei niedriger Dosierung erleben Anwender häufig stechende Körpergefühle und äußerst bizarre Assoziationen. Bei etwas stärkerer Dosierung kann es zu einem vollständigen Identitätsverlust kommen, der Geist kann sich in einer außerkörperlichen Erfahrung (AKE) zeitweilig vom Körper trennen und der User geht auf Astralreise. Das Gefühl, der eigene Geist befinde sich an vielen Orten gleichzeitig, ist ein weiteres Phänomen, das unter *Salvia*-Einfluss erlebt werden kann.

In gerauchter Applikation tritt die Bewusstseinsveränderung innerhalb der ersten 30 Sekunden ein, erreicht nach etwa 5 Minuten ihren Höhepunkt und baut sich dann innerhalb einer halben Stunde wieder ab – ein kurzes, aber heftiges und keinesfalls zu unterschätzendes Rauscherlebnis. Bei oralem Gebrauch ist sowohl die Wirkung als auch die Wirkzeit etwas anders. Hierbei induziert der Wahrsagesalbei vielmehr einen tranceartig-verträumten Rausch, der nach rund 10 Minuten einsetzt und nach 2 Stunden spürbar abklingt. Nach oraler Einnahme ist der Anwender meist noch ansprechbar, was nach dem Rauchen häufig nicht mehr der Fall ist.

Der *Salvia-divinorum*-Rausch sagt den meisten generell weniger zu als durch andere Psychedelika hervorgerufene Rauschzustände. Oft ist das unter dem Einfluss von *Salvia* Erlebte zu bizarr, um aus der Erfahrung für sich selbst etwas Bereicherndes herausfiltern zu können. Unabhängig davon zeigt die *Salvia*-Erfahrung, dass Bewusstsein nicht zwingend an die Existenz eines Körpers gebunden sein muss.

Safer-Use-Info: Da es unter dem Einfluss von höheren Dosen *Salvia divinorum* zu erheblichen Koordinationsstörungen kommt, während gleichzeitig das Bedürfnis aufkommen kann, sich bewegen zu müssen, besteht ein erhöhtes Verletzungspotenzial. Eine Begleitperson, die den Rauschzustand überwacht, ist unerlässlich.

Medizinische Indikationen
Salvia apiana
Der Weiße Salbei wirkt wie viele andere *Salvia*-Spezies schweißhemmend, er hält das Wasser im Körper zurück. Das machten sich die nordamerikanischen Indianerstämme zunutze, die in der heißen, trockenen Wüste lebten. Es heißt, dass die Apachen nur des Salbeis wegen so lange in der Wüste überleben konnten. Ohne diese Pflanze wären sie am hohen Flüssigkeitsverlust gestorben.

Wegen seiner desinfizierenden und lungenstärkenden Wirkkraft wurden Räucherungen aus *S. apiana* traditionell auch zur Behandlung chronischer Bronchialerkrankungen empfohlen. Die Medizinmänner der Hopi-Indianer bliesen einer Person den Rauch ins Gesicht, wenn sie einen epileptischen Anfall hatte oder ohnmächtig war. Kräuterkundige der Navajo behandeln aus zerriebenem Blattmaterial Verbrennungen der Haut und Kopfschmerzen. Bei Rheuma und Gelenkschmerzen bereitet man traditionell neben einer starken Räucherung einen heißen Umschlag, der dem Patienten auf die schmerzende Stelle gelegt wird.

Mythologie und Ritual   *Salvia apiana*

Die Indianer Kaliforniens verwenden den Weißen Salbei vermutlich schon seit präkolumbianischen Zeiten als rituelles Räucherwerk. Die sogenannten *Smudge Sticks* beziehungsweise *Smudge Bundles,* sprich die zu Bündeln zusammengebundenen Blätter, wurden insbesondere zur zeremoniellen Ausräucherung von Zelten und Schwitzhütten genutzt. Daher auch der deutsche Trivialname Indianischer Räuchersalbei. Ein solches Bündel wirkt stark reinigend und bringt den energetischen Fluss wieder ins Gleichgewicht. Von der nordamerikanischen Urbevölkerung wird der Weiße Salbei als eine reinigende, friedenstiftende und ausgleichende Pflanze geschätzt, der insbesondere in Fällen von Hass, Krankheit, Streit oder Uneinigkeit eine wichtige soziale und spirituelle Bedeutung zukommt. Ein Kaltwasserauszug wirkt ebenfalls reinigend und wurde in rituellen Settings zur Herbeiführung von Erbrechen getrunken.

Im Rahmen des sogenannten Space Clearing (Wohnraumreinigung) ist eine Räucherung mit *Salvia apiana* außerdem fester Bestandteil des Feng Shui.

Wirkung und Psychoaktivität   *Salvia apiana*

Als aromatisches Räucherwerk eingesetzt, wirkt Weißer Salbei energetisch reinigend. Deshalb werden die Blätter seit jeher zur Reinigung von Räumen und Ritualplätzen verwendet. Wie bei vielen anderen Pflanzen, die zur Raumreinigung und zum Vertreiben negativer Einflüsse geräuchert werden, etwa Birke und Fichte, verspüre ich durch das Inhalieren des aufsteigenden Rauchs eine gewisse psychoaktive Wirkung, auch wenn diese nur subtil verläuft – in etwa so, als würde mein Geist eine Reinigung oder kleine Erfrischung erfahren. Der Rauch verhilft meines Erachtens zur geistigen Klarheit und wirkt leicht tonisierend. Angeblich verbessert er auch das Erinnerungsvermögen.

Salvia-apiana-*Blüten*

Salvia spp.

Zubereitungsformen

Salvia divinorum

Rauchware Als normale Rauchware werden die getrockneten *Salvia-divinorum*-Blätter verwendet. Bevor die Pflanze illegalisiert wurde, gehörten getrocknete *Salvia*-Blätter zum Standard-Angebot der Ethnobotanikshops. Als Dosis gilt jeweils ein Shillum bzw. Pfeifenkopf. Die Verwendung im Joint ist wenig effektiv, weil es beim Rauchen der *Salvia*-Blätter wichtig ist, möglichst viel auf einmal in die Lungen zu bekommen. Genauso wichtig ist es, den Rauch so lange wie möglich in der Lunge zu halten – je länger, desto potenter die Wirkung.

Rauchbare Extrakte *Salvia divinorum* findet zudem als unbearbeiteter oder standardisierter Extrakt den Weg zum Nutzer. Beim unbearbeiteten Extrakt handelt es sich um eine unangenehm zu rauchende Mischung aus grobem Extrakt mit trockenen *Salvia*-Blättern. Standardisierte Extrakte hingegen werden hergestellt, indem der wirksame Stoff Salvinorin A zunächst extrahiert und aufgereinigt wird, um ihn anschließend in purer und kristalliner Form wieder auf getrocknetes *Salvia*-Blattmaterial zu geben.

Eine Herstellung eigener Extrakte erfordert chemisches Fachwissen, da man sonst Gefahr läuft, sich zu vergiften oder in die Luft zu sprengen. Die Herstellung von *Salvia*-Extrakten sollte deshalb den Experten vorbehalten bleiben. Hinzu kommt, dass die Herstellung in zahlreichen Ländern illegal ist und strafrechtlich verfolgt wird.

Salvia divinorum, *unbearbeiteter Extrakt*

Flüssigextrakte Es ist möglich und wirkungsvoll, aus *Salvia divinorum* Flüssigextrakte herzustellen, beispielsweise mit Hilfe von Aceton oder anderen Lösungsmitteln. Wird dem Extrakt Dimethylsulfoxid (DMSO) beigegeben, das als hochwirksamer Schlepper durch die Schleimhäute, Wirkverstärker und pharmakologisches Medium fungiert, wirkt der Extrakt deutlich schneller und effektiver. Die Wirkung eines solchen Extrakts, der tröpfchenweise unter die Zunge geträufelt wird, beginnt nach etwa 90 Sekunden und hält dann für 1–2 Stunden an. Es gibt in Smartshops Produkte aus getrocknetem Blattwerk der *Salvia divinorum*, auf das ein solcher Flüssigextrakt aufgetragen wurde. Solche Zubereitungen sind nicht standardisiert und in ihrer Potenz äußerst schwankend.

Salvia apiana

Räucherwerk Für die Herstellung eines Räucherbündels (*Smudge stick*) werden 3–5 Blattzweige von je ca. 25 cm Länge gerollt und mit einem Baumwoll- oder Hanffaden fest zusammengebunden. Benötigt werden frische Zweige, die sich bestenfalls schon in einem ganz leicht verwelkten Zustand befinden. Getrocknet wird der Räucherstick an einem dunklen trockenen Ort im Haus. Wenn er vollständig trocken ist, kann er verwendet werden. Es reicht, wenn er an einem Ende angezündet wird. Die Flamme wird sogleich wieder ausgeblasen, so dass der Stick zu glimmen beginnt. Durch Blasen oder Zufächern von Luft bleibt der Glimmvorgang eine Zeit lang bestehen. Zum Löschen einfach etwas Sand über die glühende Stelle streuen, so kann das Bündel auch noch weiterhin verwendet werden. Wenn mit Wasser gelöscht wird, ist das nicht mehr möglich.

Salvia-apiana-*Räucherbündel*

Schwitzhütten-Aufguss Für einen Schwitzhütten-Aufguss werden die Blätter zunächst für 1-2 Tage in kaltes Wasser gelegt und vor Ritualbeginn wieder entnommen. Der Aufguss sollte nur tröpfchenweise auf die Steine gegeben werden, im Idealfall unter dem Rezitieren heilsamer Mantras und dem Aussprechen dankbarer Worte an den Großen Geist.

Kulinarische Verwendung der Blüten Wie die Blüten aller Salbeiarten sind auch die weißen Blüten der *Salvia apiana* essbar und eignen sich hervorragend als Dekoration auf einem Salatteller.

Solandra grandiflora

Solandra spp.   Goldkelch

Gattung .... *Solandra* J. F. Gmelin (Goldkelch)
Familie .... Solanaceae Jussieu (Nachtschattengewächse)

Wer eine Vorliebe für bewusstseinsverändernde Duft- und Pflanzenmeditationen hat, trifft mit dem Goldkelch, einer heiligen Pflanze der Huichol-Indianer, eine ausgezeichnete Wahl. Das betörende Aroma, das aus den imposanten Blütenständen strömt, ist ein Genuss und verfügt zugleich über psychoaktive Qualitäten. Denn abhängig von der inneren Ausrichtung kann durch das bloße Inhalieren des Aromas entweder eine aphrodisierende Wirkung oder aber ein Zustand tiefer meditativer Trance induziert werden.

Die Anzucht des Goldkelchs ist allen ethnobotanisch Interessierten zu empfehlen; aufgrund ihrer Anfälligkeit gegenüber Frost muss die mehrjährige Pflanze in Mitteleuropa allerdings in Töpfen kultiviert und den Winter über ins beheizte Gewächshaus oder Haus gestellt werden. In frostfreien Regionen hingegen kann der schnell wachsende Goldkelch in Freilandkultur gepflegt werden und beispielsweise als hübscher Baldachin dienen.

Solandra-grandiflora-*Frucht*

Trivialnamen
Die volkstümlichen Namen beziehen sich in der Regel auf alle *Solandra*-Arten: Goldbecher, Goldkelch, Trompetenblume, Windbaum, Copa de oro, Floripondio del monte (span.), Trumpet Plant, Tree of the Wind (engl.)

Weitere ethnobotanisch relevante *Solandra*-Spezies
Solandra brevicalyx Sandl. Kiéli • *Solandra grandiflora* Swartz • *Solandra guerrerensis* Martinez Tecomaxochitl • *Solandra guttata* D. Don • *Solandra longiflora* Tussac Kelchwein • *Solandra maxima* Green Üppiger Goldkelch
Insgesamt umfasst die Gattung *Solandra* 10 bis 12 Spezies, die sich optisch kaum voneinander unterscheiden.

Vorkommen
 Alle Goldkelch-Arten sind in Mexiko heimisch. Die größten Populationen findet man in Zentralmexiko. Einige Arten sind inzwischen auch in der Karibik und in Peru verwildert. Als Zierpflanze findet man *Solandra* heute auch weit außerhalb der ursprünglichen Verbreitungsgebiete.

Botanik

Arten der Gattung *Solandra* sind immergrüne, mehrjährige und schnellwachsende Kletterpflanzen, deren zugespitzte und ledrige Blätter eine Länge von 15 cm erreichen. Die kelchförmigen, herrlich duftenden Blüten sind meist gelb oder weiß, seltener grün, und wachsen bis zu einer Größe von 20 cm heran. Charakteristisch für *Solandra*-Arten sind die Korkwarzen auf der Rinde.

Pflegeanleitung

Am unkompliziertesten ist die Kultivierung von gekauften Jungpflanzen. Sie werden in große mit handelsüblicher oder selbstgemischter Blumenerde befüllte Töpfe gepflanzt. In frostfreien Regionen kann die vorgezogene Goldkelchpflanze auch ins Beet bzw. in den Boden gesetzt werden. Die Pflanze wird durch Saatgut oder geschnittene Stecklinge vermehrt.

Solandra-longiflora-*Samen*

TIPP Die Samen für etwa 24 Stunden in lauwarmem Wasser einweichen und sie dann einzeln 0,5 cm tief in Anzuchterde stecken (sie sind Dunkelkeimer).

Solandra-maxima-*Steckling*

TIPP Durch kurzzeitiges Unterbrechen der Wasserzufuhr im Sommer ist es möglich, die Blütenbildung etwas anzuregen.

INFO Verfärben sich die Blätter des Goldkelchs graugrün, ist das ein Hinweis darauf, dass die Luft zu trocken und zu heiß ist. Dann muss die Topfpflanze etwas schattiger platziert werden.

Vermehrung durch Aussaat (generativ)
Die Aussaat ist ganzjährig möglich, am besten aber im Frühjahr. Als Aussaatbehältnisse eignen sich Topfplatten oder kleine Anzuchttöpfe, die anfangs idealerweise in einem kleinen Zimmergewächshaus untergebracht werden. Man kann auch eine Plastiktüte über die Töpfe stülpen; der Abstand der Tüte zum Substrat sollte mindestens einige Zentimeter betragen. Bei gleichbleibender Substratfeuchte, die durch regelmäßiges Einsprühen oder Vernebeln (nicht gießen!) erreicht wird, viel Helligkeit und Temperaturen von mind. 20 °C beträgt die Keimdauer üblicherweise 4–8 Wochen. Sobald die Sämlinge ihre ersten beiden Blattpaare ausgebildet haben, werden sie pikiert und zunächst in kleine und später in große Kübel gepflanzt.

Vermehrung durch Stecklinge (vegetativ)
Eine Vermehrung durch Stecklinge ist unkompliziert. Meist genügt es, den von einer robusten Mutterpflanze geschnittenen Steckling mit der Unterseite in ein Glas mit etwas lauwarmem Wasser zu stellen. Bereits nach wenigen Tagen zeigen sich die ersten feinen Wurzelfäden, und der Steckling kann eingepflanzt werden. Auf Bewurzelungspräparate kann man verzichten.

Standort und Pflegemaßnahmen

Goldkelche werden in Mitteleuropa ihrer Frostempfindlichkeit wegen sinnvollerweise in großen Töpfen (Ø 30–50 cm) kultiviert. Als Substrat eignet sich handelsübliche oder selbst hergestellte Blumenerde. Da es sich um Kletterpflanzen handelt, benötigen sie unbedingt eine Rankhilfe. Obwohl *Solandra* durchaus als Zimmerpflanze kultiviert werden kann, verbringt sie den warmen Sommer gerne im Garten.

Goldkelche haben einen hohen Wasser- und Nährstoffbedarf und benötigen einen sonnigen, nicht zu heißen Standort, der im Idealfall über eine erhöhte Luftfeuchtigkeit verfügen sollte. Deshalb muss die Pflanze regelmäßig großzügig mit Wasser eingesprüht und vernebelt werden. Gedüngt wird von April bis September alle 1–2 Wochen. Nach der Blüte kann der Goldkelch zurückgeschnitten werden.

Überwinterung
Der Goldkelch ist nicht frosthart und wird daher zur Überwinterung ins Haus gebracht. Ideal ist ein helles Zimmer mit Temperaturen von 10–15 °C. Wichtig ist, dass in dieser Zeit nicht gedüngt und nur sparsam gegossen wird, gerade so viel, dass der Wurzelballen nicht austrocknet.

Krankheiten und Schädlinge
Der häufigste Schädling des Goldkelchs ist die Blattlaus (*Aphidoidea*); aber auch Spinnmilben (*Tetranychidae*) und die Weiße Fliege (*Trialeurodes vaporariorum*) können eine Plage werden, besonders wenn die Pflanze im Gewächshaus oder Wintergarten kultiviert wird. Gegenüber Krankheiten ist *Solandra* weitgehend resistent.

Mythologie und Ritual

Der Goldkelch ist eine uralte Ritualpflanze, die vermutlich schon zu prähistorischen Zeiten von einigen indigenen Völkern Mexikos als Götterpflanze verehrt und magisch genutzt wurde, beispielsweise zu Zwecken der Divination. Daneben wurden Goldkelch-Zubereitungen als Betäubungsmittel und im Kontext dunkler Magie (Schadenszauber u.a.) verwendet. Am ausführlichsten dokumentiert ist der rituelle *Solandra*-Gebrauch bei den mexikanischen Huichol-Indianern. Für sie sind die Goldkelch-Arten mächtige Zauberpflanzen; niemand darf sie stören oder gar schlecht über sie reden, da er sonst von Wahnsinn oder Tod heimgesucht wird. Der Mythos besagt, dass der Goldkelch ein Gott gewesen sei, der »Gott des Windes« (Kiéli), Sohn der kosmischen Schlange und des Regens. Weil dieser Gott der Menschheit etwas Gutes tun wollte, verwandelte er sich in diese prachtvolle Pflanze mit ihren betörend duftenden Blüten. So ist es auch primär der faszinierende Duft, den die Huichol rituell nutzen. Nur selten wird die Pflanze oral eingenommen, da die Wirkung noch unkalkulierbarer ist als bei anderen Nachtschattendrogen.

Wirkung und Psychoaktivität

Die Lakandonen sagen, dass der Duft erotisch erregt und sexuelle Begierde weckt. Rätsch 2012: 476

Typische Wirkungen nach einer oralen Einnahme des Goldkelchs sind Halluzinationen, ein enormer Anstieg von Puls- und Herzfrequenz, Delirien, Angst- und Wahnzustände, Krämpfe, Desorientierung und extreme Mundtrockenheit. Überdosierungen können zum Tod führen.

Die pharmakologische Wirkmechanik liegt darin begründet, dass die Tropanalkaloide Hyoscyamin und Atropin den Neurotransmitter Acetylcholin von den Muskarin-Rezeptoren verdrängen. Da der Wirkstoffgehalt starken Schwankungen unterliegt und die Spanne zwischen wirksamer und toxisch-gefährlicher Dosierung nur sehr gering ist, sollte die Einnahme ausschließlich erfahrenen Schamanen überlassen werden. Für psychonautische Reisen ist die Pflanze definitiv zu gefährlich.

Weniger gefährlich ist es, das Blütenaroma zu inhalieren oder die Pflanze zu räuchern. Wem diese Wirkung zu schwach ist, raucht die Blätter oder Blüten des Goldkelchs, was leicht berauschend und aphrodisierend wirken kann. Mit einer spirituellen Geisteshaltung kann es nach dem Räuchern oder Rauchen zu einer entheogenen Bewusstseinserweiterung kommen.

Zubereitungsformen

Duftmeditation Die sicherste und von den Huichol-Indianern bevorzugte Methode, den Pflanzengeist zu erfahren, ist die Duftmeditation. Man hält die Blüte an die Nase und atmet langsam ein und aus. Meist reichen ein paar Atemzüge, und der Pflanzengeist zeigt sich. Diese olfaktorische Methode lässt sich auch bei Arten der Gattung *Brugmansia* (Engelstrompete) anwenden.

Räucher-/Rauchmischung Die getrockneten Blätter und Blüten lassen sich wie *Datura* und andere Solanaceen als aphrodisierende Zutat für Rauch- oder Räuchermischungen verwenden. Geraucht wirken die Blüten zwar nur schwach, es kommt in der Regel nicht zu Halluzinationen. Bewusstseinsverändernd wirkt eine Rauch- oder Räuchermischung mit *Solandra* aber auf jeden Fall.

Teeaufguss Aus den Blättern, Stängeln und Blüten wurde in der mexikanischen Volksmedizin ein Tee bereitet. Aufgrund der potenziell toxischen Alkaloide ist von einer inneren Einnahme des Goldkelchs jedoch dringend abzuraten!

Inhaltsstoffe

Solandra spp. enthält die stark psychoaktiven und bei Überdosierung toxisch wirksamen Tropanalkaloide Atropin, Noratropin, Hyoscyamin und Scopolamin. Als Nebenalkaloide wurden u.a. Cuskohygrin, Hyoscin, Littorin, Norhyoscin, Tigloidin, Tropin und Valtropin nachgewiesen. Die Alkaloide sind in der ganzen Pflanze enthalten; bei *Solandra maxima* ist der Alkaloidgehalt in den Früchten am höchsten.

Solandra-maxima-*Blüte*

Medizinische Indikationen

Die mexikanische Ethnomedizin kennt *Solandra* primär als Aphrodisiakum. Vereinzelt wird das in den Knospen angesammelte Regen- und Tauwasser gesammelt und zur Verbesserung der Sehkraft in Form von Augentropfen eingenommen oder als sub-psychoaktiv dosierter Teeaufguss bei Husten. 1 g der frischen Blüten gilt als therapeutische Dosis.

Tagetes patula

Tagetes spp. Studentenblumen

Gattung .... *Tagetes* Linné (Studentenblume)
Familie .... Asteraceae Bercht. & J. Presl (Korbblütler)

Die Kultivierung der bekannten Studentenblume im eigenen Garten, auf dem Balkon oder der Terrasse ist nicht nur für dekorative Zwecke interessant; schließlich sind Arten der Gattung *Tagetes* nicht nur als optisch reizvolle Zierpflanzen bekannt, sondern auch als Heil- sowie als magische Ritualpflanzen, besonders in Mexiko.

Die Anzucht der Studentenblume ist unkompliziert und lässt sich als anfängersicher einstufen. Die meisten Gärtner besorgen sich junge Pflanzen im Blumenhandel. Allerdings sollte man wissen, dass diese Zuchthybriden – die überwiegend *Tagetes erecta*, *Tagetes patula* oder *Tagetes tenuifolia* als genetische Grundlage haben – meist wenig bis gar keine psychoaktiven oder heilenden Inhaltsstoffe enthalten. Wer die Pflanze als Heil- oder Ritualpflanze verwenden möchte, der beschafft sich Samen oder vorgezogene Stecklinge von *Tagetes lucida* (der ethnobotanisch bedeutendsten Studentenblume) bei einem Fachhändler. Doch selbst bei dieser Art sind die Konzentrationen der geistbewegenden Inhaltsstoffe niemals einheitlich – einige Exemplare sind auf der psychoaktiven Ebene wirksam, andere nicht.

Tagetes-lucida-*Blüten*

Trivialnamen
Samtblume, Sammetblume, Stinkblume, Studentenblume, Tagetes, Totenblume, Türkische Nelke und viele andere

Ethnobotanisch relevante *Tagetes*-Arten
Tagetes erecta Linné Aufrechte Studentenblume, Färbertagetes, Flor de los muertos (span.) • *Tagetes filifolia* Lag. Lakritz-Tagetes, Pampa-Anis • *Tagetes lucida* Cavanilles Glänzende Studentenblume, Mexikanischer Tarragon, Winter-Estragon, Yauthli (mex.) • *Tagetes minuta* Linné Mexikanische Riesentagetes • *Tagetes patula* Linné Kleine Studentenblume, French Marigold (engl.) • *Tagetes tenuifolia* Cavanilles Schmalblättrige Studentenblume, sowie eine Vielzahl weitere Spezies.

Insgesamt werden ca. 50 Arten der Gattung *Tagetes* zugeordnet.

Vorkommen

Die Heimat der Studentenblume liegt in Nord-, Mittel- und Südamerika, wobei die meisten Spezies ursprünglich aus Mexiko stammen. Als attraktive Zierpflanze findet man *Tagetes* heute auf der ganzen Welt.

Botanik

Studentenblumen sind abhängig von der Spezies ein- oder mehrjährige, bedingt frostharte Pflanzen mit einer Wuchshöhe von 10–max. 100 cm, nur selten wachsen sie höher. *Tagetes lucida* beispielsweise wächst mehrjährig und erreicht bei guten Standortbedingungen eine Höhe von etwa 40 cm. Die gegenständig angeordneten Blätter der Studentenblume sind meist gelappt oder gefiedert, lanzettförmig und leicht gezähnt. Charakteristisch sind die fünfblättrigen oder buschig gefüllten Blütenstände, die bei den meisten Spezies von gelber, oranger und/oder roter Farbe sind. Ein weiteres Bestimmungsmerkmal der Studentenblume ist das auffällige und intensive Aroma, das zum Beispiel bei *Tagetes lucida* deutlich an Anis erinnert.

Tagetes-erecta-*Blüten*

Tagetes-lucida-*Samen*

TIPP Durch einen regelmäßigen Rückschnitt nach der Blütereife wächst die Pflanze üppiger. Wird *Tagetes* umgetopft, ist es wichtig, dass die Pflanze immer etwas tiefer eingepflanzt wird als zuvor. Dies fördert die Entwicklung seitlicher Wurzelausläufer.

Pflegeanleitung

Die Vermehrung der Studentenblume erfolgt durch Saatgut, das sich üblicherweise im Sortiment eines jeden Blumenhändlers befindet. *Tagetes lucida* allerdings gibt es fast nur im Angebot gut sortierter ethnobotanischer Samen- und Pflanzenhändler; im gewöhnlichen Blumenladen ist diese Spezies nur selten zu haben.

Ob die Pflanze als Topf- oder als Beetpflanze kultiviert wird, sollte man von ihrer Lebensdauer abhängig machen. Einjährige Arten, wie *Tagetes erecta*, können im Beet kultiviert werden; mehrjährige Studentenblumen, etwa *Tagetes lucida*, werden in Anbetracht ihrer Frostempfindlichkeit sinnvollerweise als Topfpflanzen gepflegt, so dass man sie zur Überwinterung einfach an einen hellen und frostfreien Ort stellen kann.

Gekaufte Jungpflanzen

Die Jungpflanzen werden aus ihren Töpfen genommen und ins Beet oder in Kübel gepflanzt. Bei einer Beetkultur sollte sich der Reihenabstand bei kleinen Arten auf etwa 30 cm belaufen, bei größeren Arten auf ungefähr 70 cm. Wichtig ist, dass die Pflanzen erst dann ins Freiland kommen, wenn der letzte Frost vorüber ist.

Vermehrung durch Aussaat (generativ)

Obwohl die Samen auch direkt an Ort und Stelle gesät werden können, ist es ratsamer, die Pflanzen ab März auf einer hellen Fensterbank im Haus vorzuziehen. Bei einer Direktaussaat entwickeln sich die Jungpflanzen erfahrungsgemäß langsamer und brauchen länger zur Blütenbildung. Zur Anzucht kann man kleine Töpfe oder Saatschalen verwenden. Das lichtkeimende Saatgut wird einfach auf nährstoffarme Anzuchterde gestreut, leicht angedrückt und mit einem Pflanzenbesprüher gleichmäßig angefeuchtet. Es darf nicht mit Substrat überdeckt werden. Die erforderliche Keimtemperatur liegt bei 15–18 °C, weshalb eine Fensterbank (oder ein anderer heller Ort) ausgewählt werden sollte, auf der es nicht zu warm wird.

Nach 1–3 Wochen sollten die ersten Sämlinge zu sehen sein. Sobald diese eine Größe von mindestens 5 cm erreicht haben, werden sie pikiert und in kleine Töpfe gepflanzt. Darin bleiben sie, bis kein Frost mehr zu erwarten ist. Dann werden sie ins Beet gepflanzt oder in größere Kübel umgetopft.

Standort und Pflegemaßnahmen

Tagetes sind extrem anspruchslos. Die Pflanze gedeiht am besten an einem sonnigen Standort, sie zeigt aber auch im Halbschatten ihre hübschen und üppigen Blüten. Im Fall einer Topfkultur eignet sich handelsübliche oder selbst hergestellte Blumenerde als Substrat; bei einer Beetkultur muss darauf geachtet werden, dass der Boden locker und durchlässig ist. Ist dies nicht der Fall, etwa weil die Erde zu lehmig ist, kann der Boden mit etwas Blumenerde oder Mulch vermischt werden.

Gegossen wird mäßig. An einem heißen und trockenen Standort allerdings täglich. Wichtig ist, dass die Pflanze nicht zu viel und nicht zu wenig Wasser bekommt. Staunässe mag *Tagetes* nämlich genauso wenig wie anhaltende Trockenheit. Düngen sollte der Gärtner nur dann, wenn die Pflanze mickrige Stängel entwickelt. Hinzu kommt, dass übertriebenes Düngen nur dafür sorgt, dass die Pflanze in die Höhe schießt und große Blätter ausbildet, dafür aber nur wenige bis keine Blüten.

Blühende Tagetes lucida

Inhaltsstoffe

Das psychoaktive Prinzip der Studentenblume ist noch ungeklärt. Einige Forscher vermuten, dass in der Studentenblume eine Substanz enthalten sein könnte, die über eine ähnliche Struktur verfügt wie das psychotrop wirksame Terpenoid Salvinorin A. Sicher identifiziert wurden bisher folgende Stoffe: ätherisches Öl, Cumarinderivate, Cyanglycoside, Cyclohexanhexol (= Inosit), Gerbsäure sowie verschiedene Tiophene. In *Tagetes minuta* wurden außerdem diverse Mono- und Sesquiterpene (zum Beispiel Linalool) und Ocimenone nachgewiesen. Teilweise wurden auch Benzofurane in der Pflanze gefunden, beispielsweise in *Tagetes patula*.

Samengewinnung

Wer die Samen ernten möchte, der lässt einfach eine oder mehrere Blüten verwelken und an der Pflanze trocknen. Die vertrockneten Blüten werden im Spätsommer abgeknipst und über einer Unterlage ausgeschüttelt. Nach einer dunklen, kühlen und trockenen Lagerung können die Samenkörner problemlos im nächsten Frühjahr wieder ausgesät werden.

Überwinterung

Die Frage nach der Überwinterung stellt sich nur dann, wenn die kultivierten *Tagetes* mehrjährig wachsen. *Tagetes lucida* kann über kurze Zeiträume Temperaturen im Minusbereich aushalten, winterfest ist sie aber nur in milden Regionen. In Mitteleuropa stellt man sie daher sicherheitshalber zur Überwinterung an einen kühlen und hellen Ort ins Haus. Ideal sind Temperaturen von 5–10 °C. *Tagetes* bei Zimmertemperatur in der Wohnstube zu überwintern, ist möglich, aber nicht optimal.

Krankheiten und Schädlinge

Gegenüber Krankheiten ist die Pflanze weitgehend resistent. Auch Schädlinge sind an der Pflanze eher selten anzutreffen – abgesehen von Schnecken, die allerdings nur dann zum ernsthaften Problem werden, wenn *Tagetes* in Beetkultur gedeiht.

Die schneckenanziehende Eigenschaft der Studentenblume kann man sich aber auch zunutze machen, denn so bleiben andere Pflanzen von ihnen verschont. Häufig findet man Tagetes deshalb auch in der Nähe von Gemüsebeeten. Manche Katzen können das Aroma von Tagetes übrigens gar nicht leiden und bleiben deshalb Blumenbeeten fern. Dieser Trick wirkt leider nicht bei allen Katzen, aber bei vielen.

Medizinische Indikationen
Viele Arten aus der Gattung der Studentenblume sind in der mexikanischen Ethnomedizin als vielseitig anwendbare Heilpflanzen bekannt, beispielsweise zur äußerlichen Behandlung von Hornhaut und Rheuma, oder innerlich eingenommen als kräftigendes Tonikum sowie zur Therapie von Bauch- und Kopfschmerzen, Durchfall, Fieber, Husten und Libidostörungen.

Blühende Tagetes tenuifolia.

Das getrocknete Kraut von Tagetes lucida

Mythologie und Ritual

Die rituelle Verwendung einiger *Tagetes*-Arten ist uralt und reicht in Mexiko bis weit in die präkolumbianische Zeit zurück. Dabei ist die Spezies *Tagetes lucida* unter allen Arten als traditionelle Ritualpflanze am bedeutungsvollsten, beispielsweise in der Darreichung als zeremonielles Räucherwerk, als Opfergabe und als Zutat ritueller Rauchmischungen. Ein ritueller *Tagetes*-Gebrauch ist im Besonderen von der mexikanischen Ethnie der Huichol bekannt. Schamanen dieser Stammesgruppe rauchen das getrocknete Kraut der *Tagetes lucida* pur oder im Gemisch mit *Nicotiana rustica*, häufig auch während Peyote-Zeremonien. Im mexikanischen Volksglauben heißt es, dass die leuchtend gelbe Blüte der Studentenblume das kosmisch-göttliche Licht symbolisiert, das die Seelen aller Wesen wieder in ihr spirituelles Zuhause führt, nachdem sie ihren materiellen Erdenkörper verlassen haben.

Andere Arten, wie zum Beispiel *Tagetes erecta*, fungierten im traditionellen Maya-Schamanismus als Balché-Additive. Daneben wird diese Spezies, wie auch *Tagetes patula*, in Indien sowie in Nepal als Altarschmuck oder Opferblume für Pujas zu Ehren von Shiva und Saraswati eingesetzt.

Wirkung und Psychoaktivität

Das aus den Spezies *Tagetes patula* und *Tagetes minuta* per Wasserdampfdestillation gewonnene Öl wirkt als Antibiotikum. Es hat antiinfektiöse, antimikrobielle und antiseptische Eigenschaften, außerdem wirkt es blutdrucksenkend, krampflösend und leicht nervenberuhigend.

Für psychoaktive Zwecke wird meist die Spezies *Tagetes lucida* verwendet. Die Effekte nach Einnahme des getrockneten Krauts – etwa als Tee oder als Rauchkraut – können sehr unterschiedlich sein, abhängig von Wirkstoffkonzentration, Dosierung, Einnahmeform, der persönlichen Sensibilität und anderen Faktoren. Grundsätzlich ist die Wirkung eher als schwach bis subtil einzustufen. Meist kommt es zu leicht sedierenden, euphorisierenden und oneirogenen (trauminduzierenden) Effekten, manchmal aber auch zu einer leichten Stimulation, die zusätzlich möglicherweise eine aphrodisierende Note enthält; sehr selten berichten Konsumenten auch von sogenannten Closed Eyes Visuals (CEV).

Anders verhält es sich, wenn das Kraut von *Tagetes lucida* mit anderen psychoaktiven Pflanzen in Kombination eingenommen wird, denn offenbar wirkt Tagetes als geistbewegender Verstärker. Als besonders synergistisch gelten zum Beispiel Kombinationen mit dem Aztekischen Traumgras *(Calea ternifolia)* oder mit Hanf *(Cannabis sativa)*.

Unangenehme Nebenwirkungen sind eher unwahrscheinlich, sofern die maximale Einzeldosis von 35 g Krautmaterial nicht überschritten wird.

Zubereitungsformen

Phyto-Inhalation Das getrocknete Tagetes-Kraut eignet sich hervorragend für den Einsatz im Vaporisator. Es schmeckt angenehm und ist leicht zu inhalieren. Die einzustellende Temperatur beträgt 180 bis 200 °C.

Rauchware 1–3 g des Krautmaterials sind erforderlich, um durch das Rauchen in einer Zigarette oder in einer Pfeife spürbare Effekte zu induzieren. Beim Konsum eines *Tagetes*-Extraktes kann niedriger dosiert werden.

Räucherwerk Blüten und das getrocknete Kraut wirken beim Räuchern geistklärend und reinigend. Sie eignen sich daher besonders als Additiv für Meditations- oder Reinigungsmischungen; daneben kommt *Tagetes* als Zusatz für aphrodisierende Liebesräuchermischungen in Betracht.

Teeaufguss Für medizinische Zwecke sind 1–2 g des getrockneten Krauts pro Tasse ausreichend. Für eine psychoaktive Wirkung wird jedoch eine größere Menge benötigt, etwa 4–15 g. Mit 250 ml siedend heißem Wasser übergießen, 10 Minuten ziehen lassen und schluckweise trinken. Der Geschmack ist nicht genüsslich, aber auch nicht unangenehm.

Extrakt/Tinktur Für eine Tinktur, also einen alkoholischen Extrakt, werden 20 g Krautmaterial mit 100 ml qualitativ hochwertigem und hochprozentigem Alkohol übergossen. Das Behältnis wird verschlossen, rund 10 Tage lang an einem dunklen Ort aufbewahrt und mindestens einmal pro Tag gründlich geschüttelt. Im Anschluss wird die Flüssigkeit durch ein feines Sieb oder einen handelsüblichen Kaffeefilter abgeseiht und in dunkle Apothekerfläschchen gefüllt. Diese Zubereitungsform wirkt in der Regel am stärksten, weshalb man sich mit wenigen Tropfen langsam an die gewünschte Wirkung herantasten sollte.

Weitere Anwendungen Weitere Anwendungsmöglichkeiten sind getrocknetes *Tagetes*-Kraut als Paste zum Einreiben, Zubereitungen zum Auskauen (zum Beispiel zusammen mit Coca) und Schnupfpulver.

⚠️ Äußerlich angewendet verfügt *Tagetes* möglicherweise über phototoxische Eigenschaften; unter Einwirkung von Sonnenlicht können daher unangenehme allergische Hautirritationen entstehen.

Zimmerpflanzen

Argyreia nervosa

Argyreia nervosa (Burman F.) Bojer
Hawaiianische Holzrose

Gattung .... *Argyreia* Loureio (Holzrosen)
Familie .... Convolvulaceae Jussieu (Windengewächse)

Argyreia nervosa hat ihren botanischen Ursprung in Indien und im angrenzenden Bangladesch, nicht Hawaii, wie ihres Trivialnamens wegen fälschlicherweise häufig angenommen wird. Im kulturhistorischen Zusammenhang ist eine Verwendung der Hawaiianischen Holzrose ausschließlich zu medizinischen Zwecken bekannt, heute hingegen werden ihre Samen weltweit als bewusstseinserweiternde Rauschdroge verwendet. Diese enthalten das psychoaktive Molekül Lysergsäureamid (LSA, LA-111, Ergin), das vereinfacht ausgedrückt eine natürliche Vorstufe des halbsynthetischen LSD ist. Oder anders ausgedrückt: Aus LSA lässt sich LSD herstellen.

Da für entheogene Absichten in erster Linie *Argyreia nervosa* kultiviert und verwendet wird, liegt der Schwerpunkt dieser Monographie auf dieser Spezies. Es existiert aber noch eine Vielzahl sonstiger Holzrosen-Arten, die ebenfalls über nennenswerte Mutterkornalkaloid-Konzentrationen verfügen und deren Kultur als Zimmergewächs gleichermaßen lohnend und empfehlenswert ist.

Noch geschlossene Argyreia-nervosa-Blüten

Synonyme
Argyreia speciosa (L. F.) Sweet, *Convolvulus speciosus* L. F.

Trivialnamen
Elefantenwinde, Holzrose, Silberkraut, Silberwinde, *Bastantri* (Sanskrit), *Hawaiian baby woodrose* (HBWR), *Monkey rose, Silver morning glory* (engl.) u.a.

Ergolinhaltige Argyreia-Spezies
Argyreia acuta Lour. ♦ *Argyreia barnesii* (Merrill) Oostroom ♦ *Argyreia cuneata* (Willd.) Ker-Gawl ♦ *Argyreia hainanensis* ♦ *Argyreia luzonensis* (Hall. F.) Oostroom ♦ *Argyreia mollis* (Burm. F.) Choisy ♦ *Argyreia nervosa* (Burm. F.) Bojer ♦ *Argyreia obtusifolia* Loureiro ♦ *Argyreia philippinensis* (Merrill) Oostroom ♦ *Argyreia splendens* (Hornem) Sweet ♦ *Argyreia wallichi* Choisy

Insgesamt umfasst die Gattung rund 90 botanisch gesicherte Arten.

Botanik

Argyreia nervosa ist eine holzige, Milchsaft führende und mehrjährig gedeihende Kletterpflanze, die, wie viele ihrer botanischen Verwandten, herzförmige, tiefgrüne und gestielte Blätter entwickelt. Diese haben einen Durchmesser von maximal 30 cm, befinden sich in einer gegenständigen Anordnung und weisen unterseitig eine flaumige Behaarung auf, weshalb sie in der Regel leicht silbrig erscheinen – daher stammt auch der deutsche Trivialname Silberkraut. Bei guten Wachstumsbedingungen kann die Pflanze eine Wuchshöhe von bis zu 10 Metern erreichen. Für eine solche Größe sind aber viele Jahre Wachstum erforderlich, bedenkt man, dass die Pflanze für 10 cm Wachstum häufig bis zu einem Jahr und länger benötigt. Als Zimmerpflanze kultiviert, gedeiht

Vorkommen

Die ursprüngliche botanische Heimat der Hawaiianischen Holzrose liegt nicht – wie ihr Name vermuten lässt – auf Hawaii, sondern auf dem indischen Subkontinent. Sie wurde aber bereits früh auf Hawaii eingebürgert. Heute wird die Pflanze in beinahe allen Tropengefilden als Zierpflanze, aber auch als bewusstseinsverändernde Rauschpflanze kultiviert.

Argyreia-nervosa-*Blüten*

Argyreia-nervosa-*Samenkörner*

Argyreia-nervosa-*Keimling*

sie daher deutlich kleiner. Die optisch reizvollen trompeten- bzw. trichterförmigen sowie zweigeschlechtlichen Blüten haben einen Durchmesser von 4–6 cm und zeigen ein variierendes Farbspektrum – von weißrosa bis hin zu dunkelblau-lila. Sobald die Blüten abgefallen sind, kommen die beerenähnlichen, runden bräunlichen Samenkapseln zum Vorschein. Eine davon enthält bis zu 6 Stück der alkaloidreichen Samenkörner.

Pflegeanleitung

Der unkomplizierteste Weg der Vermehrung ist durch das Schneiden von Stecklingen. Etwas komplizierter, aber bei Arrangierung günstiger Bedingungen auch in Mitteleuropa ganzjährig durchaus möglich, ist die Anzucht der Holzrose durch Saatgut – zu finden im festen Sortiment ethnobotanischer Samenhändler.

Vermehrung durch Aussaat (generativ)

Ein kleines Zimmergewächshaus und später auch eine Rankhilfe sind für eine erfolgreiche Anzucht der Holzrose unerlässlich. Schließlich handelt es sich um eine Kletterpflanze, die eigentlich in tropischen bis subtropischen Gefilden gedeiht.

Zur Erhöhung der Keimfähigkeit werden die Samenkörner zunächst sanft angefeilt. Dabei sollte nur wenig und niemals die vollständige Schale abgerieben werden, sonst wird das Saatgut unbrauchbar. Dann werden die vorbehandelten Samen zum Vorquellen für etwa 24 Stunden in etwa 20 °C warmes Wasser gegeben. Erst dann sollten sie in ein mit Anzuchterde und Sand befülltes Behältnis gesetzt werden. Geeignet sind z.B. Topfplatten; jedes Saatkorn erhält einen eigenen Topf und wird etwa 0,5–1 cm tief gepflanzt wird (Stichwort: Dunkelkeimer). Man kann die Samen auch in gewöhnliche Saatschalen oder in kleine Anzuchttöpfe aussäen. Dann werden die Anzuchtbehälter ins Zimmergewächshaus gestellt und dieses wiederum an einen hellen, warmen Ort in der Wohnung, beispielsweise auf eine Heizung oder helle Fensterbank. Bei einer konstanten Substratfeuchte, viel Helligkeit und der erforderlichen Keimtemperatur von etwa 25 °C zeigen sich die ersten Sämlinge durchschnittlich nach 2–4 Wochen. Nach Ausbildung der ersten Blattpaare werden die jungen Pflanzen pikiert und in Töpfe gepflanzt.

PRAXIS-TIPP Quelltöpfe – welches Material?

Die Verwendung von Quelltöpfen bzw. Quelltabletten zur Samen- oder Stecklingsvermehrung hat den Vorteil, dass man keine Anzuchttöpfe benötigt. Die Wurzeln können wegen des umhüllenden Netzes darin ungestört wachsen, und Pikieren ist nicht erforderlich; sobald die Sämlinge groß genug sind, werden sie mit dem Quelltopf einfach in einen Kübel oder ins Beet gepflanzt.

Wer sich für die Verwendung von Quelltöpfen entscheidet, sollte bedenken, dass Quelltöpfe aus Torf ökologisch betrachtet problematisch sind. Torf ist ein organisches Sediment, das ausschließlich in Moorgebieten vorkommt. Der Torfabbau stört das ökologische Gleichgewicht der Moorlandschaften irreversibel. Zahlreiche Pflanzen- und Tierarten, deren natürlicher Lebensraum die Moorgebiete sind, sind durch den Abbau sukzessive vom Aussterben bedroht. Wer einen aktiven Beitrag zur Erhaltung der Moore leisten möchte, verwendet deshalb keine Quelltöpfe aus Torf und auch keine mit Torf versetzte Blumenerde.

Quelltöpfe aus Kokosfasern sind eine denkbare Alternative. Der Vorteil ist, dass die Natur beim Abbau nicht zerstört wird. Kokosfasern sind ein Nebenprodukt der Kokosnussernte, das als Nährmedium zur Pflanzenkultur sinnvoll weiterverwertet werden kann. Der Nachteil ist, dass Kokosfasern nicht aus regionalen Gefilden stammen, sondern importiert werden müssen.

Viele Gärtnerinnen und Gärtner verzichten auf die Verwendung von handelsüblichen Quelltöpfen und verwenden zur Anzucht von Saatgut oder zur Bewurzelung von Stecklingen selbst gemischte Anzuchterde. So wissen sie genau, welche Inhaltsstoffe enthalten sind.

Vermehrung durch Stecklinge

Mit Hilfe einer scharfen Klinge werden rankende Triebe vorsichtig abgeschnitten und in feuchte, im Gewächshaus platzierte Anzucht- oder Quelltöpfe gesteckt. Die Bewurzelung funktioniert – sofern es der Steckling warm hat und einer hohen Luftfeuchte ausgesetzt wird – meist auch ohne den Einsatz spezieller Bewurzelungshilfen. Wer einer sicheren Bewurzelung etwas nachhelfen möchte, sollte es mit natürlichem Weidenrutentee probieren.

Standort und Pflegemaßnahmen

Die Hawaiianische Holzrose mag es warm, hell und feucht. Jungpflanzen sollten jedoch vor einer direkten Sonneneinstrahlung geschützt werden, ältere Exemplare hingegen können in der Regel nicht genug Sonne bekommen. Daneben ist eine Rankhilfe nötig, an der die Pflanze ungehindert emporklettern kann. Ein Standort in der Wohnung muss daher mit Bedacht ausgewählt werden. Ebenfalls sind helle Wintergärten oder Gartengewächshäuser als Standorte geeignet. Die Holzrose kann – vorausgesetzt, dass es die Klimabedingungen zulassen – im Sommer auch ins Freiland zu den anderen Pflanzen gestellt werden. Im Spätsommer wird sie dann wieder ins Haus gebracht.

Die Holzrose wird regelmäßig großzügig mit Wasser eingesprüht bzw. benebelt. Während der Vegetationszeit sollte man täglich gießen. Staunässe muss jedoch verhindert werden, deshalb muss man im Untersetzer

Argyreia-nervosa-*Jungpflanze*

INFO Es ist durchaus möglich, dass die Holzrose nur wenige oder keine ihrer attraktiven Blüten ausbildet, wenn sie als Zimmerpflanze kultiviert wird. Am besten funktioniert die Blütenbildung in hellen und warmen Wintergärten oder einem (beheizbaren) Gewächshaus.

Inhaltsstoffe

Im Samenmaterial wurden als zentrale Wirkstoffe diverse Mutterkornalkaloide identifiziert (0,3 Prozent), unter anderem Agroclavin, Chanoclavin-I und -II, Ergin (= LSA), Ergometrin, Isoergin, Lysergen, Lysergol, Penniclavin, Stetoclavin und weitere.

Argyreia-nervosa-Pflanze *mit Samenkapseln*

Historische Darstellung von Argyreia nervosa

angesammeltes Wasser sofort abschütten. Als Substrat eignet sich ein Gemisch aus frisch gesiebter Komposterde und Sand hervorragend, oder man kann auch auf handelsübliche Einheitserde zurückgreifen. Die optimale Temperatur während der Wachstumszeit beträgt etwa 25 °C. Um die Pflanze sukzessive an das Wohnungsklima anzupassen, kann die Temperatur alle 1–2 Monate langsam gesenkt werden, jedoch nicht auf weniger als 18–20 °C. Einmal in Monat wird gedüngt. Ein langsames Wachstum ist trotz zusätzlicher Nährstoffzufuhr völlig normal.

Überwinterung

Während der Überwinterungsphase steht die Pflanze an einem hellen, etwa 15 °C warmen Ort im Haus. Während dieser Zeit wird nur sparsam gegossen, gerade so viel, dass der Wurzelballen nicht austrocknet.

Krankheiten und Schädlinge

Ein Krankheitsbefall ist bei korrekten Standort- und Pflegebedingungen eher unwahrscheinlich. Ein Schädlingsbefall, z.B. durch Spinnmilben (*Tetranychidae*), ist möglich, wenn *Argyreia nervosa* ganzjährig als Zimmerpflanze kultiviert wird, da dann die natürlichen Fraßfeinde fehlen, welche die Schädlinge im Freiland automatisch reduzieren.

Mythologie und Ritual

Einige Forscher vermuten, dass die Spezies *Argyreia nervosa* möglicherweise das altindische Soma gewesen sein könnte oder früher auf Hawaii zu spirituellen Zwecken eingesetzt wurde. Eindeutige und gesicherte Belege, die darauf schließen lassen, dass die Hawaiianische Holzrose als entheogene Ritualpflanze relevant ist, fehlen jedoch bis heute.

Seit in den 1960er Jahren herausgefunden wurde, dass die Samen eine potente LSA-Quelle darstellen, werden diese vereinzelt – und signifikant seltener als das visionärer wirksame LSD – als rituelles Psychonautikum eingesetzt.

Wirkung und Psychoaktivität

Genau wie LSD hat LSA eine strukturelle Ähnlichkeit zu den endogenen Neurotransmittern Serotonin und Noradrenalin, so dass es über eine Anbindung an deren Rezeptoren seine Wirkung entfaltet.

Der Rauschzustand als solcher ist trotz gewisser Analogien nicht mit dem zu vergleichen, der durch die Einnahme von LSD induziert wird. LSA wirkt gering dosiert euphorisierend, stimulierend und häufig stark aphrodisierend. Bei höheren Dosierungen bekommt der Rausch – der üblicherweise 6–8 Stunden andauert – eine visuelle und sedierende, bisweilen sogar narkotisierende Note. Der Körper wird extrem schwer, und man hat oft größte Mühe, sich zu bewegen, nicht selten auch in Kombination mit unangenehmen Übelkeitsschüben (die von vielen jedoch gut eingedämmt werden können, siehe unten).

Die visuellen Effekte, die möglicherweise auftreten – etwa das Sehen von Farben, Lichtern und Mustern – sind zwar »psychedelikatypisch«; die visionäre Wirkeigenschaft von LSA wird verglichen mit anderen Psychedelika (wie z.B. DMT, LSD, Psilocybin) meist als deutlich schwächer erlebt. Als psychoaktive Dosis gelten, abhängig von Körpergewicht, der individuellen Sensibilität und anderen Faktoren, 2–8 Holzrosen-Samen, als Maximaldosis 12–15 Samen.

Häufige Nebenwirkungen reichen von einem flauen Gefühl im Magen bis zu Erbrechen, Übelkeit und Verstopfung. Wenn Set und Setting ungünstig sind, kann es während der Rauscherfahrung auch zu Angst- oder Panikgefühlen kommen.

Zubereitungsformen

Mazerat Das Samenmaterial wird in einem Steinmörser oder leistungsstarken Mixer zu einem Pulver gemahlen. Dieses wird mit kaltem oder lauwarmem Wasser übergossen und vor der Einnahme kurz ziehen gelassen.

Oraler Verzehr Zunächst entfernt man die harte Schale zur besseren Bekömmlichkeit von den Samenkörnern; dann wird das Samenfleisch entnommen, mit Speichel gründlich eingeweicht und geschluckt. Doch selbst wenn die harte Samenschale vor der Einnahme entfernt wurde, muss man immer mit unangenehmen Körpergefühlen rechnen, wenn auch in abgeschwächter Form. Schlimme Übelkeitsattacken bleiben den meisten Anwendern aber erspart. Manchmal genügt es schon, die pelzige Außenschicht der Samen abzukratzen.

Medizinische Indikationen
In traditionellen altindischen Medizinsystemen – etwa der Ayurveda – ist das Windengewächs schon lange als wertvolle Heilpflanze bekannt. Die Holzrose wurde/wird zum Beispiel als Tonikum bei Schwächezuständen, als Aphrodisiakum bei Libidostörungen sowie zur therapeutischen Behandlung von Arthritis, Bronchialerkrankungen, Diabetes, Fieber, infektiösen Geschlechtskrankheiten und Tuberkulose eingesetzt, ferner auch als antidement wirkendes »Verjüngungsmittel«.

Brunfelsia pauciflora

Brunfelsia spp. Brunfelsien

Gattung .... *Brunfelsia* PLUMIER EX LINNÉ (Brunfelsien)
Familie .... Solanaceae JUSSIEU (Nachtschattengewächse)

Brunfelsien sind prachtvoll blühende Nachtschattengewächse, von denen einige Spezies im südamerikanischen Amazonasgebiet als wichtige Heil- und Ritualpflanzen bekannt sind. Sie werden als berauschender und visionär wirkender Teeaufguss und als ritueller Ayahuasca-Zusatz verwendet. Da *Brunfelsia* aus den Tropen stammt, muss die Pflanze in Mitteleuropa als Zimmerpflanze kultiviert werden. Der Gärtner oder die Gärtnerin sollte einen »grünen Daumen« haben und über Basiswissen im Umgang mit tropischen Zimmerpflanzen verfügen. Meist greift man auf vorgezogene Jungexemplare der Varietät *Brunfelsia pauciflora var. calycina* zurück, die in Europa als Zimmerpflanze am häufigsten kultiviert wird. Im Angebot ethnobotanischer Samen- und Pflanzenhändler befinden sich meist jedoch auch die als psychoaktive Ritualpflanzen bekannten Arten.

Trivialnamen
Brunfelsie, Manaka, Trunkenmacher, Weihnachtsblume

Ethnobotanisch relevante *Brunfelsia*-Arten (die fettgedruckten eignen sich als Zimmergewächse)

Brunfelsia chiricaspi PLOWMAN • ***Brunfelsia grandiflora*** D. DON. • *Brunfelsia maritima* BENTH. • *Brunfelsia mire* PLOWMAN • ***Brunfelsia pauciflora*** (CHAM. & SCHLTDL.) BENTH. • ***Brunfelsia pilosa*** PLOWMAN • ***Brunfelsia uniflora*** (POHL) D. DON.

Insgesamt umfasst die Gattung 46 beschriebene Arten, eingeteilt in drei Sektionen: **1.** *Brunfelsia*, **2.** *Franciscea* sowie **3.** *Guinanenses*.

Botanik

Arten der Gattung *Brunfelsia* sind ausdauernde, immergrüne, verzweigte oder einen Hauptstamm ausbildende Sträucher. Die wechselständig angeordneten, bis zu 30 cm langen, ovalen, elliptischen oder lanzettlichen und ledrigen Blätter glänzen oberseitig und sind von tiefgrüner Farbe. Die Blattunterseite ist matter und heller. Unter perfekten Bedingungen werden die meisten Arten 2–3 m hoch; Spezies, die in ihren Ursprungsländern als Bäume gedeihen, können eine Größe von 10 m erreichen. Als Zimmerpflanzen kultiviert, wachsen sie jeoch nur selten höher als 1 m.

Das Farbspektrum der Blüten reicht von blau oder violett bis gelb und weiß. Bei einigen Arten kann sich die Blütenfarbe während des Reifeprozesses verändern, auch kann eine Pflanze sowohl weiße als auch blaue oder violette Blüten ausbilden. Diese befinden sich in endständiger Anordnung auf den Triebspitzen sitzend. Der Blütenstiel ist abhängig von der Spezies unterschiedlich lang sowie behaart oder unbehaart. Die glänzenden, rundlichen bis ovalen dunkelgrünen Fruchtkapseln, die sich bei einer Zimmerpflanzenkultur allerdings nur sehr selten entwickeln, enthalten das Saatgut, pro Frucht etwa 15 Samenkörner.

Vorkommen

 Das natürliche Verbreitungsgebiet der Brunfelsien erstreckt sich über weite Teile des tropischen Südamerikas, wobei die als geistbewegenden Ritualpflanzen genutzten Spezies primär aus Amazonien stammen. Daneben gedeihen viele Arten auf den Westindischen Inseln, etwa auf Kuba und Jamaika.

Die Art *Brunfelsia uniflora* wird in Brasilien zwecks Wurzelgewinnung großflächig auf Plantagen kultiviert. Die Wurzel ist dort eine offizinelle, also in der brasilianischen Pharmakopöe verzeichnete Arzneipflanze und kann vor Ort problemlos erworben werden.

Pflegeanleitung

Die Vermehrung von *Brunfelsia* kann durch geschnittene Stecklinge oder Saatgut gelingen.

Brunfelsia-pauciflora-*Samen*

Vermehrung durch Aussaat (generativ)

Bevor die Samenkörner in die Erde kommen – was ganzjährig möglich ist –, werden sie zur Erhöhung der Keimfähigkeit für 24 Stunden in lauwarmem Wasser vorgequollen. Danach werden die dunkelkeimenden Samen 0,5–1 cm tief in Anzuchterde gesteckt. Um das spätere Pikieren zu erleichtern, verwendet man für die Aussaat Topfplatten; die Anzucht funktioniert aber auch in Saatschalen oder kleinen Anzuchttöpfen. Die Behälter sollten an einen mindestens 20 °C warmen und luftfeuchten Ort gestellt werden. Anfangs ist ein kleines Zimmergewächshaus ideal.

Die Keimdauer beträgt bei konstanter Substratfeuchte, Helligkeit und angemessener Temperatur 2–4 Wochen. Sobald die Sämlinge einige Zentimeter gewachsen sind, werden sie pikiert und in kleine Töpfe gepflanzt. Nach weiteren 4 Wochen im Gewächshaus bekommen sie einen Standort in der Wohnung.

Anzucht durch Stecklinge (vegetativ)

Befindet sich bereits eine Brunfelsie in erfolgreicher Kultur, dann ist das Schneiden von Kopfstecklingen der günstigste, einfachste Weg der Vermehrung. Dazu wird der im Frühjahr in einer Länge von etwa 10–15 cm geschnittene Steckling, der im Idealfall schon etwas verholzt ist, in einen feuchten Anzucht- oder Quelltopf gesteckt und zum Bewurzeln ins helle, aber nicht vollsonnige Zimmergewächshaus gestellt. Alternativ kann man eine Plastiktüte über die Stecklinge stülpen; nach 4–6 Wochen sollten sie angewurzelt sein, vorausgesetzt, die Temperatur beträgt mindestens 20 °C.

Ein sicheres Indiz für eine erfolgreiche Bewurzelung ist der erste Austrieb. Sobald dieser zu sehen ist, nimmt man die Stecklinge zur klimatischen Anpassung aus dem Zimmergewächshaus bzw. befreit sie von der Plastiktüte. Alle 2 Wochen wird die Pflanze sparsam mit biologischem Flüssigdünger versorgt. Nach 3–4 Monaten kann der Steckling schließlich in einen größeren Kübel gepflanzt werden.

TIPP Wer einen buschigen Wuchs wünscht, schneidet einfach die Triebspitzen ab. So bildet die Pflanze wesentlich mehr Seitentriebe und Verzweigungen aus.

Brunfelsia-pauciflora-*Blüte*

Standort und Pflegemaßnahmen

Als Standort wird ein heller und warmer Platz gewählt, jedoch ohne direkte Mittagssonne. Ideal ist ein Standort im Halbschatten einer anderen Pflanze. Während der gesamten Wachstumszeit benötigt die Brunfelsie kontinuierliche Temperaturen von 20–25 °C; sie reagiert selbst auf kleinste Temperaturschwankungen mitunter sehr empfindlich.

Als Substrat ist handelsübliche oder selbstgemischte Blumenerde mit einem pH-Wert zwischen 5,5 und 6,5 geeignet, die ständig gleichbleibend feucht gehalten werden muss. Es ist ratsam, immer dann zu gießen, wenn die oberste Substratschicht trocken ist. Um die Entstehung von Staunässe zu verhindern, angestautes Wasser im Untersetzer umgehend abschütten, sonst droht eine Wurzelfäule! Alle 1–2 Wochen muss man die Pflanze mit Wasser gründlich einsprühen bzw. vernebeln. Gedüngt wird während der Vegetationsperiode einmal im Monat mit biologischem NPK-Dünger. Umgetopft wird, je nach Wuchsverhalten und zur Verfügung stehendem Platz, anfänglich alle 1–2 Jahre, grundsätzlich jedoch erst nach der Blüte.

Überwinterung

Die Pflanze wird grundsätzlich ganzjährig als Zimmerpflanze kultiviert. Wer aber besonders viele Blüten an seiner Brunfelsie bewundern möchte, gönnt ihr ab November eine achtwöchige Ruhephase mit einer konstanten Temperatur von 10–15 °C. Auf die Gabe von Dünger in dieser Zeit vollständig verzichten und nur sehr sparsam gießen! Meist dankt die Pflanze die Ruhephase im Folgejahr mit einer herrlichen Blütenpracht. Blütezeit ist von Januar bis August, ganze acht Monate lang.

Krankheiten und Schädlinge

Eine Wurzelfäulnis, welche die *Brunfelsia* oft absterben lässt, entwickelt sich nur dann, wenn sie anhaltender Staunässe ausgesetzt wird. Gelbe Blätter weisen auf eine zu hohe Substratfeuchte hin, können aber auch ein Indiz für einen Eisen- oder anderen Nährstoffmangel sein (Stichwort: Chlorose). Sind die Blätter blass, liegt es meist daran, dass die Pflanze zu viel direkte Sonneneinstrahlung abbekommt. Als Schädlinge kommen Blattläuse (*Aphidoidea*) und Spinnmilben (*Tetranychidae*) in Betracht; letztere befallen die Pflanze bevorzugt bei zu geringer Luftfeuchtigkeit.

Inhaltsstoffe

Brunfelsia spp. enthalten das Cumarin-Derivat Scopoletin, die Alkaloide Manacin (0,8 %) und Manecein sowie Äsculetin und andere.

Mythologie und Ritual

Für viele südamerikanische Schamanen gehören Arten der Gattung *Brunfelsia* – meist jedoch *Brunfelsia grandiflora* – zu ihren wichtigsten pflanzlichen Verbündeten. Sie konsumieren Auszüge der Pflanze für die visionäre Krankheitsdiagnostik, zur Divination oder im Rahmen von Einweihungs- und Initiationsritualen. Gelegentlich wird die Pflanze auch als mächtiges und wirkpotenzierendes Ayahuasca-Additiv verwendet. Ein milder und gering konzentrierter Wasserauszug der Blätter wird traditionell als stärkendes Tonikum geschätzt.

Medizinische Indikationen

In Brasilien ist die *Brunfelsia*-Wurzel ein Heilmittel zur Behandlung von Syphilis. Die brasilianische Volksmedizin kennt sie zudem als Antidot bei Schlangenbissen, zur Behandlung von Hauterkrankungen, Rheuma sowie als Abtreibungsmittel.

Wirkung und Psychoaktivität

Angenehme visionäre Erfahrungen wurden bisher nicht berichtet. Allerdings hat sich aus verständlichen Gründen kaum ein Psychonaut in die Tiefen des Brunfelsiarausches vorgewagt. Rätsch 2012: 115

Zum Wirkspektrum eines *Brunfelsia*-Rausches gehören Symptome wie allgemeine Betäubung, verschwommene Sicht, wirre Gedanken, extreme, geradezu narkotische Schläfrigkeit sowie gegebenenfalls ein Delirium. In sehr kleiner Dosierung und in erotischen Settings kann *Brunfelsia* durchaus aphrodisierend wirken. Dennoch sollte man kein Risiko eingehen und die Pflanze keinesfalls innerlich einnehmen. Es gibt erfahrene Psychonauten, die trotz Abwägung aller Risiken und Einhaltung von Dosis, Set und Setting bei Selbstexperimenten mit Brunfelsia fast gestorben sind (vgl. Rätsch 2012: 115).

Brunfelsia-pauciflora-Blüte

TIPP Der aus den Blüten strömende Duft begeistert, beflügelt und inspiriert den Geist, weshalb sich *Brunfelsia* wunderbar für eine aromatherapeutische Pflanzenmeditation eignet. Die Einnahme, mit der große Risiken verbunden sind, sollte geübten Schamanen vorbehalten bleiben. Es ist viel sicherer, den Pflanzengeist auf olfaktorischem Weg zu erfahren.

Zubereitungsformen

Traditionell wird für medizinische und rituelle Zwecke primär die Wurzel verwendet; vereinzelt kommen auch Zubereitungen aus Blättern oder der Rinde zum Einsatz. Verbreitete Darreichungsformen sind Abkochungen, alkoholische Auszüge, Teezubereitungen oder Rauchware. Für letztere wird üblicherweise die Rinde verwendet, meist im Gemisch mit Tabak oder anderen Rauchkräutern. Die duftenden Blüten eignen sich hervorragend als Räucherwerk, etwa als Zutat für harmonisierende Reinigungs-, kopföffnende Meditations- oder aphrodisierende Liebesmischungen.

Coffea arabica

Gastbeitrag von Markus Berger

Coffea arabica LINNÉ   Kaffee

Gattung .... *Coffea* LINNÉ
Familie .... Rubiaceae JUSS. (Rötegewächse)

O Kaffee, du zerstreust die Sorgen, du bist das Getränk der Gottesfreude, du gibst Gesundheit denen, die arbeiten, um Weisheit zu erwerben. Nur der vernünftige Mensch, der Kaffee trinkt, kennt die Wahrheit. Der Kaffee ist unser Gold: da, wo man ihn darbietet, genießt man die Gesellschaft der besten Menschen. Möchte Gott, daß dem hartnäckigen Verleumder dieses Getränks es nimmer zugänglich werde.
SCHEIKH ABD-ALKADER; NACH: LEWIN 2000: 335f.

Kaffebohnen auf gemahlenem Kaffee

Kaffee ist weltweit das beliebteste Getränk noch vor Bier und Cola. Er ist ein in den weltweiten Gesellschaften eingebettetes, akzeptiertes, gewinnbringendes psychoaktives Getränk. Kaffee hat Geschichte, und Kaffee ist modern. Kaffee ist eine tief verwurzelte Zauberpflanze. Leider ist Kaffee aber auch ein Symbol für Ausbeutung und menschenverachtendes Elend geworden. Kaffee ist eine Modedroge und ein Synonym für andere Drogen: Coffein (engl. *Caffeine*) oder *Coffee* sind Straßenbezeichnungen für Kokain (Koffeinpulver wird gern zum Strecken von Kokainpulver verwendet).

Trivialnamen
Arabian coffee, Arabica-Kaffee, Arabischer Kaffee, Bergkaffee, Bunna (äthiop.), Café, Coffee tree, Common coffee, Kaffeebaum, Kaffeepflanze, Kaffeestrauch, Kahwa, Koffie, Qahwe und viele andere

Weitere ethnobotanisch relevante *Coffea*-Arten
Coffea canephora PIERRE EX FROEHNER (Syn. *Coffea robusta* LINDEN, Kongokaffee) • *Coffea liberica* BULL ex HIERN. (Syn. *Coffea excelsa* CHEV.; *Coffea dewevrei* DE WILD. & DUR., Liberiakaffee). Es sind etwa 90 *Coffea*-Arten bekannt.

Botanik
Coffea arabica ist ein 2–4 m hohes, strauchartiges Gewächs mit glänzenden, immergrünen, elliptisch bis lanzettlichen und zugespitzten Blättern, die bis zu 20 cm lang und bis zu 6 cm breit werden können. In den Blattachseln bilden sich die sternförmigen und weißen Blüten, die bis zu 5 mm lang werden und jasminähnliche Düfte produzieren. Die Frucht ist anfangs grün und wird bei zunehmender Reife rot. »Innerhalb des Fleisches liegen die beiden dünnschaligen, pergamentartig behäuteten Steine. An den zueinander gekehrten Seiten sind diese platt und mit einer Längsfurche versehen, an der entgegengesetzten gewölbt, grün bis hellbraun, von der Samenschale, dem Silberhäutchen, umgeben (Kaffeebohnen). Im Innern des Samens befindet sich das hornartige, eingerollte Endosperm mit einem kleinen Keim.« (KAISER 1955: 643)

Vorkommen
 Die Heimat des *Coffea-arabica*-Strauchs ist Afrika (Äthiopien), wo er bis heute auch wild wächst. Heute wird die Pflanze in vielen tropischen Gebieten angebaut, außer in Afrika auch in Mexiko und Südamerika. Kein Wunder, ist sie bei ihrer weltweiten Beliebtheit ein einträgliches Gewächs. Weitere Wildpflanzenvorkommen finden sich im Sudan.

Pflegeanleitung

Die Kaffee-Vermehrung geschieht mehrheitlich durch Aussaat, seltener durch das Schneiden von Stecklingen.

Vermehrung durch Aussaat (generativ)

Im Gartenhandel gibt es Samen des Kaffeestrauchs *Coffea arabica* var. *nana*. Die Pflanze ist mehrjährig und kann bei warmem Klima innerhalb von drei Jahren nutzbare Kaffeebohnen hervorbringen. Kaffeebohnen sind in Wahrheit gar keine Bohnen, sondern die Samen des Kaffeestrauchs. In jeder der kirschähnlichen *Coffea*-Früchte befinden sich zwei solche Samen, die auch zur Anzucht verwendet werden.

Kaffeesamen können ganzjährig gesät werden, idealerweise jedoch zwischen November und Januar. Die Samen werden angeritzt und 24 Stunden vorgequollen. Anschließend aussäen, die Körner etwas andrücken und nicht oder nur sehr sparsam mit Erde bedecken. Das Saatgefäß nun mit Papier oder Seidentuch abdunkeln und immer feucht halten. Die am besten geeignete Temperatur für die Aussaat beträgt 25–30 °C. Nach etwa 2–3 Wochen zeigen sich die ersten Keimlinge. Diese sollten nach und nach pikiert und nach etwa 7–8 Wochen in separate Töpfe gesetzt werden. Regelmäßiges Düngen tut den Pflänzchen sichtlich gut. *Coffea* sollte entweder im Gewächshaus oder als Kübelpflanze halbschattig oder schattig gepflegt werden. Ab dem vierten Jahr kann man mit Fruchtertrag rechnen. Dann leuchtet der Kaffeestrauch in roten Farben und kann endlich geerntet werden. Die noch hellen Samen kann man auf der Pfanne vorsichtig rösten, mahlen und danach aufgießen.

Vermehrung durch Stecklinge (vegetativ)

Ein *Coffea*-Steckling sollte 2–3 frische Blätter am oberen Ende aufweisen, die anderen werden abgezupft. Der Steckling sollte so geschnitten werden, dass er unten höchstens eine leicht verholzte Stelle hat. Am besten schneidet man ein Stück, das gerade und aufrecht wächst, sonst wird die neue Kaffeepflanze schief wachsen. Der Stecklimg wird ohne weitere Behandlung etwa 10 cm tief in frische Erde gesetzt und sollte innerhalb von 2 Wochen neue Wurzeln ausgebildet haben. Kaffee-Klone sollten an einem warmen, schattigen Ort mit hoher Luftfeuchtigkeit untergebracht sein.

Standort und Pflegemaßnahmen

Coffea arabica verlangt einen halbschattigen bis schattigen Standort; im Haus gedeiht sie am besten an einem Ost- oder Westfenster. Temperaturen von 20–26 °C sind ideal. Leichter Schatten wird gut vertragen. Im Sommer kann der *Coffea*-Kübel ins Freie an einen halbschattigen Standort gestellt werden; hin und wieder freut sich die Pflanze über einen Sprühnebel Wasser.

Coffea arabica benötigt einen durchlässigen, sauren und humosen Boden. Sie soll stets gleichmäßig feucht, jedoch nicht zu nass gehalten werden. Das Wasser sollte nicht kalkhaltig sein, am besten ist Regenwasser. Vom Beginn der Vegetationsphase an bis Anfang September kann man alle zwei Wochen mit einem biologischen Dünger für Nährstoffnachschub sorgen.

Überwinterung

Im Winter sollte der Kaffee keiner hohen Luftfeuchtigkeit ausgesetzt sein. Ein Standort auf der Fensterbank ist ungeeignet. Ideal ist die Überwinterung im Gewächshaus. Auch im Winter darf man *Coffea* ab und zu besprühen, während die Wassergaben reduziert werden.

Krankheiten und Schädlinge

Potenzielle Schädlinge sind Schildläuse (*Coccoidea*).

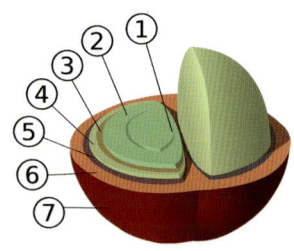

Aufbau einer *Coffea*-Frucht
1 Schnitt
2 Bohne
3 Silberhäutchen
4 Pergamenthaut
5 Pektinschicht
6 Fruchtfleisch
7 äußere Haut

Coffea-arabica-*Blüte*

Coffea arabica

Das Rösten der Bohnen ist ein Teil des äthiopischen Kaffeerituals.

Mythologie und Ritual

Das Wort Kaffee stammt vermutlich vom arabischen Terminus *gahwa* oder *khamr* (= berauschend; arab. für Wein) ab (RÄTSCH 2012: 534).

Der Ethnologe und Wörterbuchautor JANZING bietet folgende Erläuterungen zum Wort Kaffee an: „*Arabisch (...)* [qáhwa] *heißt ‚Kaffee' (vgl. althebrä.* [qahawá]*). Das Wort gelangte über türkisch* kahve *in die europäischen Sprachen: italienisch* caffé*, niederländisch* koffie*. Das italienische Wort breitete sich gemeinsam mit dem Kaffee weit aus. Das niederländische Wort ist Englisch und Russisch entlehnt*" (JANZING 2004: 12).

In einem Artikel der Zeitschrift *Essen und Trinken* wird der Ursprung des Wortes Kaffee von der äthiopischen Provinz Kaffa abgeleitet (KLINGHOLZ 2003). Aus Kaffa kommt ein urtümlicher, wilder Kaffee (siehe unten).

JANZING liefert auch gleich die angenommene Etymologie der Bezeichnung Kaffeebohne: „*Für Kaffeebohne gibt es die Erklärung, dass es auf arabisch (...)* [bunn] *‚Kaffee(bohne)' zurückgehe und volksetymologisch an Bohne angelehnt sei. Sollte dies zutreffen, so müssen die anderen germanischen Wörter (vgl. schwed.* kaffeböna*) entweder auf der selben Volksetymologie beruhen oder das Wort nach deutschem Vorbild als Lehnübersetzung gebildet haben. Auch das russische Wort muss dann eine Lehnübersetzung germanischen Ursprungs sein (...)*" (JANZING 2004: 12).

Der genaue Ursprung des Kaffeekonsums liegt im Dunkeln. In Afrika, genauer in Äthiopien (Abessinien), wurde zu Beginn der aufkeimenden Kaffeekultur nicht etwa aufgegossenen Getränken gefrönt; vielmehr wurden die Kaffeesamen, die kirschähnlichen Früchte des Kaffeestrauchs, gekaut. Vorbild für diese Angewohnheit waren wie bei vielen psychoaktiven Pflanzendrogen vermutlich die Tiere.

Die Kaffeebohnen bzw. -samen wurden von einigen äthiopischen Nomaden zerstoßen, mit Fetten verknetet und gegessen. Diese wahrscheinlich ersten »Pep-Pills« der Weltgeschichte dienten als wirkungsvolles Aufputschmittel, vor allem bei längeren Wanderungen und beim nächtlichen Hüten des

Inhaltsstoffe

Im Kaffee befinden sich folgende chemischen Komponenten und Verbindungen: Koffein (1,3,7-Trimethylxanthin), Kaffeesäure, Cholin, Trigonellin, Theobromin, Theophyllin, Paraxanthin, Theacrin, Liberin, Methylliberin, Chlorogensäuren (z.B. 5-Caffeoylchinsäure), Gerbstoffe sowie Diterpenalkohole (Cafestol, Sitosterin, Stigmasterin, Dihydrositosterin, Coffeasterin) im Kaffeeöl und Fettsäurederivate des 5-Hydroxytryptamin im Kaffeewachs.

Nach dem Rösten (und bedingt durch den Röstvorgang) enthalten Kaffeebohnen außerdem Nikotinsäure, Alpha-Furfurylmercaptan, Kahweofuran, 5-Hydroxyindole, Alkane, Trigonellin und Pigmente (HUNNIUS 1998: 351f.; RÄTSCH 2012: 176).

Medizinische Indikationen
In der deutschen Literatur wurde der Kaffee erstmals 1574 vom Mediziner Leonhard Rauwolf aus Augsburg erwähnt. Koffein wurde und wird von der modernen- und von der Volksmedizin unter anderem bei Asthma, Fieber, Harnleiden, Herzschwäche, nervösen Herzleiden, Heuschnupfen, Schwäche- und Erschöpfungszuständen, Hysterie, Zahn- und Kopfschmerzen, Neuralgien und als fragwürdiges Antidot (Gegengift) bei Alkohol-, Nikotin-, Morphin- und THC-Vergiftung verwendet.

Außerdem kommt es als Weckmittel und Analeptikum sowie bei Kollapszuständen, Herzversagen, Infektionskrankheiten und drohender Atemlähmung zum Einsatz. Medizinisch wird Koffein sowohl oral als auch in injizierter Form appliziert.

Türkisches Kaffeeritual

Viehs. »*Lange bevor der erste Kaffee gebrüht wurde, kaute man in Afrika die roten Beeren des Kaffeestrauchs als stimulierendes Anregungsmittel (etwa im 6. Jahrhundert).*« (RÄTSCH & MÜLLER-EBELING 2003: 377)

Um etwa 1000 nach Christus wurde in Äthiopien aus grünen Kaffeesamen eine Abkochung namens *qahwa* (wahrscheinlich nach der äthiopischen Provinz Kaffa) bereitet, der vermutlich erste Kaffeetrunk. Über die Literatur ist der früheste Kaffeekonsum im 12. Jahrhundert im Jemen nachzuweisen.

Erst im 14. Jahrhundert wurde der afrikanische Kaffee aus gerösteten Samen bekannt. Der Überlieferung zufolge brachten arabische Sklavenhändler den Kaffee dann über den jemenitischen Hafen Mocha nach Arabien. Von da soll das Getränk nach Europa gelangt sein. In der arabischen Stadt Julfar (ungefähr 1000 Kilometer nördlich von Jemen) begann man allerdings laut wissenschaftlichen Erkenntnissen fast zur gleichen Zeit wie in Afrika damit, Kaffee zu rösten und zu trinken.

»*Der Kaffee wurde von den afrikanischen Sufis, Angehörigen mystischer Geheimgesellschaften im Islam, sehr geschätzt, denn er ermöglichte ihnen, nächtelang ihren mystischen Ritualen zu frönen, ohne einzuschlafen, und leichter die religiöse Ekstase zu erreichen. Die Sufis und wandernden Derwische haben stark zur Verbreitung und Popularisierung beigetragen.*« (RÄTSCH 2012: 173)

Ab dem 16. Jahrhundert war der Kaffee dann sowohl in den entlegensten Winkeln Afrikas als auch in Europa populär geworden. »*In Europa wurde der Kaffee begeistert aufgenommen, als Allheilmittel gepriesen und als Aphrodisiakum benutzt (...). Botanisch vollständig wurde die Pflanze erst in der Mitte des 19. Jahrhunderts beschrieben (...). Kaffee ist heutzutage vermutlich das weltweit meistgetrunkene stimulierende Getränk (...). Damit gehört der Kaffeestrauch zu den kulturell wichtigsten psychoaktiven Pflanzen überhaupt.*« (RÄTSCH 2012: 173).

Wirkung und Psychoaktivität

Das Gemütsleben des Menschen wird durch mäßige Koffeinmengen günstig beeinflußt. Unter der Einwirkung des Koffeins ärgert sich der Mensch über unerfreuliche Dinge weniger; er glaubt auch, der vor ihm liegenden Schwierigkeiten leichter Herr zu werden. Römpp 1939: 119

Koffein hemmt das Enzym Phosphodiesterase und stimuliert auf diese Weise das zentrale Nervensystem (ZNS). Der Konsument hat eine gesteigerte Pulsfrequenz, schwitzt, wird unter Umständen etwas unruhig und hat einen erhöhten Harndrang. Ursache für den aufmunternden und sinnesschärfenden Effekt des Koffeins ist die Gefäßerweiterung im Hirn. »Das Wichtigste ist natürlich die psychische Wirkung. Sie reicht von der milden Anregung, die die ‚Gedanken schärft‘ bis hin zur Aufputschung, bei der das Denken fahrig und zusammenhanglos wird, ähnlich wie bei einem Amphetamin.« (Schmidbauer & Vom Scheidt 1994: 150)

Typische Symptome eines schweren Koffeinrausches sind extremes Schwitzen, Schwindelgefühle, Übelkeit und Erbrechen, Blassheit und eine mitunter heftige Verwirrung. Eine normale Dosierung liegt bei circa 100 mg, eine Überdosierung kann (je nach Gewöhnungsgrad) ab 300 mg vorliegen. Die letale (also tödliche) Dosis beim Erwachsenen beträgt etwa um die 10 g.

Eine Koffein-Überdosierung ruft einen schweren Rausch hervor, ist außerordentlich unangenehm und geht meist einher mit Brechreiz, Durchfall, Erregungs- und Verwirrungszuständen, Herzrasen, Kopfschmerzen, Ohrensausen, Schlaflosigkeit, Schwindel, Unruhe, übermäßigem Harndrang – im schlimmsten Fall sogar mit deliranten Symptomen, Krämpfen und Muskelsteifheit. Koffein ist ein kurzwirksamer Wirkstoff. Daher ist kein Antidot nötig. Im Bedarfsfall kann Diazepam verabreicht werden.

Zubereitungs- und Konsumformen

Nach einer Wuchszeit von drei bis vier Jahren bildet der *Coffea*-Strauch bzw. die Pflanze erstmals Früchte aus. Diese können geerntet werden, wenn sie dunkelrot und damit reif sind. Die Kaffeesamen werden aus dem Fruchtfleisch geholt, das Silberhäutchen um die Kerne wird entfernt und schließlich werden die Samen, die sogenannten Bohnen, in der Pfanne oder im Topf geröstet; manche rösten sie auch bei 250 °C im Backofen. Anschließend werden sie gemahlen und können zum Kaffee aufgebrüht werden.

Getrocknete *Coffea*-Blätter und auch die Samen können außerdem geräuchert werden und verströmen eine gute Energie.

⚠ Koffein darf nicht zusammen mit MAO-Inhibitoren eingenommen werden!

Psychotria viridis

Psychotria viridis Ruiz et Pavón
Chacruna

Gattung .... *Psychotria* Linné (Brechsträucher)
Familie .... Rubiaceae Jussieu (Rötegewächse)

DMT ist der direkte Weg zum Brunnen des Lebens, dem alles entspringt, der direkte Weg zur Schöpferkraft. DMT ist die Muttergöttin der Psychedelika.
Berger 2015: 8

Chacruna ist der traditionell am häufigsten genutzte DMT-Lieferant für die Herstellung des entheogenen Schamanengebräus Ayahuasca; es handelt sich bei dieser Pflanze zweifelsohne um eine der elementaren Ritualpflanzen des amazonischen Schamanismus. Andere den Brechsträuchern zugeordnete Spezies sind als bewusstseinsverändernde Ritualpflanzen zwar weniger relevant als Chacruna, vereinzelt werden sie aber ebenfalls als Heil- und Ritualpflanzen verwendet, auch als Ayahuasca-Additiv, so zum Beispiel die Spezies *Psychotria poeppigiana*.

Die Anzucht von *Psychotria* – ob es sich nun um *P. viridis* oder einen Artverwandten handelt – gelingt in Europa nur durch eine Zimmer-, Gewächshaus- oder Growschrank-Kultur.

Psychotria-viridis-*Blüten*

Trivialnamen
Wilder Kaffee, *Cahua* (Shipibo-Conibo), Chacruna, Sami ruca und viele andere

Weitere ethnobotanisch relevante Psychotria-Arten
Psychotria brachypoda (Muell. Arg.) Britton • *Psychotria carthaginensis* Jaquin • *Psychotria colorata* (Willd. ex R. & S.) • *Psychotria poeppigiana* Muell. Arg. • *Psychotria psychotriafolia* (Seem.) Standley (möglicherweise ein Synonym für *P. viridis*).
Insgesamt umfasst die Gattung über 1200 beschriebene Arten.

Vorkommen
 Das Herkunftsgebiet des Chacruna-Strauchs liegt im tropischen Amazonasdschungel. Kultiviert wird die Pflanze heutzutage jedoch in ganz Südamerika, ebenso in Kalifornien und auf Hawaii.

Botanik

Der immergrüne Strauch, der in Kultur meist auf einer Höhe von 2 m gehalten wird (jedoch in Zimmerkultur solche Größen erst gar nicht erreicht), hat ein langes und spitz zulaufendes, lederartiges Blattwerk von hell- bis dunkelgrüner Farbe. Die Oberseite der Blätter ist glänzend. Die Blüten sind grünlich-weiß und befinden sich an langen Stielen. Aus ihnen bilden sich die roten Beerenfrüchte. Chacruna ähnelt ein wenig der Kaffeepflanze, bei der es sich ebenfalls um ein Rötegewächs handelt.

Pflegeanleitung

Die Vermehrung der Chacruna erfolgt in den meisten Fällen durch Stecklinge, also auf vegetativem Wege. Die Anzucht durch Saatgut gestaltet sich sehr viel schwieriger.

Vermehrung durch Stecklinge (vegetativ)

Für eine erfolgreiche Stecklingsvermehrung braucht man nur einen kleinen Zweig mit zwei Blättern. Nach dem Schnitt wird er in einen feuchten Quell- oder Anzuchttopf gesetzt und in ein Zimmergewächshaus gestellt oder alternativ mit einer Plastiktüte überstülpt.

Bei konstanter Substratfeuchte, ausreichend hoher Luftfeuchtigkeit (täglich vernebeln, Staunässe vermeiden!), Wärme und viel Helligkeit sollten die Stecklinge bereits nach 2–3 Wochen angewurzelt sein. Danach können sie in größere, durchlässige Kübel gepflanzt werden. Eine Bewurzelung in einem Glas Wasser unter Beigabe von Wurzelhormonen ist zwar möglich, aber nicht erforderlich. *Psychotria* bildet auch ohne Bewurzelungspräparate zuverlässig und rasch ein kräftiges Wurzelwerk aus.

Vermehrung durch Aussaat (generativ)

Eine generative Vermehrung ist deutlich schwieriger und zeitaufwendiger. Von 100 Samen keimen oft nur ein paar wenige, und am Ende wachsen vielleicht nur ein oder zwei zu einer ordentlichen Pflanze heran. Mit dem nötigen Basiswissen und viel Geduld kann eine Vermehrung durch Saatgut aber durchaus gelingen.

Die Samenkörner werden für 24 Stunden zum Quellen in lauwarmes Wasser eingeweicht und kommen dann etwa 1 cm tief in das Anzuchtsubstrat. Als Aussaatbehältnisse eignen sich Saatschalen, Topfplatten und kleine Anzuchttöpfe, als Substrat gekaufte oder selbst gemischte Anzuchterde. Nach der Aussaat stellt man die Behältnisse in ein Zimmergewächshaus, in dem tropisches Klima herrscht, das heißt, die Luft und das Substrat müssen konstant feucht gehalten werden. Am besten nur von unten gießen und alle 1–2 Tage das Gewächshaus von innen vernebeln!

Die Temperatur sollte 20–25 °C betragen, und es sollte hell sein. Sind diese Voraussetzungen erfüllt, können es die Samen zur Keimung schaffen. Das kann 2 Monate und länger dauern. Nach der Keimung lässt man die Sämlinge einige Wochen in Ruhe, pikiert sie dann vorsichtig – etwa mit Hilfe eines Teelöffels – und pflanzt sie in kleine Kübel. Bei Bedarf muss die *Chacruna* umgetopft werden.

Junge Psychotria-viridis-*Pflanze*

Standort und Pflegemaßnahmen

Psychotria viridis benötigt viel Wärme (20 °C), einen schattigen bis halbschattigen Standort und eine hohe Luftfeuchtigkeit – man bedenke, dass die Pflanze normalerweise im Dschungel als Bodendecker gedeiht. Bei einer Kultur im Grow-Schrank gedeiht die Pflanze darin ausschließlich unter Kunstlicht. Als Substrat eignet sich selbst gemischte oder handelsübliche Pflanzenerde, die am besten mit etwas Sand gestreckt wird, um die Durchlässigkeit zu verbessern und den Mineraliengehalt zu erhöhen.

Die Wasserzufuhr sollte von unten erfolgen; die Pflanze nimmt sich dann exakt so viel, wie sie benötigt. Überschüssiges Wasser im Untersetzer umgehend abschütten!. Alle 1–2 Tage, bei Bedarf sogar mehrmals täglich, muss mit einem Pflanzenbesprüher die Pflanze samt der Umgebungsluft gründlich vernebelt werden, um die für ein gesundes Wuchsverhalten benötigte Luftfeuchtigkeit zu gewährleisten. Während der Vegetationsperiode sollte man alle 2–4 Wochen düngen, abhängig davon, wie nährstoffreich das Substrat ist.

TIPP Werden die oberen Triebspitzen einmal im Jahr zurückgeschnitten, bildet die Pflanze mehr Seitentriebe aus und wächst buschiger.

Psychotria viridis

Psychotria-poeppigiana-*Blüte*

Überwinterung
Während der Wintermonate liebt es die Pflanze nach wie vor warm (15 °C), hell und luftfeucht. Auch in dieser Zeit sollte sie regelmäßig mit Wasser eingesprüht werden. Trockene Heizungsluft mag die Pflanze überhaupt nicht, weshalb sie zur Überwinterung an einem Ort untergebracht wird, wo nicht so viel geheizt wird.

Krankheiten und Schädlinge
Schädlinge sind für gewöhnlich kein Problem. Es kommt aber häufiger vor, dass sich die fleischig-ledrigen Blätter bräunlich verfärben, austrocknen, zu welken beginnen und schließlich abfallen. Dann ist die Luftfeuchtigkeit zu niedrig und muss erhöht werden.

Mythologie und Ritual

Chacruna ist eine der zentralen Zutaten des traditionellen Ayahuasca und findet primär im Kontext schamanischer Heilungszeremonien Verwendung. Dieser Dekokt gehört zweifelsohne neben den *Icaros* (Heilgesängen), den Mapachos und dem Räucherwerk zu den wichtigsten Werkzeugen amazonischer Schamanen, das es ihnen erleichtert, in die wahre Wirklichkeit (»blaue Zone«) zu reisen. Es ist nicht ungewöhnlich, dass sich der Schamane auf die Ayahuasca-Sitzung durch ganz bestimmte Diätvorschriften, Perioden sexueller Enthaltsamkeit und/oder den Gebrauch von Brech- und Abführmitteln vorbereitet. Eine Ayahuasca-Zeremonie verläuft keineswegs immer gleich; sie ist abhängig von der kulturell bedingten, dem Ritual zugrunde liegenden Mythologie sowie von zahlreichen sonstigen Einflüssen. Meist geben jedoch die *Icaros*, von denen eine nicht zu unterschätzende Wirkung ausgeht, dem Ritual Struktur und teilen es grob in vier oder fünf Phasen. Das Kernritual dauert etwa vier Stunden, so lange, wie die psychoaktive Wirkung der Ayahuasca anhält. Es ist nicht unüblich, sich für die Vorbereitung, die Durchführung und die Nachbearbeitung insgesamt zwei Tage oder ein ganzes Wochenende lang Zeit zu nehmen.

Obwohl die Verwendung der Chacruna als DMT lieferndes Ayahuasca-Additiv vermutlich Jahrtausende zurückreicht, wurde der traditionell-rituelle Gebrauch erstmals in den 1960er Jahren beim Stammesvolk der kolumbianischen Cofán-Indianer beobachtet.

Inhaltsstoffe
Die Blätter enthalten N,N-DMT in einer Konzentration von durchschnittlich 0,1–0,6 %. Die DMT-Konzentration ist in den frühen Morgenstunden angeblich am höchsten. Daneben wurden Spuren von N-Methyltryptamin (NMT) und 2-Methyltetrahydro-β-carbolin (MTHC) identifiziert.

»Medizin, berausche mich gut! Hilf mir, indem du mir deine schönen Welten öffnest! Auch du bist von dem Gott erschaffen, der die Menschen erschaffen hat: Deine Medizin-Welten öffne du mir ganz. Ich will die kranken Körper heilen: Dieses kranke Kind und diese kranke Frau will ich heilen, indem ich alles gut mache.«
SHIPIBO-GESANG

Ayahuasca-Stillleben

Grober Ablauf traditioneller Ayahuasca-Zeremonien

Vorbereitung	• Bestimmung von Ort und Zeitpunkt des Rituals
	• Rituelles Kochen der Ayahuasca
Phase 1	• Ansprache und Erklärungen des Schamanen
	• Singen des ersten Icaro
	• Gebet des Schamanen an die Meister-Pflanzen
	• Weihe der Ayahuasca mit Tabakrauch und Worten
	• Verteilen der Ayahuasca, meist in kleinen Bechern
	• Trinken der Ayahuasca
	• Der Schamane bebläst die Patienten/Teilnehmer gründlich mit Tabakrauch
Phase 2	• Singen des zweiten Icaro
	• Eintritt in die visionäre Welt
	• Der Schamane stellt die Diagnose mit »Röntgenblick«
Phase 3	• Singen des dritten Icaro (»Kotzlied«)
	• Erbrechen wird ausgelöst
	• Einzelbehandlungen mit speziellen, auf den Patienten abgestimmten Heilgesängen
	• Extraktion der Krankheitsursache
Phase 4	• Singen des vierten Icaro
	• eventuell aromatherapeutische Behandlungen
	• Entspannung
	• Rückkehr in die gewohnte Wirklichkeit
	• Ende des Kernrituals
Nachbearbeitung	• Gemeinsame Reflexion des Erlebten
	• Austausch über die Visionen
	• Künstlerisch-kreative Verarbeitung der Visionen
	• Integration

Exkurs: Die schamanischen Ayahuasca-Gesänge (*Icaros*)

»*Die Icaros wirken so ähnlich wie die Mantras der nepalischen Schamanen: durch eine bestimmte Schwingung wirken sie auf den Energiefluss des Patienten und beeinflussen und verändern die organischen Funktionen. Ich vermute, es gibt für jedes Energiezentrum, jeden Energiefluss in unserem Körper einen ganz bestimmten Icaro mit einer nur für diesen Energiefluss zutreffenden Schwingung. Vielleicht ist der Icaro so etwas wie der Träger für eine Information, die heilend wirkt.*«
NAUWALD 2002: 161

Die obertonreichen Ayahuasca-Gesänge haben, abhängig davon, wie sie gesungen werden, ganz bestimmte Wirkeigenschaften. Es sind magische und heilende Zaubergesänge, die gemäß ihrer ausgesendeten Schwingung und Information eine Person entweder beruhigen, sie in einen Zustand tiefer, visionärer Trance führen oder gar zum Erbrechen bringen können. Im visionären Zustand sieht der Schamane am Körper des Patienten die typischen Ayahuasca-Muster. Sind diese als Muster sichtbaren energetischen Notationen nicht vollständig intakt oder unstimmig, bebläst er die betroffenen Körperstellen mit Tabakrauch und besingt sie so lange mit seinen kraftvollen Liedern, bis die Muster ihre ursprünglich harmonische Gestalt angenommen haben. Auf diese Weise wird Gesang Medizin.

Wirkung und Psychoaktivität

Für viele scheint Ayahuasca – eine verlangsamte, niedrig-auflösende Schnittstelle des DMT-Flashs – gewichtige Botschaften aus der natürlichen Welt zu übermitteln, von der Natur als empfindungsfähiger Energie und Geistsubstanz, von der Notwendigkeit, den Planeten zu schützen, der uns gegeben wurde. (PINCHBECK 2003: 351)

Medizinische Indikationen
In der traditionellen Volksmedizin südamerikanischer Ethnien ist Chacruna zwar als Heilmittel bekannt, allerdings als solches bislang kaum erforscht. Die peruanische Volksgruppe der Machiguenga benutzt den frischen, aus den Chacruna-Blättern gepressten Saft als Augentropfen zur Behandlung von Migräne. Deutlich besser erforscht als der alleinige Gebrauch der Chacruna ist die zu Heilzwecken vorgesehene und grundsätzlich zeremoniell eingebettete Einnahme der Ayahuasca.

Das psychoaktive Hauptprinzip von Chacruna beruht auf N,N-DMT, welches oral eingenommen allerdings keine Wirksamkeit zeigt, weshalb der Ayahuasca ein sogenannter reversibler MAO-Hemmer zugegeben wird, traditionell in Form der Harmalin-haltigen Liane *Banisteriopsis caapi*. Wird auf diese verzichtet, baut die körpereigene Monoaminooxidase (MAO) das DMT wieder ab, noch bevor es zu wirken beginnen kann. Dieses pharmakologische Prinzip ist inzwischen durch eine Vielzahl von Forschungsarbeiten, beispielsweise durch die des Ethnopharmakologen Jonathan Ott, sehr gut erforscht und mannigfach bestätigt worden.

Nicht selten wird Ayahuasca als ein Entheogen par excellence bezeichnet: Es ist wie eine Mutter, die den Trinker in jene andersweltlichen Gefilde der »göttlichen Matrix« führt, wo er möglicherweise den Ursprung allen Seins genauso erkennt wie seine eigene Göttlichkeit, die Beseelt- und Verbundenheit aller Natur, die typischen netz- und schlangenartigen DMT-Muster oder den Ursprung seiner Erkrankung. Manchmal hat er Kontakt zu Tier- oder Pflanzengeistern, seinen verstorbenen Ahnen oder zu seinen Schutzgeistern. Vielleicht erlebt er aber auch seinen eigenen Tod und wird wiedergeboren oder er

Ausschnitt aus einem Ayahuasca-Muster der Shipibo

besucht astrale Orte in höheren Dimensionen, taucht in fraktale Welten ein, oder er hat Visionen von Ereignissen aus weit zurückliegender Vergangenheit oder ferner Zukunft. Vieles ist mit Ayahuasca möglich, und es verwundert in Anbetracht der Wirkung überhaupt nicht, dass das Gebräu seit jeher schamanisch-rituell genutzt wird. Meistens bekommt der Trinker vom Geist der großen Mutter jedoch nicht das, was er gerne möchte oder will, sondern genau das, was seine Seele benötigt, um wieder in einen Zustand der Ganz- bzw. Gesundheit zu finden.

Auf der körperlichen Ebene wirkt Ayahuasca stark reinigend. Dieser Effekt setzt schnell ein, noch bevor die psychedelische Wirkung verspürt wird, und äußert sich häufig, abhängig von der Dosierung und chemischen Zusammensetzung des Gebräus, in starken Brech- und Durchfallattacken. Auch Schweißausbrüche, Schwindel oder ein erhöhter Pulsschlag sind mögliche Begleiterscheinungen. Sobald die psychedelische Wirkung beginnt, treten diese Effekte allerdings in den Hintergrund und spielen keine besondere Rolle mehr.

Es gibt eine Vielzahl von Bioassays und Erfahrungsberichten, welche die Wirkung von Ayahuasca auf beeindruckende Weise beschreiben. Dennoch können sie alle nur einen Bruchteil dessen beschreiben, was mit Ayahuasca bzw. DMT tatsächlich erlebt und erfahren wird. Es ist schwer, eine Ayahuasca- oder DMT-Erfahrung in passende, für den Unerfahrenen verständliche und nachvollziehbare Worte zu kleiden. Um zumindest einen kleinen Eindruck davon zu geben, wie die Wirkung der Ayahuasca erfahren werden kann, folgt hier exemplarisch ein Auszug aus einem Erfahrungsbericht:

»*Nach etwa zehn Minuten bemerkte ich, wie sich meine Wahrnehmung veränderte und sich mein Körper anders anfühlte, irgendwie bewusster, deutlicher. Als ich in das Gras vor mir blickte, kristallisierten die Halme und bildeten schließlich einen in allen Farben funkelnden Kristallpalast mit einer futuristischen Architektur. Da hob ich auch schon ab. Ich flog über den Palast hinweg, durch das Weltall, weit hinaus durch die Milchstraße, auf einen fernen und fremden Planeten zu. Dort gab es fantastische pflanzenartige Wesen, eigentümlich architektonische Strukturen, die in allen Regenbogenfarben schillerten.*« (RÄTSCH 2009: 115)

Zubereitungsformen

Ayahuasca-Zubereitung

Ayahuasca

Es existieren viele traditionelle Ayahuasca-Rezepturen. Ihr psychoaktives Wirkprinzip, nämlich DMT plus MAO-Hemmer, ist jedoch bei allen Rezepten das gleiche, egal, welche Pflanzen das Ausgangsmaterial bilden (abgesehen von Ayahuasca-Rezepturen, die ganz ohne *Psychotria* und DMT auskommen, von denen es eine ganze Reihe gibt). Denn außer *Psychotria viridis* gibt es viele weitere pflanzliche DMT-Quellen, die als Ayahuasca-Zusatz eingesetzt werden (können). Zum Beispiel das Pfahlrohr (*Arundo donax*), der Talgmuskatnussbaum (*Virola sebifera* bzw. *Myristica sebifera*), *Diplopterys cabrerana* und *Psychotria poeppigiana*. Weiter können dem Gebräu eine denkbare Vielzahl weiterer psychoaktiver Pflanzen zugesetzt werden etwa um die Übelkeit zu minimieren oder um die visionäre Wirkung zu verstärken, so zum Beispiel *Brugmansia* spp., *Brunfelsia grandiflora*, *Capsicum* spp., *Cyperus* spp., *Datura* spp., *Ilex guayusa*, *Malouetia tamaquarina*, *Markea* spp., *Maytenus laevis*, *Nicotiana rustica*, *Ocimum micranthum*, *Prestonia amazonica*, *Thevetia* spp., *Tynanthus panurensis* und viele andere mehr.

⚠ Ayahuasca darf niemals in Kombination mit einem Antidepressivum vom Typ der Selektiven Serotonin-Wiederaufnahmehemmer (SSRI) eingenommen werden. Die Wechselwirkungen können zu lebensbedrohlichen Zuständen führen.

Rezeptbeispiel aus Ecuador: »Die Rinde wird von der *Banisteriopsis-caapi*-Liane abgeschabt und unter einem bestimmten Baum im Wald deponiert. Die angeschabten Stengel werden in 4–6 Streifen gespalten und zusammen mit frischen oder getrockneten Blättern von *Psychotria viridis* eingekocht. Es werden pro Person ein ca. 180 Zentimeter langes Lianenstück und 40 *Psychotria*-Blätter gerechnet. Allerdings soll auch bereits ein 40 x 3 Zentimeter großes Stengelstück ausreichen. Generell gilt: Je weniger Liane, desto magenfreundlicher wird der Ayahuasca-Trank.« (ADELAARS et al. 2006: 37)

Alle Zutaten werden so lange eingekocht, bis eine schwarze, dickflüssige und extrem gewöhnungsbedürftig schmeckende Flüssigkeit zurückbleibt. Grundsätzlich ist es so, dass nicht nur die Einnahme, sondern bereits das Sammeln der pflanzlichen Zutaten sowie die Herstellung der Ayahuasca ein an bestimmte Regeln und Traditionen geknüpftes Ritual darstellt.

DMT-Extraktion

Als Ausgangsmaterial für die Herstellung von DMT-Extrakten ist *Psychotria viridis* ungeeignet. Dafür gibt es eindeutig potentere Quellen, beispielsweise *Mimosa hostilis* oder *Phalaris arundinacea*.

Sceletium tortuosum

Sceletium tortuosum (Linné) Brown
Kanna

Gattung .... *Sceletium* Brown
Familie .... Aizoaceae Martinov (Mittagsblumen- bzw. Eiskrautgewächse)

Sceletium tortuosum ist eine einfach zu kultivierende Zimmerpflanze, deren ursprüngliche Heimat Südafrika ist. Zubereitungen aus den getrockneten Pflanzenteilen dieser Sukkulente wirken anxiolytisch, entspannend, euphorisierend und leicht sinneserweiternd.

In ihrer Heimat wird die Kannapflanze schon lange als rituelles und rekreationales Psychoaktivum geschätzt. Traditionell wird »Kougoed« (niederl.) geraucht, gekaut oder geschnupft; daneben ist Kanna in der südafrikanischen Ethnomedizin als eine wertvolle Heilpflanze bekannt.

INFO *Sceletium tortuosum* hat nichts mit dem Blumenrohr *Canna* gemein.

Trivialnamen
Kaugut, Mittagsblume, Canna, Canna-root, Tortuose fig-marigold (engl.), Channa, Gunna, Kauwgoed, Kauwgood, Kon, Kougoed (niederl., afrik.) und andere

Weitere ethnobotanisch relevante *Sceletium*-Arten
Sceletium anatomicum (Haw.) L. Bolus • *Sceletium expansum* (L.) L. Bolus • *Sceletium joubertii* L. Bolus (möglicherweise ein Synonym für *S. tortuosum*) • *Sceletium strictum* L. Bolus

Sceletium-tortuosum-Früchte

Botanik

Sceletium tortuosum erinnert entfernt an einen Kaktus, gehört aber zu den anderen Sukkulenten. Sie hat einen glatten, fleischigen Stamm und kann eine Wuchshöhe von 30 cm erreichen, meist gedeiht sie jedoch bodennah. Blätter und Wurzel sind fettfleischig, ungestielt, spitz zulaufend und erreichen eine Länge von etwa 4 cm.

In der Zeit von Juli bis September bildet die Pflanze blassgelbe Blüten mit weißlichen Blütenblättern und einem maximalen Durchmesser von etwa 3 cm aus. Die eckig geformten, etwa 1 cm großen Kapselfrüchte enthalten jeweils fünf Kammern, worin sich die kleinen braunen Samenkörner entwickeln.

Pflegeanleitung

Die Kanna-Vermehrung geschieht durch Aussaat oder das Schneiden von Stecklingen. Alles in allem sind die Pflegemaßnahmen bei *Sceletium tortuosum* vergleichbar mit denen bei Kakteengewächsen.

Vorkommen

 In Wildform gedeiht Kanna ausschließlich in Südafrika, vor allem im Distrikt Eden, im sogenannten Kannaland. Das natürliche Vorkommen des psychoaktiven Mittagsblumengewächses ist im Zuge der hohen Nachfrage inzwischen jedoch sehr rar geworden.

Vermehrung durch Aussaat (generativ)
Die Samen werden zunächst über einen Zeitraum von 12–24 Stunden in lauwarmem Wasser eingeweicht. Danach streut man die lichtkeimenden Samenkörner auf feuchte Anzuchterde, die sich in einer Saatschale, Topfplatte oder in kleinen Anzuchttöpfen befindet, und platziert diese im Zimmergewächshaus oder stülpt eine Plastiktüte über, so dass ein warmes und feuchtes Mikroklima geschaffen wird, das für eine Keimung

INFO Einige Gärtnerinnen und Gärtner schwören bei der Kanna-Anzucht durch Saatgut auf den Einsatz des Phytohormons Gibberellinsäure (GA), das einfach ins Wasser gegeben wird. Es erhöht die Keimfähigkeit der Samen durchaus, ist aber nicht unbedingt nötig.

förderlich ist. Eine zu hohe Substratfeuchte sollte man jedoch unbedingt verhindern – sowohl bei der Vorkultur als auch später während der Vegetationsphase.

Bei konstanten Temperaturen – am Tag 23–25 °C, in der Nacht 14–16 °C – keimen die Samen innerhalb von 3–8 Wochen. Sobald sich die ersten Sämlinge zeigen, werden die Anzuchtbehältnisse aus dem Zimmergewächshaus entnommen oder von der Plastiktüte befreit, vorsichtig pikiert und einzeln in kleine (⌀ 10 cm) Töpfe gepflanzt. Sobald ihre Größe es erfordert, werden die Pflanzen umgetopft.

Vermehrung durch Stecklinge (vegetativ)

Zur Stecklingsvermehrung werden nur Triebe ohne Blütenansatz und mit mindestens zwei Blattpaaren bzw. Nodien (Knoten) geschnitten. Dann steckt man die oft nur wenige Zentimeter großen Stecklinge in feuchte Anzucht- oder Kakteenerde. Die Anzuchttöpfe mit den Stecklingen müssen unbedingt durchlässig sein, damit sich keine Staunässe bildet. Kanna-Stecklinge neigen bei hoher Substratfeuchte schnell zu Fäulniserscheinungen. Die Stecklinge werden an einen hellen und warmen Ort gestellt, ohne direkte Sonnenbestrahlung. Nach etwa 5 Tagen wird die Wasserzufuhr sukzessive reduziert. Das ist ein elementarer Schritt in der vegetativen Kanna-Vermehrung; die Ausbildung der Wurzeln wird dadurch erst möglich gemacht. Nach etwa 2 Wochen, spätestens nach 1 Monat, sollten die Stecklinge bewurzelt sein.

Sceletium-tortuosum-*Keimling*

Standort und Pflegemaßnahmen

Die Pflanze benötigt einen hellen Standort in der Wohnung oder im Gartengewächshaus. Sehr junge Exemplare sollten keiner direkten Sonneneinstrahlung ausgesetzt werden; ältere Pflanzen vertragen sie ab einem Lebensalter von mehreren Monaten aber problemlos und benötigen sie auch. Die erforderlichen Temperaturen während der Vegetationszeit liegen, genau wie bei der Anzucht, tagsüber bei maximal 25 °C und nachts bei ungefähr 15 °C. Als Substrat eignet sich handelsübliche oder selbst gemischte Kakteenerde – Kanna benötigt einen sandigen Boden, in dem das Gießwasser leicht und schnell abfließen kann. Der Kübel sollte im Idealfall aus Ton sein und über große Abflusslöcher verfügen. Falls sich im Untersetzer Gießwasser ansammelt, muss es, um Staunässe zu verhindern, sofort abgeschüttet werden. Für ein gesundes Wachstum der Kannapflanze ist es wichtig, dass das Substrat zwischen den Gießtagen fast vollständig austrocknet. Wenn das Substrat nährstoffreich genug ist, kann man auf Dünger verzichten; ansonsten wird dem Gießwasser ein leichter biologischer NPK-Dünger zugefügt.

Überwinterung

Zum Überwintern benötigt Kanna viel Licht und Temperaturen von rund 15 °C. Ältere Exemplare können auch bei etwas niedrigeren Temperaturen überwintern. Während der Ruhepause in den Wintermonaten ist es ausreichend, alle 2–3 Wochen zu gießen, also gerade so viel, dass die Kannawurzel nicht vollständig austrocknet.

Krankheiten und Schädlinge

Potenzielle Schädlinge sind Blattläuse (*Aphidoidea*) und Spinnmilben (*Tetranychidae*); bei Freilandkulturen kommt es häufig zu einem Schneckenbefall.

Kanna-Ernte

Die Ernte einzelner Pflanzenteile sollte frühestens dann erfolgen, wenn die Pflanze mindestens ein halbes bis ein Jahr alt ist. Wer möchte, dass die Pflanze die Ernte überlebt, darf nur einzelne Blätter oder Triebe entfernen. Die geernteten Pflanzenteile werden an der Sonne oder im Backofen getrocknet oder nach traditioneller Rezeptur zu »Kougoed« verarbeitet.

Inhaltsstoffe

 In den Blättern sowie den Stängeln von Kanna wurden die Alkaloide Mesembrin (bis 0,8 Prozent), Mesembrinin und Tortuosamin sowie Oxalsäure (Kleesäure) nachgewiesen.

Sceletium tortuosum

Kanna-Pflanze

Krafttier Antilope auf einer Felszeichnung

Mythologie und Ritual

Sceletium tortuosum war und ist ein wichtiges Element in der spirituellen Kultur der in Südafrika heimischen Ethnie der Khoikhoi (»wahre Menschen«, »Hottentotten«), die Kanna oder Kougoed bei Ritualtänzen, Heilzeremonien sowie für hedonistisch-rekreationale Zwecke einsetzen, letzteres auch bei sozialen Anlässen. Dazu wird Kanna üblicherweise gekaut, geschnupft oder oft auch in Kombination mit Dagga (*Cannabis sativa*) geraucht.

Möglicherweise steht die Pflanze in Südafrika in einer jahrtausendealten rituell-schamanischen Verbindung zur Antilope, einer wichtigen magischen Verbündeten vieler südafrikanischer Schamanen und Medizinmänner; im volkstümlichen Sprachgebrauch werden sowohl die Pflanze als auch das Krafttier Kanna genannt. Heutzutage ist *Sceletium tortuosum* in Südafrika (sowie inzwischen auch weit außerhalb ihrer ursprünglichen Heimat) primär als euphorisierende, enthemmende und soziale Genuss- und Freizeitdroge in Gebrauch, vergleichbar mit Cannabis in den westlichen Industrienationen.

Medizinische Indikationen
Die südafrikanische Ethnomedizin kennt Kanna zur Behandlung von Angstzuständen, Schmerzen, Depressionen sowie zur Unterdrückung von Hunger.

Wirkung und Psychoaktivität

Mesembrin wirkt als Serotonin-Wiederaufnahmehemmer (SSRI), weshalb es nach der Einnahme von Kanna zu psychoaktiven Effekten kommt. Abhängig von Dosis, Set und Setting reicht das Wirkspektrum von angstlösend, aphrodisierend, entspannend, empathogen bis hin zu euphorisierend, harmonisierend, stimulierend, vigilanz- und selbstbewusstseinssteigernd. Nach dem Konsum höherer Dosierungen wird außerdem eine Sensibilisierung des Hör-, Seh- und Tastsinns beschrieben, was offenbar besonders dann der Fall ist, wenn Kanna mit anderen Psychoaktiva kombiniert wird. Als synergistisch wird von Konsumenten beispielsweise der Mischkonsum von Kanna mit Cannabis oder kleinen Mengen Alkohol geschildert.

Rechtsstatus
Sceletium tortuosum fällt nicht unter die Bestimmungen des Betäubungsmittelgesetzes und darf daher ohne juristische Reglementierungen kultiviert werden.

⚠️ Da Kanna als Serotonin-Wiederaufnahmehemmer wirkt, darf man es, genau wie bei anderen Wirkstoffen aus dieser Gruppe, niemals in Kombination mit bestimmten Antidepressiva, Harmala-Alkaloiden (*Banisteriopsis caapi*, *Peganum harmala*) und Yohimbe (*Pausinystalia yohimbe*) einnehmen.

Auf der körperlichen Ebene führt die Einnahme zu einer Schmerzlinderung und abhängig von der persönlichen Sensibilität möglicherweise zu einer schwachen energetischen Körperladung (»Bodyload«), die vom Konsumenten sowohl als angenehm als auch störend empfunden werden kann.

Die Wirkdauer beträgt ungefähr zwei Stunden, manchmal auch etwas länger. Die psychoaktive Dosis orientiert sich daran, in welcher Form Kanna konsumiert wird, ob als Pflanzenpulver oder als Extrakt. Als Orientierungshilfe für den Konsum des Pflanzenpulvers gelten folgende Werte: nasal 0,005–0,5 g, oral 0,5–3 g, geraucht 0,5–1 g. Bei einem Zehnfach-Extrakt wird hingegen nur ein Zehntel der angegeben Menge benötigt.

Unangenehme Nebenwirkungen, die infolge höherer Dosierungen auftreten können, sind schwache Kopfschmerzen, Magenschmerzen, nervöse Unruhezustände, leichte Übelkeit und Verwirrtheitszustände.

Zubereitungs- und Konsumformen

Die geernteten Pflanzenteile müssen vor dem Konsum grundsätzlich getrocknet werden. Die Einnahme frischer Pflanzenteile ist aufgrund der darin enthaltenen, reizend sowie toxisch wirksamen Oxalsäure nicht zu empfehlen. Im Trockenmaterial sind die Konzentrationen an Oxalsäure signifikant geringer.

Kougoed

Kougoed-Herstellung Die frisch geernteten (oberirdischen) Pflanzenteile werden zerdrückt, luftdicht in einem Glas (oder einer Plastiktüte) verschlossen und für 3 Tage an einen sonnigen Ort gestellt. Danach wird die Masse gründlich durchgemischt und für weitere 8 Tage in die Sonne gestellt. Das Glas sollte täglich einmal geöffnet und die fermentierende Masse umgerührt werden. Danach kann der Inhalt aus dem Glas genommen und zum Abschluss der Fermentation in der Sonne getrocknet werden, alternativ bei 80 °C im Backofen. Sobald das Pflanzenmaterial vollständig getrocknet ist, kann es zerkleinert oder pulverisiert werden.

Kapseln Das fertige Kougoed wird pulverisiert, in handelsübliche Zellulosekapseln gefüllt und geschluckt. Eine Wirkung tritt nach ca. 30–60 Minuten ein.

Räucherwerk Als Räucherwerk angewendet, ist Kanna zwar von keiner besonderen ethnobotanischen Relevanz, aber sehr gut dazu geeignet, am besten in Mixtur mit weiteren Räucherstoffen. Geeignet ist Kanna beispielsweise als Zutat für Entspannungs- und rituelle Meditations- oder Traumräucherungen, aber auch als Ingredienz einer aphrodisierend wirkenden Liebesräucherung.

Rauchware Geraucht wird Kanna meist in Form des fermentierten und krautigen Kougoed, seltener als Pulver oder Extrakt. Meist wird es in synergistischer Kombination mit Cannabisprodukten (oder anderen Rauchpflanzen) konsumiert; die psychoaktiven Wirkeigenschaften werden dadurch deutlich potenziert. Die Wirkung setzt schnell ein und hält rund 30 Minuten an. Ebenfalls eignet sich Kanna für den Gebrauch im Vaporizer (Phyto-Inhalation).

Schnupfpulver Das Schnupfen des pulverisierten Kougoed oder eines in unterschiedlichen Potenzen (bis 50-fach!) erhältlichen Extrakts ist die Konsumform mit der intensivsten Wirkung. Das Gefühl von Kanna in der Nase wird jedoch von manchen Anwendern als unangenehm empfunden. Erste Effekte zeigen sich bei nasaler Zufuhr nach etwa 5–15 Minuten, wobei die Hauptwirkung 1–2 Stunden anhält.

Teeaufguss Das getrocknete Kraut oder fermentierte Kougoed mit kochendem Wasser übergießen, 5–10 Minuten ziehen lassen und durch ein feines Teesieb abseihen. Wie bei anderen oralen Einnahmeformen beginnt die Wirkung nach etwa 30 bis 60 Minuten.

Was tun bei Schädlingsbefall?

Die Blumenwanze (Orius insidiosus) hilft als Nützling bei der Bekämpfung von Blattläusen.

Schädlinge erkennen und beseitigen

Jeder Hobbygärtner, egal ob er Gemüse-, Zier- oder psychoaktive Reise- und Ritualpflanzen kultiviert, hat sie wahrscheinlich schon einmal kennengelernt: Ungebetene Gäste, sogenannte Schädlinge, die sich auf einer Pflanze einnisten und ihr, wenn sie nicht rechtzeitig erkannt und beseitigt werden, großen Schaden zufügen können. Beispielsweise, indem sie die Blätter und Stängel aussaugen, das Wurzelwerk verletzen oder sogar ganze Blätter wegfressen.

Im Sinne erfolgreich und gesund gedeihender Pflanzenkulturen ist es enorm wichtig, dass Gärtnerinnen und Gärtner in der Lage sind, Schädlinge frühzeitig zu erkennen und zu bestimmen. Wenn die Schädlinge nicht erkannt und beseitigt werden, droht die Kultur der befallenen Pflanzen zu scheitern. Auf die sogenannte chemische Keule, die nicht nur Schädlinge tötet, sondern auch die Gesundheit des Gärtners und das ökologische Gleichgewicht des Gartens gefährdet, sollte man dabei allerdings grundsätzlich verzichten.

Es ist besser, auf biologische Schädlingsmittel und auf bewährte Nützlinge zu setzen. Grundsätzlich gilt, dass Pflanzen, die draußen kultiviert werden, durch das Vorkommen natürlicher Nützlinge seltener zu Schädlingsopfern werden als Zimmer- oder Gewächshaus-Kulturen.

Bakterienschwärze

Yersinia pestis gehört zu den unangenehmsten Schädlingen. Die Pflanze muss bei Befall radikal zurückgeschnitten und im schlimmsten Fall komplett entsorgt werden. Das Schnittgut darf nicht auf den Kompost gebracht werden, da dieser ansonsten verseucht wird. Bakterienschwärze entsteht primär dann, wenn es während der Vegetationszeit zu ungewöhnlich langen Kälteperioden kommt. Einen Befall erkennt man an der Wölbung und Schwarzfärbung der Blätter. Eine in diesem Buch beschriebene Ritualpflanze, die bei ungünstigem Klima häufig von der Bakterienschwärze heimgesucht wird, ist der Rittersporn (*Delphinium* spp.).

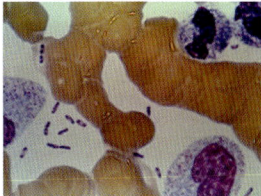
Yersinia pestis

Blattlaus

Allein in europäischen Gefilden gedeihen über 800 unterschiedliche *Aphidina*-Arten grundsätzlich unter allen klimatischen Bedingungen. Sie erreichen etwa die Größe eines Stecknadelkopfes und sind daher mit bloßem Auge nur schwer erkennbar. Mit einer Lupe kann die Blattlaus mit ihren sechs Beinen, den beiden Fühlern sowie den zwei Ausstülpungen am Hinterteil leicht identifiziert werden. In Europa sind Blattläuse grau oder schwarz, allerdings gibt es auch gelbe, grüne und sogar rosafarbene Arten. Ihre Eier befinden sich meistens direkt am Stängel, den Blattachseln oder auf der Blattunterseite.

Blattläuse

Blattläuse zapfen die Leitbahnen der Pflanze an und saugen ihren überlebenswichtigen Pflanzensaft aus, so dass die Blätter austrocknen, vergilben, welken und abfallen. Der von den Läusen ausgeschiedene Honigtau stellt einen ausgezeichneten Nährboden für Pilze dar. Daneben sind Läuse sehr häufig auch Überträger pflanzlicher Viruskrankheiten.

Ein geringer und frühzeitig festgestellter Blattlaus-Befall ist relativ unproblematisch. Die Läuse können von Hand abgelesen, abgeschüttelt oder mit der härtesten Strahleinstellung des Pflanzenbesprühers »abgeschossen« werden. Im Anschluss werden die betroffenen Stellen mit einem biologischen Schädlingsmittel (beispielsweise Brennnesseljauche, Neemöl-Lösung, Seifensud oder Tabakjauche) eingesprüht.

Ein starker Blattlausbefall wird am sinnvollsten mit dem Einsatz von Nützlingen behandelt. Dafür geeignet sind die Gallmücke (*Cecidomyiidae*, besonders für Zimmerpflanzen), die Florfliege (*Chrysoperla carnea*), der Siebenpunkt-Marienkäfer (*Coccinella septempunctata*) sowie Schwebfliegenlarven (*Episyrphus balteatus*). Der Marienkäfer verträgt sich allerdings nicht sonderlich gut mit Ameisen, die allerdings aufgrund der süßlichen Ausscheidungen des Honigtaus nicht selten in Symbiose mit den Läusen leben.

Mehltau

Hierbei handelt es sich um einen Oberbegriff für unterschiedliche pflanzliche Pilzerkrankungen. Der Echte Mehltau (*Erysiphaceae*) sowie der Falsche Mehltau (*Peronosporaceae*) treten am häufigsten auf.

Der Echte Mehltau sitzt zunächst als weißer, später als bräunlicher und meist leicht abwaschbarer, schimmeliger Belag auf der Blattoberseite, dann befällt er auch die Blattachseln. Die Blätter werden braun und vertrocknen. Sobald nicht mehr nur die Blätter, sondern auch die Blattachseln befallen sind, beginnen die Stängel zu faulen und die Pflanze knickt ein. Der Ausbruch des Echten Mehltaus erfolgt meist infolge hoher Temperaturschwankungen, während er am besten in einem Klima mit einer hohen Luftfeuchtigkeit gedeiht.

Der Falsche Mehltau hingegen sitzt an der Blattunterseite und ist durch seine grauen Geflechte (»Pilzrasen«) sowie durch auftretende weiße, gelbe oder rötlichbraune Flecken leicht zu erkennen.

Echter Mehltau

Die Beseitigung des Falschen Mehltaus ist problematisch, weil seine Sporen wesentlich tiefer in das Blattgewebe eindringen und durch Besprühen mit biologischen Schädlingsbekämpfungsmitteln nicht oder nur schwer erreicht werden können. Im botanischen Handel erhältliche Bekämpfungsmittel auf Kupferbasis führen nur selten zum gewünschten Erfolg, verunreinigen zudem den Boden und sollten deshalb ohnehin gemieden werden. Einige Gärtner setzen, nachdem sie die betroffenen Stellen sicherheitshalber entfernt haben, auf wässrige Lösungen auf Ackerschachtelhalm-, Backpulver-, Knoblauch- oder Phosphorbasis (die letztere wird derzeit als Schutzmittel in der biologischen Landwirtschaft erprobt). Auf den Einsatz giftiger Fungizide sollte verzichtet werden. Notfalls muss man die Pflanze komplett entsorgen.

Zur Entfernung des Echten Mehltaus hat es sich als erfolgreich erwiesen, betroffene Stellen zu entfernen, die Luftfeuchtigkeit zu senken, falls möglich, die Temperatur zu erhöhen und die Pflanze mit Neemöl einzusprühen. Bei einem leichten Befall kann dies möglicherweise schon ausreichen. Bei stärkerem Befall helfen Lösungen auf Milchbasis. Hierzu werden 1 Tasse Milch und 9 Tassen Wasser zusammen verrührt. Die Pflanze kann mehrmals täglich damit eingesprüht werden. Alternativ kann man auf Mittel mit dem aus der Sojapflanze gewonnenen Wirkstoff Lecithin zurückgreifen.

Schädlingsbefall – was tun?

Minierfliegen

Minierfliegen (*Agromyzidae*) machen uns primär durch ihre grünen oder schwarzen Larven (Maden) zu schaffen, die eine Länge von ungefähr 3 mm erreichen. Sie befallen zunächst die frischen Triebe, dann fressen sie Gänge in die Blätter. Anhand dieser charakteristischen Fressgänge kann die Minierfliege leicht bestimmt werden.

Minierfliegen-Fressgang

Die Larven selbst werden am einfachsten mit einer starken Lupe identifiziert. Sie können mit den Fingern entfernt werden. Dennoch werden befallene Blätter sicherheitshalber abgeknipst. Im Anschluss wird die Pflanze zur Stärkung mit einer Neemöl-Lösung eingesprüht. Ein natürlicher Feind, der sich hervorragend als Nützling eignet, ist die Schlupfwespe (z.B. *Dacnusa sibirica, Diglyphus isaea* und *Opius pallipes*). Bei Zimmerkulturen kann man unterstützend mit Gelbfallen arbeiten.

Schild- und Schmierlaus

Schildläuse (*Coccoidea*), zu denen auch die Schmierläuse (*Pseudococcidae*) gezählt werden, sind wachsweiße (seltener gelbe, graue, braune oder schwarze), 2–7 mm große Insekten, die der Pflanze ihren Pflanzensaft aussaugen. Bei einem Befall sitzen sie meist auf der Blattunterseite und auf älteren Trieben. Wie Blattläuse und die Weiße Fliege scheiden auch Schild- und Schmierläuse süßen, klebrigen Honigtau aus, der Ameisen anlockt. Krabbeln plötzlich jede Menge Ameisen an der Pflanze herum, kann man davon ausgehen, dass sie befallen wurde. Außerdem hinterlässt der Honigtau klebrige Flecken auf den Blättern. Auf dem klebrigen Saft können sich auch Rußtaupilze ansiedeln.

Schildläuse

Bei einem geringen Befall können die Läuse mechanisch entfernt werden, indem man sie mit einem in Isopropylalkohol getränkten Wattestäbchen wegwischt. Die übrigen Schildläuse müssen mit einer Pinzette entfernt oder mit einem kleinen Messer – wenn sie hartnäckig festsitzen – abgekratzt werden. Bei stärkerem Befall ist ein mechanisches Abwischen zu aufwendig, weshalb befallene Pflanzenteile entweder mit Schmierseife, einer Rapsöl-Emulsion oder einer Neemöl-Lösung eingesprüht werden. So lösen sich die Läuse vom Blattmaterial und können mit einem harten Wasserstrahl abgesprüht werden. Hinzu kommt, dass der ölige Film die Läuse ersticken lässt. Geeignete Nützlinge sind beispielsweise der australische Marienkäfer (*Cryptolaemus montrouzieri*), die Florfliege (*Chrysoperla carnea*) sowie die Schlupfwespe (*Leptomastix dactylopii*).

Schnecke

Die Schnecke (*Gastropoda*) ist ein häufiger, bekannter Schädling in fast jedem Garten. Die Kriechtiere haben es in erster Linie auf die frischen und zarten Blätter junger Pflanzen abgesehen. Wenn die Blätter angefressen sind und sich Schleimspuren zeigen, waren Schnecken am Werk. Werden sie nicht beseitigt, können sie in wenigen Tagen eine komplette Jungpflanze zerstören.

Die gefürchtete Nacktschnecke Arion lusitanicus

Als Präventionsmaßnahme eignen sich Schneckenzäune am besten; Bierfallen oder ähnliches locken die Schnecken nur zusätzlich an. Entdeckt man eine Schnecke auf der Pflanze, entfernt man sie am besten mit den Händen und bringt sie weit weg. Methoden, die auf das Töten der Tiere ausgerichtet sind, sollten vermieden werden. Ein solches Vorgehen beeinflusst die Atmosphäre im Schamanengarten nur negativ. Außerdem sind Schnecken Kannibalen. Tötet man also einige Exemplare und lässt sie an Ort und Stelle liegen, lockt das nur umso mehr Schnecken an.

Spinnmilbe

Spinnmilbe

Meist werden Spinnmilben (*Tetranychidae*) bei der Pflanzenkultivierung in Innenräumen oder Gewächshäusern zum Problem, denn im Freiland reguliert sich ihr Bestand aufgrund ihrer zahlreichen natürlichen Fraßfeinde meist ganz von selbst. Spinnmilben können gelb, orange, rot oder grün gefärbt sein und erreichen eine Größe von etwa 0,5 mm.

Die Gemeine Spinnmilbe (*Tetranychus urticae*) lässt sich außerdem anhand der feinen Spinnenweben erkennen, die sie auf den Stängeln und Blättern anlegt. Dieser Schädling ist deshalb so gefürchtet, weil er sich explosionsartig vermehren kann. Anfänglich sitzen die Milben an der Blattunterseite, bei einem stärkeren Befall auch oberseitig, und saugen der Pflanze den Zellsaft aus den Blättern. Die Blätter verfärben sich daraufhin gelblich, später graubraun und dann fallen sie ab.

Spinnmilben bevorzugen ein warmes und trockenes Klima. Daher empfiehlt es sich, die Pflanzen zunächst mit zimmertemperiertem Wasser zu vernebeln oder abzuduschen und sie danach für 2–4 Tage in eine Plastiktüte einzuhüllen. So entwickelt sich unter der Tüte eine Luftfeuchte, welche die Milben nicht vertragen und die sie schließlich absterben lässt. Die Pflanze kommt mit der Umstellung gut zurecht, vorausgesetzt, sie wird nicht zu lange unter der Plastiktüte belassen, denn dann droht Schimmelgefahr. Präventiv ist es möglich, die Pflanze mit Bio-Mitteln einzusprühen, die das Immunsystem und damit auch die Widerstandskraft der Pflanze stärken, beispielsweise mit einer Neemöl- oder Korianderöl-Lösung.

Die sicherste Methode der Spinnmilben-Beseitigung – besonders bei einem fortgeschrittenen Befall – ist der Einsatz natürlicher Feinde. Dazu geeignet sind die beiden Raubmilben *Phytoseiulus persimilis* und *Typhlodromus pyri* sowie auch Florfliegenlarven (*Chrysoperla carnea*). Diese fressen nicht nur die Spinnmilben, sondern auch deren Larven und Eier.

Damit die Raubmilbe eine realistische Chance hat, den Bestand der Spinnmilbe langfristig einzudämmen oder komplett zu beseitigen, ist das Klima sehr wichtig. Liegt dieses bei etwa 25 °C und einer Luftfeuchtigkeit von über 60 Prozent, dann vermehren sich die Raubmilben doppelt so schnell wie die Spinnmilben, so dass letztere keine Überlebenschance haben. Nach rund 4 Wochen sollten keine Spinnmilben mehr zu sehen sein. Eine gleichzeitige Behandlung mit Neemöl und Nützlingen ist absolut unbedenklich.

Thrips

Thripse

Dieser auch als Blasenfuß oder Fransenflug (*Thysanoptera*) bekannte Schädling ist ein flugfähiges, etwa 1,5 mm großes Insekt mit dunklem Körper und gelb-braun gestreiften Flügelpaaren, das die Pflanze bereits im Larvenstadium erheblich schädigen kann. In Europa sind etwa 300 Thrips-Arten bekannt, weltweit über 5000, allerdings sind nicht alle davon für Pflanzen schädlich. Die Thripse saugen die Zellen der Blätter aus, die, sobald Luft in die verletzte Zellstruktur eindringt, oberseitig eine silberweiße und später eine gelbe Färbung annehmen. Kurz darauf vertrocknen die Blätter und fallen vorzeitig ab. Der Gärtner sollte die Blattunterseiten der kultivierten Pflanzen regelmäßig auf einen Befall kontrollieren. Kleine dunkle Kotspuren auf den Blättern sind ein erster Hinweis für einen Befall.

Bei einem leichten Thripsen-Befall kann man es zunächst mit einer Erhöhung der Luftfeuchtigkeit durch Vernebeln versuchen. Da dies aber meist nicht ausreicht, sollten zusätzlich Nützlinge eingesetzt werden. Geeignet sind z.B. diverse Raubmilben (zum Beispiel *Amblyseius cucumeris, Amblyseius californicus* oder *Amblyseius degenerans*), Nematoden (zum Beispiel *Steinernema feltiae*), Wanzen der Gattung *Orius* (zum Beispiel *Orius laevigatus* und *Orius majusculus*) sowie die Schlupfwespe (*Thripobius semiluteus*). Daneben kann es der Gärtner mit einer selbst hergestellten Lösung auf Tabakbasis probieren; bei einem leichten Befall sollte dies die Situation deutlich und sichtbar verbessern. Im fortgeschrittenen Stadium hilft nur noch der Einsatz giftiger Insektizide, wovon ausdrücklich abzuraten ist.

Trauermücke

Die Sciara-Fliege oder Trauermücke (*Sciaridae*) kann mit dem bloßen Auge erkannt werden. Sie erreicht eine Länge von 3–5 mm und hat einen dunklen Körper, lange Beine, Fühler und Flügel. Die Larven der Trauermücke, die den größten Schaden an der Pflanze verursachen, können bis zu 5 mm groß werden, sind durchsichtig weiß und haben einen auffälligen schwarzen Kopf. Sie verpuppen sich grundsätzlich unterirdisch und erscheinen drei Tage darauf wieder als Mücken. Ihre bevorzugte Nahrung ist Laub, Totholz, Rinde und anderes organisches Material. Wenn das Pflanzensubstrat voller kleiner weißer Larven ist, handelt es sich dabei ziemlich sicher um die Trauermücke. Manchmal befinden sich Eier oder Larven auch in gekaufter Erde, weshalb diese vor Nutzung inspiziert werden sollte. Die Larven nagen die Wurzel und den Stamm der Pflanze an. Manchmal gelingt es ihnen sogar, sich komplett hindurchzubohren; dadurch hinterlassen sie einen irreversiblen Schaden und bringen die Pflanze schlimmstenfalls zum Absterben. Daneben ist es möglich, dass die Larven einen Pilzbefall begünstigen oder Pflanzenviren verbreiten.

Trauermücke

Bei einem Befall gilt es, zunächst totes organisches Material zu entsorgen und das Substrat zu wechseln. Am besten topft man gleich um und gießt ab dann nur noch von unten, so dass die Substratoberfläche trocken bleibt. Schließlich mögen es die Larven grundsätzlich feucht. Nützlinge, die erfolgreich gegen Trauermücken eingesetzt werden können, sind bodenbewohnende Raubmilben (z.B. *Hypoaspis aculeifer* und *Hypoaspis miles*), der Räuberische Käfer (*Atheta coriaria*) und Nematoden (*Steinernema feltiae*). Bei Zimmerpflanzen empfiehlt sich daneben das Anbringen sogenannter Gelbtafeln bzw. Gelbfallen.

Weichhautmilbe

Dieser Schädling gehört zweifelsohne zu den gefürchtetsten. Es existieren gegen ihn keine effektiven Gegenmaßnahmen, so dass bei einem fortgeschrittenen Befall nichts mehr unternommen werden kann, außer, die Pflanze zu entsorgen.

Mit bloßem Auge ist die Weichhautmilbe (*Tarsonemus*) mit ihrer Größe von nur 0,2 mm nicht sichtbar. Der Befall kann erst festgestellt werden, wenn sich die ersten Symptome zeigen – beispiel Blattkräuselungen, Verkrüppelungen und andere Entwicklungs- und Wachstumsstörungen.

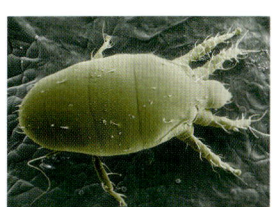
Weichhautmilbe

Bewährte Hausmittel, wie zum Beispiel eine Neemöl-Lösung, eignen sich gegen Weichhautmilben höchstens im Anfangsstadium. Das Gleiche gilt auch für Raubmilben.

Weiße Fliegen

Weiße Fliege

Die Weiße Fliege (*Trialeurodes vaporariorum*) aus der Unterfamilie der Mottenschildläuse ist auch als Gewächshaus-Weiße-Fliege bekannt und ähnelt optisch ein wenig der Motte. Sie ernährt sich ebenfalls vom Pflanzensaft, erreicht eine Länge von etwa 2 mm und ist mit dem bloßen Auge erkennbar. Obwohl die Weiße Fliege eigentlich gelb ist, lassen ihre Wachsausscheidungen sie weißlich erscheinen. Die Larven dieses Schädlings können, genau wie die Eier, die das Weibchen in zuvor gebohrte Kanäle auf der Blattunterseite abgelegt hat, anfänglich mit dem bloßen Auge nicht erkannt werden. Am einfachsten lässt sich ein Befall dadurch feststellen, dass die Pflanze geschüttelt wird. Ausgewachsene *Trialeurodes*-Exemplare fliegen dann in alle Richtungen. Pflanzenteile, die von der Weißen Fliege befallen wurden, wirken stark verschmutzt. Der ausgeschiedene Honigtau, der als klebrig-glänzender Fleck auf dem Blatt deutlich zu sehen ist, dient außerdem als Nährboden für Rußtaupilze, weshalb es auf befallenen Blattstellen zu schwarzen Verfärbungen kommen kann.

Als erste Maßnahme eignet sich ein gründliches Einsprühen/Vernebeln der Blattunterseite mit einer Brennnessel-, Neemöl- oder Rapsöl-Lösung; es funktioniert auch Seifenlauge. Bei Zimmer- oder Gewächshauskulturen empfiehlt sich außerdem der Einsatz von Klebefallen, die einfach in die Nähe der Pflanzen gehängt werden müssen. Als Nützling kommt in erster Linie die Schlupfwespe (zum Beispiel *Encarsia formosa*, *Eretmocerus eremicus* oder *Eretmocerus mundus*) in Betracht, daneben Raubwanzen (zum Beispiel *Macrolophus caliginosus*) und Raubmilben (zum Beispiel *Amblyseius swirskii*). Kommen Nützlinge im Anfangsstadium zum Einsatz, kann man auf die zusätzliche Verwendung biologischer Spritzmittel meist vollständig verzichten.

Anhang

Glossar

Ableger Allgemeine Bezeichnung für den Seitentrieb einer Pflanze.

Absenker Auslaufender Pflanzentrieb, der zwecks Vermehrung in die Erde gesenkt wird, worauf er bewurzelt und von der Mutterpflanze abgetrennt werden kann.

Adstringierend Zusammenziehend.

Agonist Pharmakologische Fachbezeichnung für eine Substanz, welche durch die Belegung eines sogenannten Rezeptors im Zentralnervensystem eine bestimmte Reaktion bzw. Wirkung herbeiführt, und sowohl endogener wie auch exogener Natur sein kann. Agonisten, die von außen (exogen) zugeführt werden, sind explizit deshalb wirksam, weil sie die Wirkeigenschaften eines strukturähnlichen endogenen Neurotransmitters imitieren.

Analgetisch Schmerzlindernd.

Antagonist (»Gegenspieler«) Substanz, die einen anderen Wirkstoff (Agonisten) in seiner Wirkung hemmt oder diese vollständig aufhebt.

Antidot Pharmakologisches Gegenmittel, das bei einer Vergiftung verabreicht werden kann.

Antiseptisch Keimreduzierend.

Aphrodisierend Sexuelle Lust erzeugend, die Libido sowie gegebenfalls die Potenz steigernd.

Auflaufen Synonym für Keimung.

Ayahuasca Psychedelisches Schamanendekokt, meist (nicht immer!) auf der pharmakologischen Basis von DMT und MAO-hemmenden Beta-Carbolinen, das in einer starken Erweiterung der Sinne respektive des Bewusstseins wirkt. Seit Jahrtausenden rituell verankert – etwa im Kontext schamanischer Heilungszeremonien sowie zur visionären Erkenntnisgewinnung – ist das kaffeebraune Getränk bei zahlreichen indigenen Stämmen entlang des Amazonas, etwa in Brasilien, Ecuador, Kolumbien und Peru.

Ayahuasca-Analoge Sammelbezeichnung für psychoaktive Zubereitungen, die wirkmechanisch nach den pharmakologischen Prinzipien des Ayahuasca funktionieren. Geprägt wurde dieser Begriff durch den amerikanischen Ethnopharmakologen Dennis McKenna.

Ayahuasquero Heiler, der auf die Behandlung mit Ayahuasca spezialisiert ist, Ayahuasca-Schamane

Ayurveda (»Wissenschaft vom langen Leben«) Altindisches, auf die »Ganzheit« von Körper, Geist und Seele ausgerichtetes Gesundheitssystem. Zentrales Element ist die Lehre von den drei *Doshas* (dt. »Bio- oder Lebensenergien«) – *Vata*, *Pitta* und *Kapha* –, die in einem harmonisierenden Gleichgewicht gehalten werden müssen, damit die Gesundheit eines Menschen erhalten bleibt. Geraten die *Doshas* hingegen in ein disharmonisches Ungleichgewicht, entwickelt sich nach ayurvedischer Vorstellung eine Krankheit. Traditionelle Behandlungsverfahren sind zum Beispiel die ayurvedische Ernährungslehre, Heilpflanzen, Massagen, Meditation und andere spirituelle Praktiken sowie diverse Reinigungstechniken.

Brennnesseljauche Biologischer Dünger und gleichzeitiges Insektizid. Hergestellt wird Brennnesseljauche aus Brennnesselkraut und Regenwasser.

Brujo Traditioneller lateinamerikanischer Hexer (bzw. Magier oder Zauberer).

BtMG Im offiziellen Sprachgebrauch gängige Abkürzung für Betäubungsmittelgesetz; ein Gesetz, das in Deutschland den generellen Verkehr sowie den Umgang mit Betäubungsmitteln regelt.

Chakra (sansk. Cakra; dt. »Diskus«, »Kreis«, »Rad«) In zahlreichen traditionellen Medizinsystemen und spirituellen Lehren bezeichnet der Begriff Chakra einen bestimmten, zwischen dem physischen und dem astralen Körper eines Menschen gelegenen Energiewirbel, dessen elementare Aufgabe es ist, feinstoffliche Schwingungen in hormonelle, nervale und zellulare Energien zu transformieren. Häufig wird ein Chakra auch als »energetischer Knotenpunkt« bezeichnet, da es sich grundsätzlich dort befindet, wo sich die Energieleitbahnen (Meridiane, *Nadis*) kreuzen.

Changa (Xanga) Eine auf der Grundlage von DMT, reversiblen MAO-Inhibitoren in Form von Beta-Carbolinen (Harman-Alkaloiden) und – je nach Rezeptur – diversen sonstigen psychoaktiven Pflanzenbestandteilen zusammengesetzte Rauchmixtur. In modernen psychonautischen Settings wird Changa, welches auch als die »rauchbare Evolution des Ayahuasca« (BERGER 2015) bezeichnet wird, gelegentlich als rituelles Entheogen verwendet.

Cydelik-Space Eine Wortkreation, die auf den amerikanischen Psychonauten D. M. Turner alias Joseph Vivian (1962–1996) zurückgeht. Sie bezeichnet jenen geistigvisionären (Hyper-)Raum, der in Folge einer sogenannten Durchbruch-Erfahrung – beispielsweise ausgelöst durch DMT oder ein anderes Psychedelikum – »betreten« und »bereist« werden kann. Vereinfacht formuliert handelt es sich beim Cydelik-Space um

eine Art kosmische »Festplatte«, auf jener die gesamte universelle Vergangenheit geschrieben steht, genau wie die Gegenwart und Möglichkeiten der Zukunft. In spirituellen Lehren wird diese mystische Erfahrungsrealität häufig auch als »Akasha-Chronik« bezeichnet und als der geistige Ursprungsort aller Manifestationen verstanden. Von einigen mexikanischen Schamanen wird gleichbedeutend von der Lattice gesprochen.

Curandero Traditioneller lateinamerikanischer Heiler (weibliche Form: *Curandera*).

Dekokt Synonym für Abkochung, Absud.

Deva Nach altindischer Mythologie handelt es sich bei einem Deva um ein göttliches Wesen. Ein Pflanzendeva hingegen ist ein Pflanzengott (auch Pflanzenbewusstsein, Pflanzengeist oder Pflanzenseele) oder der immateriell geistige Teil einer Pflanze.

Diuretisch Harn- bzw. wassertreibend.

Divination Wahr- oder Weissagung sowie die Kommunikation zwischen einer Person und dem Göttlichen. Zu den divinatorisch wirksamen Pflanzen (»Götterpflanzen«) können alle Entheogene (Psychedelika) gezählt werden.

Durchbruch-Erfahrung (engl. *Breakthrough*) Im Psychonautik-Jargon bezeichnet der Begriff »Durchbruch« den häufig

als überwältigend erlebten Austritt aus der Alltagsrealität, hinein in den psychedelischen Weltenraum.

Empathogen Zu einer Erhöhung und Sensibilisierung des Einfühlungsvermögens (Empathie) führend.

Endogen (griech. »im Inneren erzeugt«) In zahlreichen akademischen Disziplinen gebräuchlicher Terminus, der sich auf sämtliche Prozesse bezieht, die eine innere Ursache haben. Endogene (körpereigene) Drogen beispielsweise sind psychoaktiven Substanzen, die nicht von außen zugeführt werden, sondern im Körper des Menschen selbst produziert werden.

Entaktogen (»Das Innere berührend«) Wirkeigenschaft bestimmter psychoaktiver Substanzen, die positive Emotionen, wie zum Beispiel Dankbarkeit, Empathie und Liebe, verstärkt und bewusster macht. Zu den bekanntesten Entaktogenen gehört die Substanz MDMA, die im Kontext ihrer Wirkqualitäten von vielen Personen auch als »Herzöffner« bezeichnet wird.

Entheogen Das Göttliche im eigenen (Bewusst-)Sein offenbarend.

Epiphyse (*Corpus pineale*, Piniendrüse, Pinealorgan, Zirbeldrüse) Medizinischer Fachterminus für ein winziges, im menschlichen Zwischenhirn (Epithalamus) positioniertes Organ, dessen Hauptaufgabe darin besteht, das Hormon Melatonin zu bilden. Daneben wird die Epiphyse seit langem als »Organ außergewöhnlicher Wahrnehmungsfähigkeiten« gedeutet (Brahmans Fenster, Drittes Auge, Himmelsauge, Stirnchakra u.a.). Einige moderne Wissenschaftler vermuten in ihr die »Produktionsstätte« für endogenes DMT.

Erleuchtung Universelles beziehungsweise Alleinheits-Bewusstsein, auch Samadhi, Satori (Zen) oder Moksha.

Ethnie Menschen- bzw. Volksgruppe, die durch eine gemeinsame regionale Herkunft sowie ein verbindendes Kollektivbewusstsein geprägt ist. Häufig werden Ethnien auch als Minderheiten im Staat bezeichnet und mit indigenen Gemeinschaften assoziiert.

Ethnobotanik Akademische Teildisziplin der Kulturwissenschaften, welche Pflanzen (und Pilze, Stichwort: Ethnomykologie) im Kontext menschlicher Kulturgeschichte erforscht. Die Ethnobotanik untersucht die komplexen Verbindungen zwischen Mensch und Pflanze inklusive deren Verwendung als Rohstoffe, Nahrungs-, Heil-, Ritual- und Genussmittel.

Ethnopharmakologie Spezialisierte Fachrichtung der Ethnologie, die traditionelle Heilmittel, ihre pharmakologischen und rituellen Einsatzgebiete und ihren kulturhistorischen Hintergrund erforscht.

Euphorisierend Stimmungsaufhellend.

Extrakt Mittels Extraktion gewonnener, potenter Wirkstoff- bzw. Drogenauszug. Flüssige Extrakte werden als Tinkturen bezeichnet. Auszüge von zähflüssiger Konsistenz nennt man Dickextrakte.

Extraktion Auszug, zum Beispiel von Pflanzenwirkstoffen, mit Hilfe von Lösungsmitteln (Alkohol, Aceton, Butan etc.). Es gibt auch lösungsmittelfreie Extraktionen, beispielsweise die Herstellung von Haschisch, bei der die Harzkristalle der Hanfpflanze (Trichome) von dem Pflanzenmaterial abgetrennt, also extrahiert werden.

Feng Shui (chin. »Wind und Wasser«) Altchinesische Harmonielehre, deren zentrales Element die gegenseitige Beeinflussung und Harmonisierung von Menschen und ihrer Umgebung darstellt. So werden unter anderem beim Bau von menschlichen Wohn- und Lebensräumen die fünf Naturelemente (Holz, Feuer, Erde, Eisen und Wasser) genauso berücksichtigt wie die kosmische Lebensenergie (Qi), mit dem Ziel, ein Maximum an Wohlbefinden und Zufriedenheit zu erreichen.

Flor Pflanzenblüte

GABA Abkürzung für den endogenen Neurotransmitter Gamma-Aminobuttersäure (engl. *Gamma-Aminobutyric Acid*).

Generativ Biologischer Fachterminus für eine geschlechtliche Fortpflanzung.

Halluzinationen Realistisch erscheinende Trugbilder und Gehirnprojektionen. Nicht zu verwechseln mit Pseudohalluzinationen.

Halluzinogen (Adj.) Halluzinationen oder Pseudohalluzinationen induzierende Wirkeigenschaft psychoaktiver Substanzen.

Initiation Rituelle Handlung, die entweder in ein bestimmtes Wissen einweiht oder einen Übergang (Eintritt ins Erwachsenenalter o.ä.) markiert.

Intoxikation Vergiftung durch eine toxische Substanz.

Klon Im botanischen Kontext auch »Steckling« genannt; eine vegetativ (ungeschlechtlich) vermehrte »Genetik-Kopie« der Mutterpflanze.

Kundalini Die Kundalini- oder Ur-Energie ist nach tantrischer Lehre die jedem Lebewesen innewohnende spirituelle Schöpfungskraft. Häufig wird die Kundalini-Energie symbolisch in Form einer zusammengerollten archetypischen Schlange dargestellt, die am unteren Ende der Wirbelsäule im sogenannten Wurzelchakra ruht und darauf wartet, dass sie »geweckt« wird, um Chakra für Chakra emporsteigen zu können.

MAO Abkürzung für Monoaminooxidase. Endogenes und für den biochemischen Abbau psychoaktiver Neurotransmitter und anderer biogener Amine mitverantwortliches Enzym.

MAO-Hemmer (MAO-Inhibitor, MAOI) Ein Wirkstoff, der die körpereigene Monoaminooxidase in ihrer Wirkung zu blockieren vermag und auf diese Weise N,N-DMT und andere Psychedelika vom Tryptamin-Typus peroral wirksam macht und signifikant verstärkt. Anders formuliert: Ohne einen reversiblen MAOI kann N,N-DMT – zumindest wenn es wie beim traditionellen Ayahuasca oral zugeführt wird – keine Wirkung entfalten. Die Monoaminooxidase würde das psychoaktive Molekül abbauen, noch bevor es die Blut-Hirn-Schranke passiert hat. Die wichtigsten pflanzlichen MAOI sind Harmalin und Harmin. Enthalten sind die beiden Alkaloide in der Ayahuasca-Liane (*Banisteriopsis caapi*), der Steppenraute (*Peganum harmala*) sowie in deutlich geringeren Konzentrationen in einigen Arten der Gattung *Passiflora*.

Mazerat Kaltwasserauszug.

Meditation Spirituelle Technik, die auf einer geistigen Innenschau gründet. Meditation hilft dabei, einen geistigen Abstand zu den eigenen Gedanken und zum eigenen Ich-Konstrukt (Ego) zu gewinnen und Zustände reinen Bewusstseins zu erfahren.

Neurotransmitter Endogene (körpereigene) Botenmoleküle, die bestimmte elektrische Impulse oder Reize von einer Nervenzelle auf eine andere übertragen, wodurch es im Zentralnervensystem zu einer bestimmten Wirkung kommt.

Nichtalltägliche Wirklichkeit Außerhalb unseres Alltagsbewusstseins liegende Erfahrungsrealitäten. Eingeführt wurde dieser treffende Begriff zuerst von dem Anthropologen Carlos Castaneda.

NPK-Dünger (N-P-K) Standard-Pflanzendünger mit Stickstoff (N), Phosphor (P) und Kalium (K) als Hauptanteile der Mischung. Die prozentualen Anteile schwanken von Dünger zu Dünger.

Oneirogene Psychoaktive Substanzen mit trauminduzierender und/oder traumverstärkender Wirkung.

Parasympatholytisch Eine dem Parasympathikus entgegensteuernde und ihn in seiner Wirkung hemmende Substanzwirkung.

Perigon Botanisches Synonym für Blütenhülle.

Permakultur Auf Ganzheitlichkeit und Nachhaltigkeit basierendes Landwirtschaftskonzept.

Phyto-Inhalation Applikation von Pflanzenwirkstoffen mittels eines Vaporisators (»Verdampfer«, engl. *Vaporizer*).

Pikieren Botanischer Fachterminus für das Vereinzeln junger Keimlinge.

Pseudohalluzinationen Psychoaktive Effekte, die jedoch nicht halluzinativen Ursprungs sind, sondern durch eine extreme Verschärfung bzw. Erweiterung der Sinne herbeigeführt werden.

psychedelisch Wirkeigenschaft psychoaktiver Substanzen (Psychedelika), die sich vereinfacht als bewusstseins- und sinneserweiternd umschreiben lässt.

psychoaktiv Synonym für »psychotrop, geistbewegend«. Wirkeigenschaft zahlreicher Substanzen, pflanzlicher wie synthetischer Herkunft, die primär dadurch bestimmt ist, dass sie einen Einfluss auf die Wahrnehmungs- und Empfindungsfähigkeit nimmt.

Psychonautik Die Erforschung der »inneren Welten« bzw. des menschlichen Seelenlebens, vorzugsweise durch den zielgerichteten Gebrauch geistbewegender Substanzen, aber auch durch andere bewusstseinserweiternde Techniken wie beispielsweise Holotropes Atmen, Klangarbeit, Meditation, Reizentzug (z.B. Floating), Tanz, Traumarbeit oder Yoga. Psychonautik kann als Erfahrungswissenschaft, als Lebensstil sowie als Bewusstseinskultur verstanden werden, die das Ziel hat, tiefgreifende Erkenntnisse zu den elementaren Fragen des Lebens zu gewinnen und auf diese Weise zurück zu einer integrierten und bewussten Ganzheit zu finden. Die etymologische Herkunft des Wortes Psychonautik basiert auf den griechischen Begriffen *psyché* (dt. Seele, Atem, Hauch) und *nautike* (Schifffahrtskunde). Erstmals verwendet wurde die Bezeichnung von dem deutschen Schriftsteller Ernst Jünger (1895–1998).

Puja Im Buddhismus sowie im Hinduismus praktizierte Andachts-, Gebets- oder Opferrituale.

Schwellenhüter Archetypische Gestalt, die erscheint, wenn man sich an der Schwelle zu einem anderen Bewusstseinszustand bzw. einer anderen, neuen Welt oder Wirklichkeit befindet.

Sedierend Beruhigend, entspannend.

Shiva Nach hinduistischer Vorstellung ist Shiva der kosmische Zerstörer und einer der drei Hauptgötter, der gemeinsam mit Brahma, dem Schöpfer und Vishnu, dem Bewahrer, die göttliche Trinität des Hinduismus (*Trimurti*) verkörpert. Der göttliche »Dreadhead« ist auch die Personifikation des Bewusstseinszustands der kosmischen All-Einheit, der Urgrund allen Seins. Zu den schamanischen, mit Shiva assoziierten Ritualpflanzen gehören der Beifuß (*Artemisia vulgaris*), Bilsenkraut (*Hyoscyamus* spp.), Hanf (*Cannabis sativa*), Kampfer (*Cinnamomum camphora*), Stechapfel (*Datura metel*) und Schlafmohn (*Papaver somniferum*).

Sonnenwendfeuer Rituelles Feuer, das aus neun verschiedenen Hölzern (zum Beispiel Ahorn, Apfel, Birke, Buche, Eberesche, Eibe, Eiche, Holunder, Kiefer) errichtet wird. Trraditionell ist es an den Sommer- sowie Wintersonnenwendritualen von besonderer Bedeutung. In der Mythologie der europäisch-heidnischen Ahnen stehen die Sonnenwendhölzer symbolisch für den Wald respektive den heiligen Hain. »*Beim Verräuchern fließt in ihrem gemeinsamen Rauch der Geist des Waldes zusammen.*« (RÄTSCH 2007: 101)

Stratifikation Botanischer Fachterminus für eine Kältebehandlung des Saatguts.

Subpsychoaktiv Unterhalb der psychoaktiv wirksamen Dosis liegend.

Tinktur Synonym für Flüssigextrakt.

Tonisierend Kräftigend, stärkend.

Trance Die Trance ist »die biologische Tür zur anderen, heiligen Wirklichkeit« (GOODMAN). Es handelt sich um einen außergewöhnlichen Bewusstseinszustand, der durch diverse Techniken hervorgerufen werden kann. Differenziert wird zwischen der spirituellen Trance, der hypnotischen Trance, der substanzinduzierten Trance und der traumatischen Trance.

Trancetanz Tanzform, die veränderte Bewusstseinszustände induziert.

Vegetativ Biologischer Terminus für eine ungeschlechtliche Fortpflanzung. Bezogen auf die Botanik meint vegetativ, dass die Pflanze nicht durch Saatgut, sondern durch Absenker oder Stecklinge vermehrt wurde.

Vision Nach schamanischer oder psychonautischer Betrachtungsweise handelt es sich bei der Vision um ein meist plastisches, gegenständliches und seltener akustisches Erleben von etwas, das vorrangig in veränderten Zuständen des Bewusstseins geschieht. Häufig offenbart eine Vision bestimmte Wahrheiten, gibt Hinweise auf kosmische Zusammenhänge oder künftige Ereignisse (Zukunftsvisionen).

Visionär Visionen induzierend bzw. begünstigend.

Bezugsquellen

www.asklepios-seeds.de
Ethnobotanische Sämerei mit großer Auswahl.

www.azarius.net
Azarius ist der größte niederländische Smart- und Headshop mit einer großen Produktpalette an psychoaktiven Zaubergewächsen.

www.engelstrompete.eu
Der Kübelpflanzenversand Kirchner-Abel bietet eine große Vielfalt an Brugmansien und anderen interessanten Gartengewächsen.

www.jungle-farm.com
Ethnobotanik-Spezialist aus Wien mit einem großen Angebot verschiedener Heil- und Zauberpflanzen.

www.kraeuter-und-duftpflanzen.de
Bei Rühlemanns gibt es eine riesige Auswahl an ethnobotanischem Saatgut und vorgezogenen Jungpflanzen.

www.magicgardenseeds.de
Großes und tolles Angebot an ethnobotanischem Saatgut, von seltenen Gemüsesorten, Chilis, Wildobst, Heilkräutern, Zauberpflanzen bis hin zu interessanten Kakteensamen.

www.sensatonics.de
Die Kräuteralchemisten aus Berlin bieten eine interessante Auswahl an Kräuterlikören und Kräuterkicks. Zum weiteren Sortiment gehören ungezählte ethno- und entheobotanische Schätze wie zum Beispiel qualitativ sehr hochwertiges Palo-Santo-Holz sowie Kunsthandwerk der Shipibo- und anderer Indianer.

Quellen und Literatur (Auswahl)

Adelaars, Arno / Rätsch, Christian / Müller-Ebeling, Claudia (2006): *Ayahuasca – Rituale, Zaubertränke und visionäre Kunst aus Amazonien.* Baden und München: AT Verlag.
Appleseed, Johnny (1995), Phalaris in großen Mengen, Entheogene 4: 36f.
Artaud, Antonin (1975): *Die Tarahumaras.* Hamburg: Rogner & Bernhard Verlag.
Berger, Markus (2003): *Stechapfel und Engelstrompete.* Solothurn: Nachtschatten Verlag.
Berger, Markus (2011): *Kalmus.* In: Hanf-Journal 05/2011, 6.
Berger, Markus (2011): *Der Eisenhut.* In: Hanf-Journal 09/2011, 8.
Berger, Markus (2013): *Alles über psychoaktive Kakteen – Arten, Geschichte, Botanik, Anwendung.* Solothurn: Nachtschatten Verlag.
Berger, Markus (2015): *Changa. Die rauchbare Evolution des Ayahuasca.* Solothurn: Nachtschatten Verlag.
Berger, Markus / Liggenstorfer, Roger / Rätsch, Christian (2016): *Psychedelische Tomaten.* Solothurn: Nachtschatten Verlag.
Bibra, Freiherr von (1997): *Die narkotischen Genussmittel.* Nachdruck der Ausgabe von 1855 aus dem Verlag von Wilhelm Schmid, Leipzig: Reprint Verlag.
Bös, B. (2000): *Giftpflanzenkompendium.* Online-Datenbank, Siegen: www.giftpflanzen.com
Dale, Cyndi (2013): *Der Energiekörper des Menschen. Handbuch der feinstofflichen Anatomie.* 5. Auflage, München: Lotos Verlag.
DeKorne, Jim (1994/1995): *Extraktion aus Pflanzen mit einem Weizengrasentsafter.* In: Entheogene – Forum für entheogene Forschung, Verfahren und Anwendungen. DeKorne/Schuldes (Hrsg.), Rehungen: Bert Marco Schuldes.
DeKorne, Jim (1995): *Psychedelischer Neo-Schamanismus. Die Zucht, Zubereitung und der schamanistische Gebrauch psychoaktiver Pflanzen.* Löhrbach: Werner Pieper's MedienXperimente.
De Quincey, Thomas (2011): *Bekenntnisse eines englischen Opiumessers.* Paderborn: Outlook Verlag (Originalausgabe aus dem Jahre 1822).
Fedurco, Milan / Gregorová, Jana / Šebrlová, Kristýna / Kantorová, Jana / Peš, Ondřej / Baur, Roland / Sigel, Erwin und Táborská, Eva (2015): *Modulatory Effects of Eschscholzia californica Alkaloids on Recombinant GABAA Receptors.* Biochemistry Research International (2015).
Festi, Francesco / Samorini, Giorgio (1994), Ayahuasca-like effects, obtained with Italian plants. Vortrag auf der »States of Consciousness«, 3.–7. Okt., Llèida (Spanien)
Frohne, Dietrich; Pfänder, Hans Jürgen (2004), Giftpflanzen, Stuttgart: Wissenschaftliche Verlagsgesellschaft
Grof, Stanislav (2007): *Topographie des Unbewussten – LSD im Dienst der tiefenpsychologischen Forschung.* 9. Auflage. Stuttgart: Klett-Cotta.
Harner, Michael (1981): *Der Weg des Schamanen.* Genf: Ariston.
Hofmann, Albert (1995): *LSD – mein Sorgenkind.* 4. Auflage. München: Deutscher Taschenbuch Verlag.
Hunnius (1998): *Pharmazeutisches Wörterbuch.* Berlin / New York: De Gruyter.
Janzing, Gereon (2004): *Mehrsprachiges Drogenwörterbuch.* Löhrbach: Werner Pieper and The Grüne Kraft.
Kaiser, Hans (Hg.) (1955): *Der Apothekerpraktikant.* Stuttgart: Wissenschaftliche Verlagsgesellschaft.
Klingholz, Reiner (2003): *Am Ursprung des Kaffees. Wilde Bohnen aus Äthiopiens Regenwald.* Essen & Trinken, Juli: S. 72–75.
Kreuter, Marie-Luise (1997): *So entsteht ein Bio-Garten.* 3. Auflage. München, Wien, Zürich: BLV.
Lame Deer & Erdoes, Richard (1979): *Tahca Ushte – Medizinmann der Sioux.* München: List Verlag.
Lewin, Louis (2000): *Phantastica.* Vollständiger Reprint der Originalausgabe von 1924. Köln: Parkland

Liggenstorfer Roger / Rätsch Christian (Hrsg.): Die Nachtschattengewächse – Eine faszinierende Pflanzenfamilie. Solothurn: Nachtschatten Verlag.
Lupa, Marcin (2013): *Schamanische Studien – Diskurs über die Problematik des modernen Schamanentums.* Berlin: epubli Verlag.
Marten, G.C.; Barnes, R.F.; Simons A.B.; Wooding, F.J. (1973): *Alkaloids and palatability of Phalaris arundinacea L. grown in diverse environments.* Agronomy Journal 65: 199–201
Marten, G.L., Jordan, R.M.; Hovin, A.W. (1976): *Biological significance of reed canarygrass alkaloids and association with palatability variation to grazing in sheep and cattle.* Agronomy Journal 68: 909-914
Möckel Graber, Claudia (2010): *Eintritt in heilende Bewusstseinszustände.* Solothurn: Nachtschatten Verlag.
Nauwald, Nana (2010): *Schamanische Rituale der Wahrnehmung.* Aarau und München: AT Verlag.
Ott, Jonathan (1993): *Pharmacotheon –Entheogenic drugs, their plant sources and history.* Kennewick: Natural Products Co.
Pieper, Werner (1997): *Die Geschichte des O. Opiumfreuden – Opiumkriege.* Löhrbach: Werner Piepers Medienexperimente.
Pinchbeck, Daniel (2003): *Den Kopf aufbrechen. Eine psychedelische Reise ins Herz des Schamanismus.* München: Wilhelm Goldmann Verlag.
Rätsch, Christian (2007): *Der heilige Hain – Germanische Zauberpflanzen. Heilige Bäume und schamanische Rituale.* 3. Auflage, Baden und München: AT Verlag.
Rätsch, Christian (2009): *Meine Begegnungen mit Schamanenpflanzen,* Baden und München: AT Verlag.
Rätsch, Christian (2012): *Enzyklopädie der psychoaktiven Pflanzen.* 10. Auflage. Aarau: AT Verlag. (Erstauflage erschienen im Jahre 1998).
Rätsch, Christian / Müller-Ebeling, Claudia (2003): *Lexikon der Liebesmittel.* Aarau: AT Verlag.
Römpp, Hermann (1941): *Chemische Zaubertränke.* 2. Aufl.. Stuttgart: Frankh.
Roth, Lutz / Daunderer, Max / Kormann, Kurt (1994): *Giftpflanzen – Pflanzengifte.* 4. Auflage. München: Ecomed.
Scherf, Gertrud (2007): *Die geheimnisvolle Welt der Zauberpflanzen und Hexenkräuter.* München: BLV Verlagsgesellschaft.
Schmidbauer, Wolfgang / Vom Scheidt, Jürgen (1994): *Handbuch der Rauschdrogen.* Frankfurt / M.: Fischer.
Schultes, Richard E. & Hofmann, Albert (1998): *Pflanzen der Götter.* Aarau: AT Verlag.
Shulgin, Sasha; Shulgin, Ann (1997): *TiHKAL.* Berkeley: Transform Press.
Sneader, W. (1985): *Drug Discovery.* John Wiley & Sons.
Storl, Wolf-Dieter (1998): *Der schamanische Umgang mit Pflanzengeistern.* In: Gottwald / Rätsch: Schamanische Wissenschaften. München: Diederichs, 152–168.
Storl, Wolf-Dieter (2001): *Der Kosmos im Garten.* Aarau: AT Verlag.
Storl, Wolf-Dieter (2004): *Naturrituale – Mit schamanischen Ritualen zu den eigenen Wurzeln finden.* 4. Auflage 2008. Baden und München: AT Verlag.
Storl, Wolf-Dieter (2008): *Kräuterkunde.* Bielefeld: Aurum in J. Kamphausen.
Tompkins, Peter & Bird, Christopher (1995): *Das geheime Leben der Pflanzen.* Frankfurt/M.: Fischer.
Weil, Andrew (2000): *Drogen und höheres Bewusstsein.* Aarau: AT Verlag.
de vries, herman (1984): *natural-relations I – die marokkanische sammlung.* Nürnberg: Institut für moderne Kunst, Stuttgart: Galerie d + c mueller-roth.

Bildnachweis

Kevin Johann: 25, 30, 46 (oben), 48, 49, 50, 51, 52 (oben), 56 (oben), 61, 62 (oben), 68, 70, 71, 72, 73 (oben), 74, 75, 76, 77, 78, 80, 82 (oben), 84, 85, 101, 102, 103, 104, 105, 107, 110 (oben), 111, 112, 116 (oben), 126, 130 (oben), 131 (oben), 144 (oben), 160 (unten), 164, 165, 166 (unten), 167, 169, 171, 172, 178, 185, 187, 188, 191 (unten), 194, 196, 198 (unten), 200 (unten), 205, 206 (unten), 207, 212 (oben), 215, 230

Markus Berger: 110 (unten), 160 (oben)
Alexander Ochse: 57, 82 (unten)
Roger Liggenstorfer: 51 (unten), 136, 138, 139, 160 (Mitte)
Andreas Fâi-Pozsár: 36, 37, 38, 41 (unten), 88, 186

19 (links): Pixabay ◆ 19 (rechts): Speifensender / CC BY-SA 3.0 ◆ 33: publicdomainpictures.net ◆ Seite 40: Christian Fischer / CC BY-SA 3.0 ◆ 41: Marku1988 / CC BY-SA 3.0 ◆ 43: Danny Steven S. / CC BY-SA 3.0 ◆ Seite 44 Forest & Kom Starr / CC BY 3.0 ◆ 45: Gottorfer Codex 1649–1659 ◆ 46 (unten): Codex Ríos. Public Domain ◆ 47 botanicalspirit.com ◆ 52 (unten): ZVG ◆ 53: 4028mdk09 / CC BY-SA 3.0 ◆ 54: Wiki-User 4028mdk09 / CC BY-SA 3.0 ◆ 56 (unten): Public Domain ◆ 60: en.wikipedia.org / GFDL LIcense ◆ 63: Unsplash ◆ 64: Public Domain ◆ 66: Joaquim Alves Gaspar / CC BY-SA 3.0 ◆ 73 (unten): Pixabay ◆ 83: Lars / CC BY-SA 3.0 ◆ 86: Jane Shelby Richardson, Duke University / CC BY 3.0 ◆ 87: LeLoup-Gris / CC BY-SA 3.0 ◆ 89 (oben): Stan Shebs / CC BY-SA 3.0 ◆ 89 (unten): James St. John / CC BY 2.0 ◆ 91: Dreamstime.com ◆ 92: H. Zell / CC BY-SA 3.0 ◆ 93: H. Zell / CC BY-SA 3.0 ◆ 95 Darina / CC BY-SA 3.0 ◆ 96: Anthony Tong Lee CC BY-ND 2.0 ◆ 97: Stevage / CC BY-SA 3.0 ◆ 98 Eileen Kane / Flickr / CC BY-SA 3.0 ◆ 108 Dwight Sipler / CC BY 2.0 ◆ 113–115: Public Domain ◆ 116 (unten): Júlio Reis / CC BY-SA 2.5 ◆ 117: heavenly-products.com ◆ 118: H. Zell / CC BY-SA 3.0 ◆ 119: Prof. Dr. Otto Wilhelm Thomé: Flora von Deutschland, Österreich und der Schweiz. Gera 1885 / Public Domain ◆ 120: Ofic / photobucket.com ◆ 121: gruenerleben.blogspot.com ◆ 123: azarius.de ◆ 124: H. Zell / CC BY-SA 3.0 ◆ 128 Pick him! / Flickr / CC BY-SA 2.0 ◆ 130: Nina Seiler ◆ 132 (oben): ONAC ◆ 132 (unten): Edward S. Curtis, 1930 ◆ 134: Juan Carlos Fonseca Mata / CC BY-SA 4.0 ◆ 135 (oben): ZVG ◆ 135 (unten): *Iconographia Cactacearum* (1904) ◆ 137 (oben): Giorgio Samorini ◆ 137 (unten): Hortus sanitatis. Straßburg 1497 ◆ 139 unten: *Herbier général de l'amateur,* vol. 8 (1817–1827) ◆ 140: Wiener *Tacuinum Sanitatis* (um 1390) ◆ 142. Magnus Manske/ CC BY-SA 3.0 ◆ 144 unten: Markus Hagenlocher / CC BY-SA 3.0 ◆ 145: Gliwi / CC BY-SA 3.0 ◆ 146: Pollinator / CC BY-SA 3.0 ◆ 147: Public Domain ◆ 148: Hans Hillewaert / CC BY-SA 3.0 ◆ 149: David Perez / CC BY 3.0 ◆ 150: Jomegat / CC BY-SA 3.0 ◆ 152: Vincent Brown / CC BY 2.0 ◆ 153: Sigmund Jahn / GFDL ◆ 154: Pixabay ◆ 156: Public Domain (Foto: Yann Forget) ◆ 158: David Perez / CC BY 3.0-SA 3.0 ◆ 162 (unten): Pixabay ◆ 166 (oben). C.T. Johansson / CC BY-SA 3.0 ◆ 168 Pixabay ◆ 170: Matt Lavin / CC BY-SA 2.0 ◆ 174: Rasbak / GFDL ◆ 175: Public Domain ◆ 176: Le.Loup.Gris / GFDL ◆ 177: Prof. Dr. Otto Wilhelm Thomé: Flora von Deutschland, Österreich und der Schweiz. Gera 1885. ◆ 179: Andreas Trepte / CC BY-SA 2.5 ◆ 180: Vogelfreund / CC BY-SA 3.0 ◆ 181: Michael Wolf / GFDL ◆ 182: M. Katzmaier / CC BY-SA 4.0 ◆ 183: Wiener Dioskurides, fol. 359 verso, Public Domain ◆ 184: Eric Hunt / GFDL ◆ -189: C. Hazlett / GFDL ◆ 190: Stan Shebs / GFDL ◆ 191 (oben): Public Domain ◆ 192: Scott Zona / CC BY 2.0 ◆ 193: Scott Zona / CC BY 2.0 ◆ 195: Forest & Kim Starr / CC BY 3.0 ◆ 197: Dick Culbert / CC BY 2.0 ◆ 198 (oben): Sanja565658 / CC BY-SA 3.0 ◆ 199: Forest & Kim Starr / CC BY 3.0 ◆ 200 (oben): André Karwath / CC BY-SA 2.5 ◆ 204 Loi Miao / Public Domain ◆ 206 (oben): Patrice M Christian / Flickr / CC BY-ND 2.0 ◆ 207 (oben): ZVG ◆ 208 (oben) Forest & Kim Starr / CC BY 3.0; 208 (unten): Public Domain ◆ 210: Carl Lewis / Flickr ◆ 212 (unten): Philipp Weigell / CC BY 3.0 ◆ 213: BS Thurner Hof / CC BY 3.0 ◆ 214: Fernando Rebelo / CC BY-SA 3.0 ◆ 216 (oben): Y tambe / Chabacano / CC BY-SA 3.0 ◆ 216 (unten): H. Zoll / CC BY-SA 3.0 ◆ 217: Rod Waddington / CC BY-SA 2.0 ◆ 218: Wikimedia / CC BY-SA 3.0 ◆ 220: Brian Van Tighem / Alamy Stock Photo ◆ 221: Dick Culbert / Flickr / CC BY 2.0 ◆ 222: Jan-Frank Gerards ◆ 226: risdmaharamfellows.com ◆ 227: Pluct-Plact Zoom! / Flickr ◆ 228: Tommi Nummelin / CC BY-SA 3.0 ◆ 229: H. Brisse / GFDL ◆ 231 (links): Tommi Nummelin / CC BY-SA 3.0 ◆ 231 (rechts): Lukas Kaffer / GFDL ◆ 232: maya-ethnobotanicals.com ◆ 234: Public Domain ◆ 235 (oben): www.public-domain-image.com ◆ 235 (unten): Luc Viatour / www.Lucnix.be ◆ 236: Goldlocki / GFDL ◆ 237 (oben): TeunSpaans / GFDL◆ 237 (Mitte): Gilles San Martin / CC BY-SA 2.0 ◆ 237 (unten): Håkan Svensson / GFDL ◆ 238 (oben): J. Holopainen / GFDL◆ 238 (unten): Katja Schulz / CC BY 2.0 ◆ 239 (oben): James K. Lindsey / CC BY-SA 2.5 ◆ 239 (unten): Public Domain ◆ 240: gaucho / GFDL

Der Autor

Kevin Johann, geboren 1987, ist Erziehungswissenschaftler (M.A.), Sozialpädagoge/-arbeiter (B.A.), passionierter Hobbygärtner sowie freischaffender Autor und Forscher zu den Themenbereichen Pflanzenkunde/Ethnobotanik, Psychonautik und geistbewegendes Wissen. Seit über zehn Jahren beschäftigt er sich intensiv mit dem Gebiet der ganzheitlichen Selbst- und Naturerfahrungen, unter anderem mit Pflanzenmeditationen.

Anfragen zu Kräuterwanderungen, naturpädagogischen Angeboten, Pflanzen- und Naturmeditationen, Einzel- oder Gruppenberatungen, Workshops und Vorträgen zum Thema Ritualgarten per E-Mail: johannk@gmx.de .

Roger Liggenstorfer, Christian Rätsch (Hrsg.)
Die Nachtschattengewächse
Eine faszinierende Pflanzenfamilie

Das Kompendium aus 9 Bänden zur Familie Solanaceae, inkl. eines ergänzenden Lexikons sämtlicher Nachtschattengewächse, bietet eine einzigartige Übersicht über diese faszinierende Pflanzenfamilie. Alraune und Bilsenkraut, Chili und Aubergine, Kartoffel und Tomate, Stechapfel und Engelstrompete, Tollkirsche und Tabak sowie die berüchtigten Hexensalben: Der Nachtschatten Verlag legt hiermit ein würdiges Kompendium vor, das im deutschsprachigen Raum bisher gefehlt hat.

ISBN 978-3-03788-195-8, 14x21 cm, über 1'800 Seiten, mit vielen Farbseiten, Kartonumschlag

Markus Berger
Stechapfel und Engelstrompete
Ein halluzinogenes Schwesternpaar

Dieses Buch stellt eine umfassende Darstellung dieser Rausch-, Ritual- und Medizinalpflanzen aus dem Reich der Datura und Brugmansia dar. Eine ausführliche Beschreibung der verschiedenen Arten sowie alle Aspekte der Chemie, Aufzucht, Pflege und Nutzung werden aufgezeigt.

ISBN 978-3-03788-108-8, 184 Seiten, 4 Farbseiten, 14 x 21 cm, Broschur

Wolf-Dieter Storl
Götterpflanze Bilsenkraut
Die kulturträchtigste Nachtschatten-Pflanze

Für unsere heidnischen Vorfahren, für die weisen Frauen und Schamanen, war Bilsenkraut ein Schlüssel zum Tor in die Anderswelt. Eine Zauberdroge - Flugkraut und Liebesmittel - die es ermöglichte, hinter der äusseren Erscheinungswelt im Bereich der Ursachen zu agieren. Diese von unzähligen Kulturen gefeierte heilige Pflanze erhält in diesem ethnowbotanischen Buch ihren Zauber und ihre Magie zurück.

ISBN 978-3-907080-63-4, 144 Seiten, 8 Farbseiten, 14 x 21 cm, Broschur

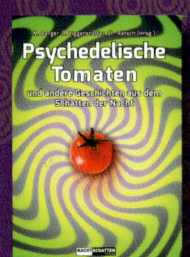

M. Berger, R. Liggenstorfer, Ch. Rätsch (Hrsg.)
Psychedelische Tomaten
und andere Geschichten aus dem Schatten der Nacht

Nachtschatten-Autoren erzählen ihre persönlichen Erfahrungen mit Nachtschattengewächsen

Was ist ein ethnobotanischer Orgasmus? Wieviel Erotik verspricht das Bilsenkraut zu entflammen? Kann der Duft der Engelstrompete meditative Zustände erwecken? Und wie psychedelisch sind eigentlich Tomaten? Das alles und mehr zu den Erfahrungen mit unterschiedlichen Nachtschattengewächsen verraten Autoren des Nachtschatten Verlages.

ISBN 978-3-03788-340-2, 136 Seiten, 14x21 cm, Broschur

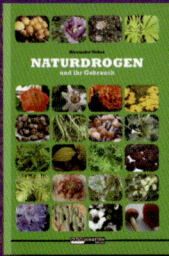

Alexander Ochse
Naturdrogen und ihr Gebrauch

Der Gebrauch von Naturdrogen ist mittlerweile keine exotische Randerscheinung mehr, sondern im Mainstream vieler, meist junger Konsumenten angekommen. Dieses Buch enthält wissenschaftlich fundierte Informationen über dieses Phänomen, besonders für Menschen, die viel mit Jugendlichen und jungen Erwachsenen zu tun haben, wie z. B. Pädagogen und Sozialarbeiter. Vorwort von Dr. Jochen Gartz.

ISBN 978-3-03788-150-7, 200 Seiten, 8 Farbseiten, 14 x 21 cm, Broschur

Alexander Neusius
Peyote – Lophophora williamsii
Das Pflegehandbuch

Lophophora williamsii, der legendäre Peyote-Kaktus, ist nicht nur wegen der ihn umgebenden Mythen bekannt. Früher eher in botanischen Gärten und Ausstellungen zu finden, ist der Lophophora heute als fester Bestandteil vieler privater Kakteensammlungen etabliert. Dieses Pflegehandbuch schliesst eine Lücke in der Fachliteratur über Peyote-Kakteen. Mit zahlreichen Praxistipps zu Themen wie Anzucht, Aussaat, Umtopfen, Pflanzgefässe, Blüte, Bewässerung, Dünger, Veredelung, Schädlingsbekämpfung und einem Pflegekalender.

ISBN 978-3-03788-383-9, 96 Seiten, durchgehend mit Farbfotos & Abb., Broschur

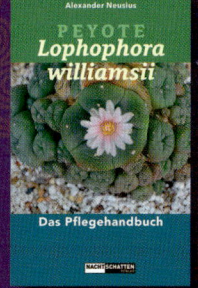

Markus Berger
Alles über psychoaktive Kakteen
Arten, Geschichte, Botanik, Anwendung

Sie sind echte Speisen der Götter: die psychoaktiven Kakteen. Diese vielgestaltigen Pflanzen haben berauschende, psychedelische, aufmunternde und betäubende Eigenschaften. Sie sind Heilmittel und Entheogen zugleich und damit ein unentbehrlicher Teil indianischer Kultur und Tradition. Dieses Buch trägt das gesamte Wissen rund um die entheogenen Kakteen zusammen und beinhaltet eine aktuelle Übersicht aller bekannten psychoaktiven Kakteengewächse, deren Inhaltsstoffe, Anwendung, Wirkungen und Nebenwirkungen.

ISBN 978-3-03788-265-8, 274 Seiten, 14 x 21 cm, Broschur

Jochen Gartz
Salvia divinorum – Die Wahrsagesalbei

Dieses Buch beschreibt alle Aspekte einer uralten Zauber- und Heilpflanze aus Mexiko: Salvia divinorum, auch "Wahrsagesalbei" genannt. Jeweils ausgehend von historischen Quellen werden ausführlich botanische Zusammenhänge, Kulturverhalten, Inhaltsstoffe, pharmakologische Eigenschaften wie auch traditionelle und gegenwärtige Anwendungen der noch immer sagenumwobenen Pflanze dargestellt.

ISBN 978-3-907080-28-3, 80 Seiten, 13,5 x 20,5 cm, Broschur

Arno Adelaars, Christian Rätsch (Hrsg.)
Ayahuasca - Die Jaguarmedizin des Amazonas

Kleine Textsammlung zu einem der wichtigsten und ältesten Schamanen-Entheogene, die seit Urzeiten von indigenen Ethnien des amazonischen Regenwalds für die Kommunikation mit den andersweltlichen Dimensionen verwendet werden: die magische Ayahuasca. Mit vielen Informationen zur Geschichte, Ethnobotanik und Anwendung sowie zu den Ritualformen, Initiationen und der Tradition rund um diese „Seelenranke" und Jaguarmedizin des Amazonasgebiets. Mit Beiträgen von Alan Shoemaker, Nana Nauwald, Kajuyali Tsamani und Markus Berger.

ISBN 978-3-03788-396-9, ca. 90 Seiten, A6 Pocket-Format, Broschur

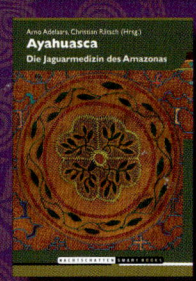

Markus Berger
Changa – Die rauchbare Evolution des Ayahuasca

Mit rauchbarem Ayahuasca in eine neue Ära der Psychonautik! Changa (auch Xanga) ist ein MAO-Hemmer enthaltender DMT-Blend auf Grundlage der Ayahuasca-Rezeptur. Anfang des Millenniums in Australien von findigen Psychonauten erdacht, eroberte Changa – das rauchbare Ayahuasca – in kürzester Zeit die weltweite Gemeinschaft der Freunde psychedelischer Substanzen. Dieses Smart-Book stellt die erste literarische Aufarbeitung des Themas dar.

ISBN 978-3-03788-356-3, 128 Seiten, A6 Pocket-Format, Broschur

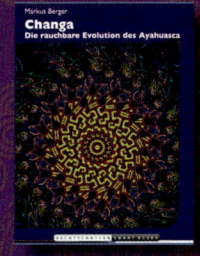

Nachtschatten Verlag AG
Kronengasse 11
CH-4500 Solothurn

Tel +41 (0)32 621 89 49
Fax +41 (0)32 621 89 47

info@nachtschatten.ch
www.nachtschattenverlag.ch
facebook.com/NachtschattenVerlag

«Ein sehr gelungenes Magazin rund um psychonautische Themen»

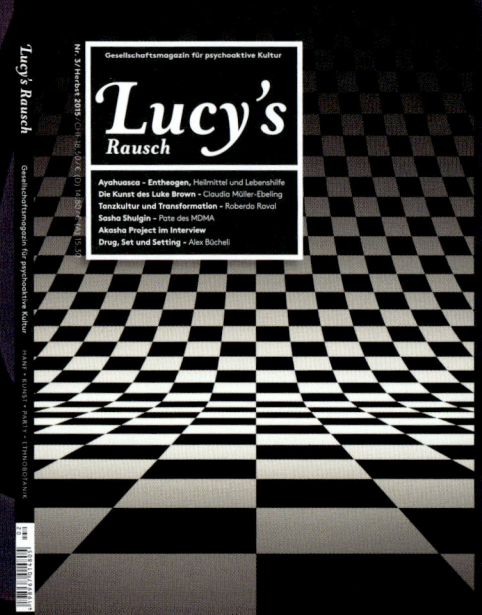

Lucy's Rausch

Gesellschaftsmagazin für psychoaktive Kultur

Schwerpunktthemen:

Cannabis · Psychedelische Kunst · Safer-Party · Ethnobotanik

Mit Artikeln zu: Ayahuasca – Freie Sicht auf Visionen: Luke Brown – Psychedelische Audiokunst: Akasha Project - Growing leicht gemacht: Automatic-Strains - Lucy's Geschichte: Sasha Shulgin – Goa, Tanzkultur und Transformational Festivals – Schadensminderung beim Feiern, uvm.

Lucy's Nummer 3
ISBN 978-3-03788-403-4
112 Seiten, Format 20x26,5 cm
Hochglanzmagazin, Fr. 18.50 / € 14.80

Sämtliche bisherige Ausgaben sind noch lieferbar - interessante Abo-Angebote!

Lucy's Null-Nummer
ISBN 978-3-03788-400-3
112 Seiten
Format 20x26,5 cm

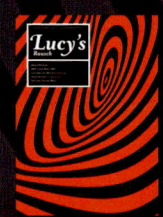

Lucy's Nummer 1
ISBN 978-3-03788-401-0
112 Seiten
Format 20x26,5 cm

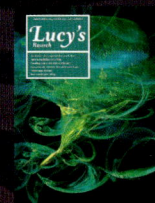

Lucy's Nummer 2
ISBN 978-3-03788-402-
112 Seiten
Format 20x26,5 cm

Im Magazin blättern: issuu.com/nachtschatten

www.lucys-magazin.com

Nachtschatten Verlag AG
Kronengasse 11
CH-4500 Solothurn
Tel +41 (0)32 621 89 49
Fax +41 (0)32 621 89 47
www.nachtschattenverlag.ch
info@nachtschatten.ch